胞囊线虫病

病毒病

菜豆枯萎病

蚕豆黑斑病

豇豆白粉病

豇豆根腐病

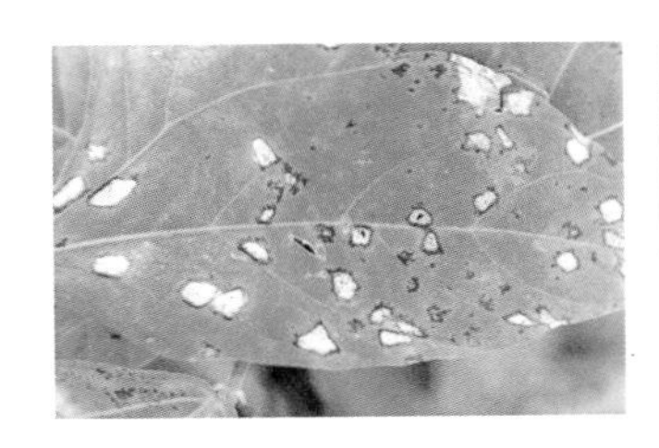

豇豆褐斑病

豇豆灰斑病

豇豆立枯病

豇豆轮纹病

豇豆炭疽病

豇豆细菌性疫病

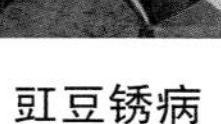
豇豆锈病

绿豆白粉病

绿豆病毒病

绿豆叶斑病

霜霉病

豌豆细菌性叶斑病

豌豆芽枯病

小豆病毒病

芸豆茎基腐病

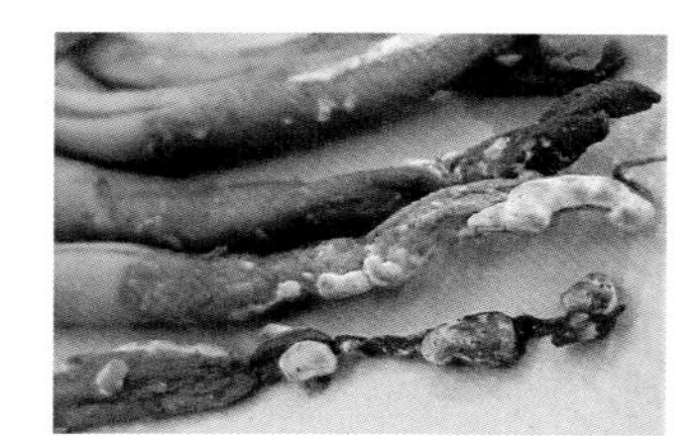
芸豆菌核病

芸豆炭疽病

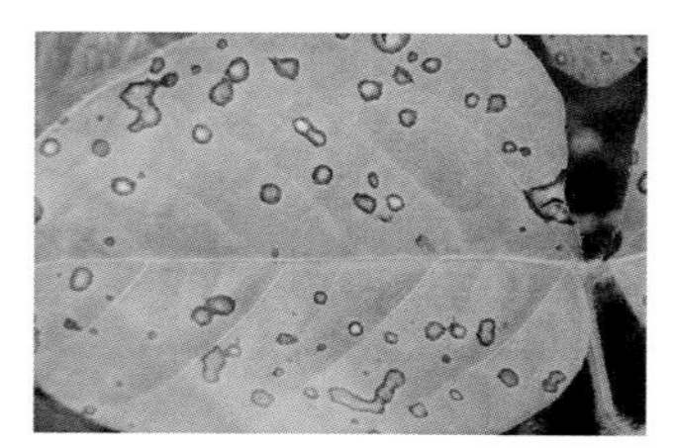
芸豆叶斑病

斑须蝽

点蜂缘蝽

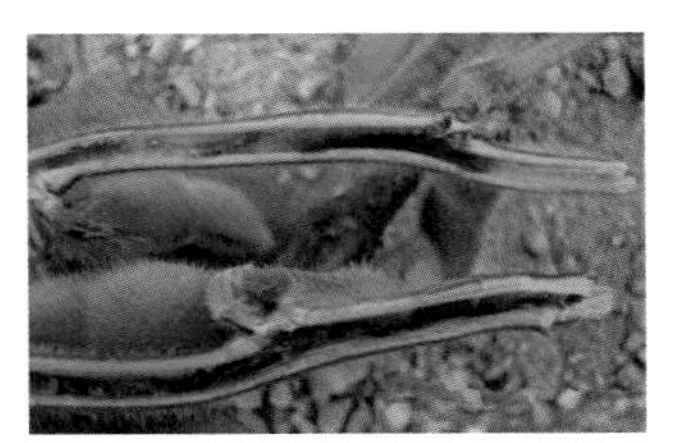

豆秆黑潜蝇

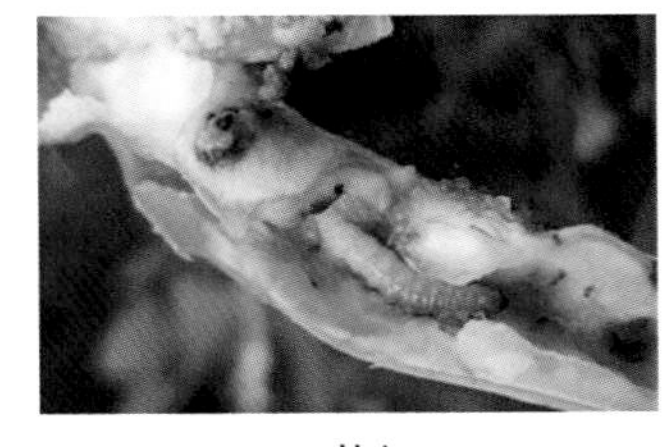

豆荚螟

豆卷叶螟

豆天蛾

豆蚜

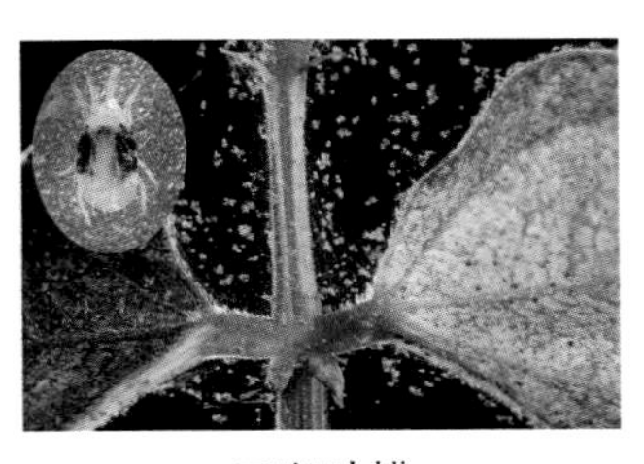

二斑叶螨

蓟马

豇豆荚螟

金针虫

绿豆象

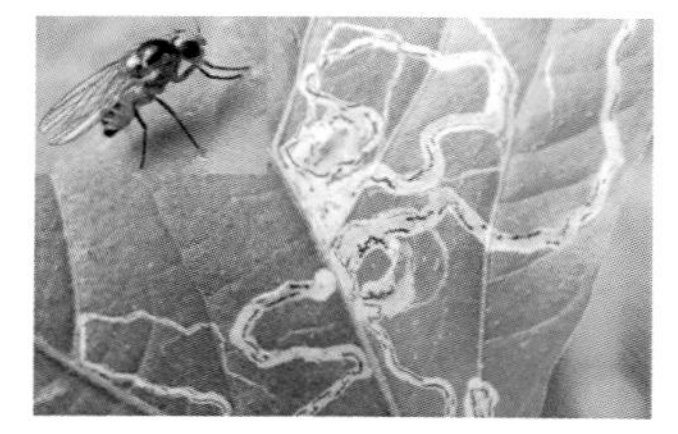

美洲斑潜蝇

棉铃虫

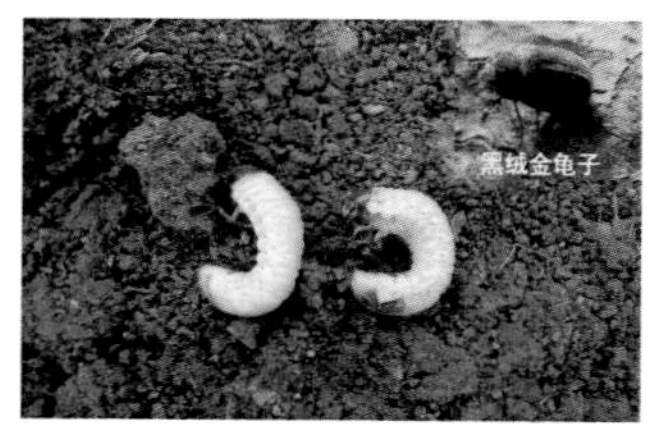

蛴螬

甜菜夜蛾

豌豆象

蟋蟀

小地老虎

斜纹夜蛾

烟粉虱

银纹夜蛾

造桥虫

朱砂叶螨

白茅　稗草　狗尾草

狗牙根　龙爪茅　马唐

牛筋草　千金子　双穗雀稗

小画眉草　偃麦草　早熟禾

萹蓄　苍耳　反枝苋

苘麻　苣荬菜　藜（灰菜）

龙葵　马齿苋　水棘针

酸模叶蓼　铁苋菜　鸭跖草

山东省现代农业产业技术体系
山东省农业科学院农业科技创新工程 资助

食用豆病虫草害综合防治技术

◎ 高凤菊 主编

中国农业科学技术出版社

图书在版编目（CIP）数据

食用豆病虫草害综合防治技术 / 高凤菊主编 .—北京：中国农业科学技术出版社，2018. 7

ISBN 978-7-5116-3734-5

Ⅰ. ①食… Ⅱ. ①高… Ⅲ. ①豆类作物-病虫害防治 Ⅳ. ①S435. 2

中国版本图书馆 CIP 数据核字（2018）第 122418 号

责任编辑 崔改泵
责任校对 李向荣

出 版 者 中国农业科学技术出版社
北京市中关村南大街 12 号 邮编：100081
电　　话 (010)82109194(编辑室) (010)82109702(发行部)
(010)82109709(读者服务部)
传　　真 (010)82106650
网　　址 http://www.castp.cn
经 销 者 各地新华书店
印 刷 者 北京建宏印刷有限公司
开　　本 710mm×1 000mm 1/16
印　　张 15 彩插 8 面
字　　数 246 千字
版　　次 2018 年 7 月第 1 版 2018 年 7 月第 1 次印刷
定　　价 39. 80 元

《食用豆病虫草害综合防治技术》

编 委 会

主 编：高凤菊

副主编：赵文路 田艺心

编 者：高凤菊 赵文路 田艺心

尹秀波 朱元刚 华方静

曹鹏鹏 王乐政 朱金英

王士岭 于 泳 赵庆鑫

前　言

我国食用豆的种植和食用已有2 000多年的历史，是传统的食用豆生产大国、消费大国和出口大国。目前是世界第三大食用豆生产国，总产量400万~600万吨，占世界食用豆生产总量的7.0%。生产上栽培的主要食用豆有蚕豆、豌豆、绿豆、芸豆、红小豆、豇豆、鹰嘴豆等，占食用豆总播种面积和总产量的95.0%以上，种植面积超过666.7万公顷。同时我国是世界第二大食用豆出口国，占世界出口总额的12.0%。我国也是最重要的食用豆消费国，约占世界食用豆消费量的6.0%，现在我国人均年消费量只有3.27千克。

随着人民生活水平的提高、保健意识的增强、膳食结构的调整，人民直接消费需求上升，另外食品工业需求扩大、饲料用量增加，导致食用豆消费量呈逐年稳定增长态势，年均增长速度超过10.0%。预测到2020年需求量可达到1 000万吨以上，目前的生产量远远不能满足人民消费增长的需要。因此，通过提高食用豆病虫草害的综合防治技术，提高食用豆的效益和品质，是生产上面临的现实问题。

食用豆具有粮食、蔬菜，饲料、医药和肥料等多种用途，富含蛋白质、维生素、多种矿物质和人体必需的各种氨基酸，营养价值很高，是典型的健康食品。食用豆可以说是人类膳食中最安全、最经济、最有效的食药同源食物，能有效解决营养安全问题。长期以来，食用豆在我国的食物构成和种植业结构中占有特殊地位，虽然目前食用豆在粮食生产中所占的比重较小，但食用豆产业已经成为我国农业的重要组成部分，逐步成为当前农业种植结构调整的重要作物。因此，及时调整优化种植结构，促进食用豆产业升级，真正使之成为我国乡村振兴的特色产业。

虽然自2016年开始，国家相关政策支持增加杂粮杂豆的种植面积，但我国的食用豆生产仍然存在种植规模小、管理水平差、机械化程度低、品种混杂等问题，产量低而不稳，严重影响了农民的种植积极性。长期以来，食用豆生产边缘化，种植技术落后，技术推广人员不足。随着国家食用豆现代农业产业技术体系和山东省现代农业产业技术体系杂粮创新团队的启动，提供了稳定的人力、财力支持，食用豆的研究水平不断提升。本书作者及编写成员加入了山东省现代农业产业技术体系杂粮创新团队，在食用豆栽培育种方面做了不少工作。编者希望通过几种主要食用豆病虫草害综合防治技术的推广普及，提高农业新型经营主体负责人和农民的种植积极性，挖掘生产潜力，提升种植效益，促进食用豆产业的健康可持续发展。

全书由 5 章组成。主要介绍我国主要的食用豆包括绿豆、小豆、豌豆、豇豆、蚕豆、芸豆和鹰嘴豆的病虫草综合防治技术。

读者对象主要是从事食用豆作物种植、研究和推广的人员及种植户，同时也可供种业管理部门、农业院校、科研单位等领域的人员参考。

在成书过程中，编者引用了散见于国内外报刊上的部分文献资料，因体例所限，难以一一列举，在此谨对原作者表示谢意。在本书编写过程中，德州市农业科学研究院的崔光泉同志给予了大量帮助，在此表示衷心感谢。

各地农业科技工作者应因地制宜，选择适合本地区的农药品种，促进当地食用豆的规模生产、病虫害防治工作的高效开展和可持续发展。由于笔者水平有限，书中难免有疏漏之处，书中不当或错误之处，敬请同行专家和读者指正。

编者

2018 年 3 月

目　录

第一章 概 述

食用豆（Food legumes）是指除大豆以外，以食用籽粒为主的各种豆类作物的统称，俗称“杂豆”，同时包括食用其干、鲜籽粒和嫩荚为主的各种豆类作物。属豆科（Leguminosae），蝶形花亚科（Papilionoideae），多为草本植物（木豆为木本植物），一年生或越年生作物。

目前，食用豆类是人类栽培的三大食用作物（禾谷类、食用豆类、薯类）之一，在粮食作物中的数量仅次于禾谷类，是人类食用蛋白质的第二大来源。现在栽培的主要食用豆类有 15 个属 26 个种。我国是世界上食用豆的主要生产国之一，品种资源丰富，栽培历史悠久，遍及全国各地。目前，已经栽培并已收集、繁种入库的主要食用豆有 11 个属 17 个种，共有 2.5 万余份。分布于包括台湾省在内的 31 个省（市、区），我国每年种植食用豆的面积超过 666.7 万公顷，多种豆类种植面积居世界前列。

我国食用豆主要有蚕豆（*Viciafaba* L.）、豌豆（*Pisum sativum* L.）、绿豆（*Vigna radiata* L.）、小豆（*Vigna angularis*）、豇豆［*Vigna unguiculata* (Linn.) Walp.］、鹰嘴豆（*Cicer arietinum*）、饭豆（*Phaseolus lgaris* Linn.）、普通菜豆（Common bean）、多花菜豆（Multiflora bean）、小扁豆（Lentil）、黑吉豆（Blackgram）、利马豆（Lima bean）、扁豆（Hyacinth）、四棱豆（Winged bean）、藜豆（Chinese velvet bean）、刀豆（Sword bean）、木豆（Pigeonpea）共 17 个种。其中，蚕豆、豌豆、小扁豆、鹰嘴豆为长日照作物，又称喜凉（或冷季）豆类作物，通常在秋季或早春播种；其他豆类均为短日照作物，也称喜温（或暖季）豆类作物，一般春播，豇豆、绿豆、小豆、饭豆和黑吉豆可以夏播。

食用豆具有粮食、蔬菜、饲料、医药和肥料等多种用途，籽粒中富含蛋白质、维生素、多种矿物质和人体必需的各种氨基酸，营养价值很高。长期以来，食用豆在我国粮食组成和人类生活中占有重要的地位，在人类的食物构成和种植业结构中占有特殊地位，对提高国民身体素质起着重要作用，已经成为当前我国农业种植结构调整的重要作物。

一些食用豆类除供直接食用外，还可以作为食品工业、饲料工业和家庭副业的原料。食用豆的根部可产生根瘤，有共生固氮作用，是良好的养地作物，有些食用豆还具有医药保健及出口创汇价值。因此，食用豆是经济效益、社会效益和生态效益均高的作物。

第一节　食用豆产业发展

一、食用豆生产

我国食用豆的种植和食用已有 2 000 多年的历史。目前，栽培的食用豆种类繁多，主要有蚕豆、豌豆、绿豆、黑吉豆、红小豆、豇豆、饭豆、菜豆、利马豆、鹰嘴豆、小扁豆、木豆、四棱豆、藜豆、刀豆、羽扇豆等 20 多个品种，分布在 11 个属。我国食用豆产区主要分布在华北北部、东北、西北和西南等部分高寒冷凉、干旱和半干旱地区，在长期的驯化栽培中，形成了对某种生态环境的特殊适应能力。

（一）播种面积、总产量和单产水平

目前，我国种植的食用豆主要品种有蚕豆、豌豆、绿豆、芸豆、红小豆、豇豆等 20 余种，占全国粮食作物种植面积的 3.3%左右，占全国粮食作物总产量的 1.1%左右。其中，蚕豆、豌豆和绿豆合计占全国食用豆总种植面积的 90.0%，占全国食用豆总产量的 70.0%以上。

总的来看，近 20 年，我国食用豆生产呈现两个阶段性变化：①从 20 世纪 90 年代初到 2002 年，食用豆种植面积和总产量变化总体呈现波动性增长态势。种植面积由 1993 年的 292.25 万公顷，上升到 2002 年的 382.40 万公顷，增长了 30.85%，2002 年达到顶峰；总产量由 1993 年的 419.70 万吨，上升到 2002 年的 590.60 万吨，增长了 40.72%。②自 2002 年至 2011 年的 10 年，食用豆播种面积和总产量呈现波动性下降态势。播种面积从 2002 年的

382.40万公顷，下降至2011年的276.30万公顷，10年间减少了100多万公顷；产量从2002年的590.60万吨，下降到2011年的459.9万吨；单产从2002年的1.54吨/公顷，增加到2011年的1.66吨/公顷，单产呈波动性缓慢增长态势。另外，在我国生产的粮菜兼用食用豆中，籽粒用食用豆发展平稳，菜用型食用豆的种植面积和总产量，特别是蚕豆和豌豆的播种面积和总产量，上升迅速，快速增加。

（二）生产的主要地区

目前，我国食用豆主要分布在东北、华北、西北、西南的干旱半干旱地区以及高寒冷凉山区，由于受环境条件和自然灾害的影响，种植面积不稳定，总产量年际间变化很大。我国食用豆的主要产区包括云南、四川、黑龙江、内蒙古自治区（以下简称内蒙古）、江苏、重庆、吉林、甘肃、浙江、湖南、湖北和贵州等地；2011年，以上各省、自治区、直辖市的总产量分别为101.4万吨、48.2万吨、36.5万吨、34.1万吨、25.2万吨、24.8万吨、22.5万吨、19.0万吨、17.6万吨、17.6万吨、15.7万吨和14.9万吨，12个省、直辖市、自治区的产量合计占全国食用豆总产量的82.1%。

（三）生产的主要品种及分布

我国食用豆生产的主要品种有蚕豆、豌豆、绿豆、芸豆、红小豆、豇豆、鹰嘴豆等，占食用豆总播种面积和总产量的95.0%以上。

1. 小豆

根据各种植区的气候条件以及耕作制度等，我国小豆生产大致可分为三个种植区域：①小豆主产区——北方春小豆区，包括黑龙江、吉林、辽宁、内蒙古、河北北部、山西北部和陕西北部。播种期为每年5—6月，收获期为每年9月底至10月初；②小豆次主产区——北方夏小豆区，包括河北中南部、河南、山东、山西南部、北京、天津、安徽、陕西南部及江苏北部等。播种期一般在每年6月上中旬，收获期在10月上中旬；③南方小豆区，包括长江以南的各省份，小豆产量较少。

从小豆产区来看，我国小豆主要生产区域集中在东北、华北及黄淮海地区。近年来，以东北的黑龙江、吉林、辽宁，内蒙古，华东的江苏，西南的云南为产量最大省份。其中，黑龙江、吉林、内蒙古、江苏和云南的小豆产量占全国总产量的60.0%以上，是我国最重要的小豆主产区。另外，河北、陕西、山西、河南、山东等省份，小豆种植也较多。2000年、2005年和2010年的小豆生产量前五名的省份，黑龙江、吉林和江苏一直榜上有名，云南省相对稳定，内蒙古名次上升较快，河北退出前五名。值得注意的是，各省份小豆产量的下滑，特别是黑龙江小豆的产量下滑了50.0%，这种大幅度下滑是由于受到了黑龙江大力发展粮食产业的挤压，黑龙江的玉米和水稻生产迅速增加；吉林省小豆生产下滑幅度更大，2010年与2005年相比下滑了60.0%；内蒙古从2005年的4.3万吨滑坡到2010年的2.2万吨，下滑幅度超过50.0%；只有江苏省小豆的生产相对稳定。

从小豆生产来看，我国是世界上小豆种植面积最大、总产量最大的国家，年产量一般为30.0万~40.0万吨，但是最近几年有所滑坡。2002—2011年，我国小豆常年产量从10年前的30.0万~40.0万吨，下滑到25.0万吨左右的水平。具体来说，2002—2006年，全国小豆总产量都在30.0万吨以上，2007年迅速下滑到29.47万吨，除了2008年恢复到31.44万吨以外，2009—2011年都在25.0万吨左右的水平，2009年甚至只有22.36万吨。在此期间，全国小豆播种面积呈现稳定性波动下降。2002年小豆播种面积为27.23万公顷，达到最高点；截至2006年波动性下降到22.0万公顷左右，2007年以后更是波动性下降到16.0万公顷左右的水平，较2002年减少了约10.0万公顷。值得欣慰的是，小豆的单产水平稳步上升，2002—2004年的单产水平在1 400.0千克/公顷左右，2006年单产水平最高，达到1 649.89千克/公顷，2007年以后基本稳定在1 550.0千克/公顷的水平，2011年达到1 601.69千克/公顷，2011年比2002年的单产水平提高了200.0千克/公顷。

我国小豆种植面积较大，在贸易中占较大比重的品种是红小豆。我国优质红小豆中，主要有天津红小豆、唐山红、宝清红和大红袍等品种。天津红小豆主要分布在天津、河北、山西、陕西等省市，唐山红小豆主要分布在河北省的唐山地区，宝清红小豆主要分布在黑龙江省的宝清县，大红袍红小豆的产地主要在江苏省的启东市。其中，天津红小豆被东京谷物交易所列为红小豆期货合约标的物唯一替代的交割物。

2. 绿豆

绿豆是我国种植的最主要食用豆作物之一，主要生产区在内蒙古、吉

林、河南、黑龙江、山西和陕西等地，其中，以陕西省的榆林绿豆、吉林省的白城绿豆、河北省张家口的鹦哥绿豆最为有名。从绿豆生产的实际情况看，2002 年以来，我国的绿豆生产在 2002 年和 2003 年达到一个高峰，播种面积超过 90.0 万公顷，分别达到 97.1 万公顷和 93.23 万公顷；总产量接近 120.0 万吨，分别达到 118.45 万吨和 119.0 万吨；绿豆单产水平在 1 230.0 千克/公顷左右。2004 年绿豆播种面积锐减到 70.0 万公顷以下，总产量不足 71.0 万吨，单产水平也下降到 1 130.0 千克/公顷。2005 年绿豆生产有所恢复，播种面积达到 70.1 万公顷，产量超过 100.0 万吨，单产超过 1 400.0 千克/公顷，是绿豆单产最高的一年。2006 年绿豆生产放缓了发展步伐，虽然播种面积维持在 70.8 万公顷，但总产量不足 71.0 万吨。2007 年和 2008 年，绿豆播种面积有所增长，产量分别上升到 83.17 万吨和 90.43 万吨；但是由于不利气候条件的影响，绿豆的单产水平仍处于低位，为 1 100.0 千克/公顷的水平。近 3 年来，因绿豆价格忽高忽低，绿豆播种面积有起有伏，我国的绿豆总产量维持在 95.0 万吨左右的水平。

我国的绿豆生产，播种基本实现了机械化，机械化收获是制约绿豆大面积推广的瓶颈。主产区吉林、内蒙古、山西、陕西、新疆的生产模式是大田一年一季生长；在河南、湖北等省主要是绿豆与玉米间作套种；在山东、河北、北京等地，除了单作以外，还有果园林下套种等种植方式。

3. 豌豆

豌豆是我国第二大食用豆类作物，豌豆生产遍布全国各地。我国干豌豆生产主要分布在云南、四川、重庆、贵州、浙江、江苏、河南、湖北、湖南、青海、甘肃、内蒙古等 20 多个省、自治区、直辖市；青豌豆主产区位于全国主要大中城市附近。我国豌豆可分为春豌豆和秋豌豆两个产区。

我国在世界豌豆生产中占有举足轻重的地位。豌豆已经成为世界第四大食用豆类作物，2011 年全世界干豌豆种植面积 621.43 万公顷，总产量 955.82 万吨；我国干豌豆种植面积 94.0 万公顷，占全世界种植面积的 15.13%；总产量 119.0 万吨，占全世界总产量的 12.45%，是仅次于加拿大的世界第二大豌豆生产国。但是 1990—2013 年，我国豌豆种植面积年际间变动比较频繁。1990 年播种面积超过 130.0 万公顷，总产量超过 165.0 万吨；

此后的20多年里，一直没有超过这一顶峰。特别是我国干豌豆生产受到加拿大豌豆进口的强烈冲击，从加拿大进口的干豌豆先抑后扬的价格走势，开始较低价格的豌豆进口对我国干豌豆生产造成较大冲击，我国干豌豆生产呈现下滑态势，当我国豌豆粉丝企业依赖从加拿大进口豌豆以后，从加拿大进口的豌豆价格开始上扬，但是我国豌豆生产下滑的局面已经形成，对我国干豌豆产业的发展已产生了不利的影响。值得注意的是，豌豆的单产整体表现出略有下降的情况，2011年我国干豌豆单产1.27吨/公顷，低于世界1.54吨/公顷的平均水平。

我国干豌豆主要分布在土壤肥力低、生产环境差的区域，如甘肃、青海、宁夏回族自治区（以下简称宁夏）等西北省区。这些地区的豌豆生产同时受到了玉米、马铃薯、蚕豆等其他优势作物的竞争，2010年以来，干豌豆生产规模稳中有降，目前我国干豌豆种植面积约80.0万公顷，较上年下降10.0%左右，甘肃下降50.0%左右，青海下降20.0%左右，年总产量约90.0万吨。鲜豌豆生产则以大中城市的城郊农业为主，作为蔬菜产业发展，经济效益相对较好，因而发展较快。目前，我国鲜豌豆种植面积120.0万公顷，鲜豌豆总产量达到900.0万吨以上。

从干豌豆主产区的部分省份看，甘肃省半无叶型豌豆新品种陇豌1号的粗蛋白、淀粉、赖氨酸等品质指标居全国首位，平均单产为5 250.0千克/公顷，高产可达7 500.0千克/公顷。2007年以来，甘肃省的豌豆生产面积急剧增加，近三年累计推广6.7万公顷，目前种植面积约13.0万公顷，约占全国豌豆播种总面积的15%；年总产量近40.0万吨，占全国总产量的1/3；单产高于全国平均水平，淀粉出粉率高。

高原冷季豌豆是青海的主要食用豆类作物，中华人民共和国建立前的种植面积在5.3万公顷，单产水平很低。20世纪50年代初，常年种植面积为4.0万公顷，单产水平比1949年以前有了成倍提高；到1995年，豌豆种植面积发展到近6.0万公顷，总产量近10.0万吨。但是，由于经济效益比较低，豌豆种植面积在2000年以后逐年下降。从2007年开始，由于豌豆价格一路飙升，2008年豌豆种植又重新受到重视，播种面积上升到2.6万公顷。2008年以后，由于国际金融危机以及我国玉米良种补贴政策等的影响，加上

受到加拿大干豌豆进口的冲击，青海豌豆种植面积又有所徘徊，目前估计豌豆种植面积在 3.0 万公顷上下，总产量在 5.0 万吨左右。

4. 蚕豆

蚕豆在我国已有 2 000 余年的栽培历史。我国蚕豆生产分布广泛，除海南和东北三省极少种植蚕豆外，其余各省（自治区、直辖市）均有种植。我国是世界最大的蚕豆生产国，蚕豆常年播种面积在 100.0 万公顷左右，产量为 150.0 万~200.0 万吨。近 10 年来，中国蚕豆生产面积达 130 多万公顷，占世界总面积的 45.7%，为世界第一。

蚕豆属冷凉型作物，在全国大多数省份都可种植，分春播和秋播两大类型，长江以南地区以秋播冬种为主，长江以北以早春播种为主。春播蚕豆产量约占全国的 20%，秋播蚕豆约占全国的 80%。秋播区的云南、四川、湖北和江苏省的种植面积和产量较多，占 85%，春播区的甘肃、青海、河北、内蒙古占 15%。其中，西南的云南、四川、贵州三省，蚕豆种植面积占全国的一半以上；云南是蚕豆种植面积最大的省份，占全国的 23.7%，常年种植在 35 万公顷左右，产量 50.0 万吨左右，占全国之首。其次是江苏、浙江、湖南、湖北和江西等省，约占全国的 1/3。

2000 年，我国蚕豆种植面积超过 100.0 万公顷，约占世界蚕豆种植面积的 60%，总产量约 250.0 万吨，占世界总产量的 60.0%以上；近年来虽然有所下降，但仍维持在世界总产量的 40.0%左右；2011 年，我国蚕豆种植面积 92.0 万公顷，总产量 155.0 万吨。目前，我国的蚕豆生产规模波动较大，科技对蚕豆产业发展起到了很好的支撑作用。西南、华东等主产区，蚕豆生产规模处于上升趋势或相对稳定状况。

5. 豇豆

在我国，豇豆栽培已有数百年的历史，生产分布地区广泛。目前除了西藏自治区外，我国的南北各地均有栽培，尤其以南方栽培更为普遍，在华东、华中、华南及西南各地，均分布有独特的优良地方品种。全国常年栽培面积约 1 000.0 万亩（15 亩 = 1 公顷。全书同），总产量达 1 500 万吨。主要产区为河北、河南、江苏、浙江、安徽、四川、重庆、湖北、湖南、广西壮族自治区（以下简称广西）等省（自治区、直辖市）。

按照食用部分类，豇豆主要可分为普通豇豆、短荚豇豆和菜用长豇豆。以粮用和饲用为主的普通豇豆，主要以籽粒为食用部分，是一些地区的主要食物来源，种植于美国南部、中东地区和尼日利亚、尼日尔、加纳等非洲各国。菜用长豇豆以嫩荚为主要食用部分，是中国、印度、菲律宾、泰国、巴基斯坦等国家重要的夏季豆类蔬菜作物之一。目前，世界菜用长豇豆年栽培面积 100.0 万公顷左右，我国约占 2/5。我国菜用长豇豆常年栽培面积达 50.0 万亩以上，占蔬菜种植面积的 10.0%以上。

我国的干豇豆生产面积占世界第四位，约 30.0 万公顷；我国的青豇豆收获面积 1.4 万公顷，占世界种植面积的 6.43%；总产量 13.54 万吨，占世界总产量的 10.6%；单产 9 678.07 千克/公顷，远远高于世界单产 5 844.59 千克/公顷的平均水平。我国的青豇豆生产面积占世界第四位，总产量占世界第二位。

6. 芸豆

芸豆适宜在温带和热带高海拔地区种植，比较耐冷喜光。原产美洲的墨西哥和阿根廷，我国在 16 世纪末开始引种栽培。芸豆是世界上栽培面积仅次于大豆的食用豆类作物，各大洲均有种植。在我国分布广泛，各省区均有栽培。目前，我国已成为世界芸豆主产国，面积、产量皆超过美国（26 万公顷）、加拿大（20 万公顷）等国家。芸豆种植面积约为 60 万公顷，居世界第三位，仅次于印度和巴西；总产量为 82 万吨，平均单产 1 350~ 1 500 千克/ 公顷，比世界平均单产（617 千克/公顷）水平高两倍以上。另外，芸豆是我国杂豆出口最主要的商品，约占我国杂豆出口的 60%。黑龙江省是我国出产芸豆品种、数量最多的省份。

芸豆是普通菜豆和多花菜豆的总称，在我国，普通菜豆分布广泛，主要分布在北方和西南高寒、冷凉地区，种植面积较广，而且具有较高的单产。其中黑龙江、内蒙古、吉林、辽宁、河北、山西、甘肃、新疆维吾尔自治区（以下简称新疆）、四川、云南、贵州等为主产省区。

多花菜豆分布较广，面积相对较小，主产区比较集中，主要分布在我国的西南高寒山区。种植面积约 3 万 ~4 万公顷，其中云南省种植面积约有 1.35 万公顷，平均单产 750~900 千克/公顷，栽培条件好的地区可达 1 200~1 500 千克/公顷，目前生产规模较大，出口量较大的是云南的丽江、大理、

楚雄及四川的凉山，甘孜、阿坝和贵州的毕节等地区。除云南外，贵州、四川、陕西南部等地也有较大种植面积，山西、甘肃、内蒙古、辽宁、吉林、黑龙江等省区也有零星栽培。

7. 鹰嘴豆

鹰嘴豆是世界第三大食用豆类，是世界上栽培面积较大的食用豆类作物之一，目前有40多个国家种植，总面积达1 045.6万公顷。印度和巴基斯坦两国的种植面积占全世界的80.0%以上，我国只有零星分布。

我国于20世纪50年代从苏联引进鹰嘴豆，目前，鹰嘴豆生产主要分布在新疆、甘肃、青海、宁夏、陕西、云南、内蒙古、山西、河北、黑龙江等省区。鹰嘴豆在新疆的种植面积最大，主要分布于天山南北的广大农区。天山北部的木垒县、奇台县和天山南部的乌什县、拜城县是鹰嘴豆的主产区。目前我国鹰嘴豆种植面积约为5万公顷，并呈上升趋势；单产为1 000~1 500千克/公顷。新疆鹰嘴豆品种资源较为丰富，是我国鹰嘴豆外贸出口的重要产地，主要供应印度、巴基斯坦和中东等欠发达地区。

二、食用豆消费

1. 总体消费

从中华人民共和国成立以来食用豆的消费情况看，20世纪50—70年代由于主粮供应不足，食用豆产品是我国居民重要的口粮来源，消费量较大。1962年我国食用豆消费量曾经达到1 036.0万吨。随着我国经济发展和人民生活水平的提高，大家开始逐步倾向于消费口感较好的大米、小麦等大宗粮食作物，食用豆的消费量开始下降。到1991年，我国食用豆消费量已经降至205.0万吨。此后，随着我国居民口粮问题的逐步解决和健康饮食的倡导，从1994年起，我国食用豆消费量又开始回升，2002年达到526.0万吨，之后又有所回落，2009年在393.0万吨左右。目前正处于逐步恢复期，年消费量维持在400.0万吨以上。

纵观中华人民共和国建立以来我国食用豆的消费历史，以20世纪90年代初期为分界点，食用豆消费功能发生了根本性改变，整体消费趋势呈现“V”字形变化，由此导致了我国食用豆消费呈现两个不同变化趋势的阶段。

（1）中华人民共和国建立初期到20世纪90年代初期为第一阶段，基本特征是食用豆消费量逐步下降，到1991年、1992年达到谷底，1962—1992年的30年间，食用豆消费量年均递减5.6%。食用豆消费量下降的主要原因，是早期我国粮食产量相对不足，食用豆消费的主要功能是满足口粮需要，解决温饱问题，在口粮结构中占有较大比重；这期间，随着国家采取积极措施大力发展粮食种植，我国粮食产量不断增长，粮食短缺问题逐步解决，温饱问题得到缓解，人民的口粮消费结构中小麦、稻谷、玉米等大宗粮食比重日益上升，食用豆在口粮结构中的比重日益下降，从而导致我国食用豆总消费量逐步下降。

（2）20世纪90年代初期到现在，是食用豆消费的第二个阶段。这期间，由于温饱逐步得到解决，居民收入不断增长，市场体制逐步建立，人民生活水平不断提高，由重点追求吃饱逐步转向吃好，大家更加关注营养均衡和饮食健康，由于食用豆丰富的营养物质和独特的保健功效，成为人民日益追求的重要消费品，并由此推动了食品工业对食用豆的需求。再加上畜牧业的发展拉动了饲料工业的发展，饲料用食用豆呈现上升趋势，直接消费需求上升、食品工业需求扩大、饲料用豆增加，导致食用豆消费量由以前的下降态势逐步转变为缓慢增长态势。1992—2011年的20年间，食用豆消费量年均递增6.3%。

1992年以来的近20年，从我国食用豆消费量的变化可以看出，虽然这一阶段我国食用豆消费量总体上在波动中缓慢上升，但却呈现出先上升后下降的态势。基本上是以2002年为分界点，分为两个小的阶段，1992—2002年的10年间持续上升，消费量年均递增14.49%；2002—2011年的10年间缓慢下降。这主要是由于2003年以来，我国大宗粮食生产的不断扩张对食用豆生产形成挤压，导致食用豆生产种植面积萎缩，总产量下降，国内供给减少；加上生产成本上涨等因素导致了食用豆价格不断上升，从而在一定程度上抑制了人民对食用豆的日常消费。近年来，随着进口食用豆的大量增加，以及政府对食用豆市场价格的干预，食用豆价格逐步趋稳；加上人民收入水平的逐步提高，购买力不断提升，对食用豆的消费又呈现逐步上升势头。

随着人民生活水平的逐步提高和对健康饮食的不断追求，食用豆在我国消费量将进一步呈现稳定上升态势。目前，全国人均消费食用豆比例偏低。我国食用豆库存很少，可以假设为零；2011 年，我国食用豆总产量为 459.89 万吨，出口 99.20 万吨，进口 79.00 万吨；2011 年，食用豆的国内消费量约为 440.00 万吨，2011 年全国总人口 13.473 5 亿人，每年人均消费仅 3.27 千克，而日本每年人均消费达到 9.9 千克。黑龙江虽然是芸豆、绿豆和小豆等食用豆生产的大省，但人均消费量仍然比较低，人均每天消费仅为 11.7 克。

现在，我国城乡居民收入水平明显提高、消费方式显著变化、消费结构加速升级，对食物的消费观念不再仅限于“吃得饱”，而是逐步向“吃得好”“吃得营养”“吃得健康”转变。食用豆是人类膳食中最安全、最经济、最有效的食药同源食物，能有效解决营养安全问题。随着人民对食用豆保健功能认识的不断深入，食用豆消费将不断增加，食用豆发展具有广阔的市场空间。

2. 消费品种

我国居民日常消费的食用豆种类较多，有 20 多个品种，主要有蚕豆、豌豆、绿豆、豇豆、小豆、黑吉豆、饭豆、普通菜豆、多花菜豆、小扁豆、鹰嘴豆、木豆、四棱豆等。消费量最大的是豌豆，其次是蚕豆，二者合计约占食用豆总消费量的 80.0%。从 2010 年我国食用豆消费的品种结构看，豌豆占 41.7%，蚕豆占 37.6%，扁豆占 3.0%，山药豆、豇豆和刀豆占 4.2%，四季豆、利马豆、红小豆、绿豆、黑豆、红花菜豆、蛾豆、鹰嘴豆等其他豆类占 13.5%。

根据联合国粮农组织的分类，干菜豆主要包括四季豆、利马豆、红小豆、绿豆、黑豆、红花菜豆、蛾豆等食用菜豆。20 世纪 60 年代初期，我国干菜豆消费量在 230.0 万吨左右；之后的近 20 年，一直徘徊在 180.0 万吨左右的水平；改革开放以后，干菜豆消费开始下降，1994 年全国干菜豆消费仅为 73.6 万吨；之后有所恢复，2002 年达到 131.0 万吨。此后又有所下降，到 2010 年，全国干菜豆消费量为 48.0 万吨左右。由于干菜豆和肉类具有蛋白质来源的替代关系，随着肉类人均消费量的增加，削弱了干菜豆的消费量。目前，由于居民对营养和健康的日益重视，干菜豆的消费量比前几年有所增加，每年约在 60. 0 万吨以上。

在 20 世纪 60 年代初期，我国蚕豆消费量维持在 400. 0 万吨左右的水平上，1962 年最高达到 438. 2 万吨，之后逐年下降，1966 年降至 273. 9 万吨，较 1962 年下降了 37. 0%。1967—1997 年，我国蚕豆消费经历了近 30 年的缓慢下降期，由 1967 年的 274. 7 万吨降至 1997 年的 145. 4 万吨，降幅 47. 0%，年均下降 2. 1%。蚕豆消费在 2003 年曾一度恢复至 201. 1 万吨，2010 年又降至 138. 0 万吨的水平。2011 年蚕豆国内生产量约为 155. 0 万吨，出口 1. 67 万吨，进口 0. 03 万吨，蚕豆的国内消费量维持在 153. 36 万吨的水平。目前，我国干蚕豆消费量基本维持稳定，但是鲜食蚕豆消费量增加十分迅速，消费量主要增加在大中城市。

豌豆是我国消费量较大的一种重要食用豆。从历史看，豌豆的消费量总体上呈现下降的态势。1961—2010 年，我国豌豆的消费量从 294. 5 万吨下降到 148. 3 万吨，下降了 49. 6%。从豌豆的消费变化情况看，豌豆消费可以分为四个阶段：第一阶段是 1961—1969 年的快速下降阶段，豌豆的消费量从 294. 5 万吨下降到 194. 5 万吨，年均下降 5. 1%；第二阶段是 1969—1984 年的波动增长阶段，豌豆的总消费量在波动中缓慢增长，消费量从 1969 年的 194. 5 万吨增长到 1984 年的 207. 0 万吨；第三阶段是 1984—1992 年的快速下降阶段，这一阶段豌豆的消费量，从 207. 0 万吨下降到 80. 5 万吨，年均下降 11. 1%；第四阶段是 1992—2010 年的稳定增长阶段，这一阶段豌豆的消费量，从 80. 5 万吨增长到 148. 3 万吨，年均增长 3. 5%。2010 年之后，我国从加拿大进口豌豆量剧增，进口豌豆主要用于制作豌豆粉丝，此类豌豆消费在我国增加很快。2011 年，我国豌豆国内总产量约 119. 0 万吨，出口 0. 18 万吨，进口 73. 05 万吨，国内消费总量攀升到 191. 87 万吨的水平。

扁豆是我国居民饭桌上的常见菜肴，营养丰富，深受人民欢迎。从历史看，扁豆的消费量总体上呈现增长的态势。1984—2010 年，我国扁豆的消费量从 2. 5 万吨增长到 10. 7 万吨，增长了 3. 3 倍。但是扁豆消费年际之间波动较大。1984—2010 年，扁豆消费变化可以分为四个阶段：第一个阶段是 1984—1990 年的快速增长阶段，这一阶段扁豆的消费量，从 1984 年的 2. 5 万吨增长到 1990 年的 8. 0 万吨，年均增长 21. 4%；第二阶段是 1990—1994

年的下降阶段，这一阶段扁豆的消费量，从1990年的8.0万吨下降到1994年的5.3万吨，年均下降10.0%；第三阶段是1994—1996年的快速恢复阶段，这一阶段扁豆的消费量，从1994年的5.3万吨增长到1996年的9.2万吨，年均增长32.5%；第四阶段是1996—2010年的波动增长阶段，这一阶段扁豆的消费量，从1996年的9.2万吨增长到2010年的10.7万吨，年均仅增长1.1%。

鹰嘴豆是世界第三大食用豆类，是世界上栽培面积较大的豆类植物，印度和巴基斯坦两国的种植面积占全世界的80.0%以上，我国只有零星分布。从总量上来看，我国鹰嘴豆消费主要集中在新疆等少数民族地区，消费量不大，最高的年份也只有1.0万吨左右。从消费增长趋势来看，我国鹰嘴豆消费整体呈上升趋势，由于鹰嘴豆主要用于食用，因而与小麦、大米等主粮的消费具有一定的替代关系。鹰嘴豆的消费年度间波动较大，1992—1999年，我国鹰嘴豆消费量由1 961.0吨增至5 431.0吨，之后又下降至2002年的1 377.0吨。2003年开始，我国鹰嘴豆消费量快速上升，2004年达到9 208.0吨，之后徘徊在目前1.0万吨左右的水平上。

其他食用豆类主要包括豇豆、山药豆和刀豆等，虽然产量和消费都不大，但因其具有很高的营养价值，也是一些地区人民日常生活中不可缺少的重要部分。例如，豇豆性味甘平，健胃补肾，含有易于消化吸收的蛋白质、多种维生素和微量元素等，所含磷脂可促进胰岛素分泌，是糖尿病人的理想食品；山药豆与野生山药有同等的药用价值；刀豆含有尿毒酶、血细胞凝集素、刀豆氨酸等。从历史看，其他食用豆类的总消费量总体上呈现增长的态势，1961—2010年，总消费量从0.7万吨增长到15.0万吨。其总消费的增长可以分为两个阶段：第一阶段是1961—1992年的波动阶段，其总消费量从1961年的0.7万吨增长到1992年的3.7万吨，期间总消费量的波动比较大；第二阶段是1992—2010年的快速增长阶段，其总消费量从1992年的3.7万吨增长到2010年的15.0万吨，年均增长8.1%。

3. 消费用途

20世纪90年代之前，我国食用豆主要用于食用消费，但是比例一直处于下降态势，1961年我国食用豆总消费中，食用消费大约在83.6%，2003

年降至35.0%左右，2009年又恢复至46.5%。食用豆的饲料消费量整体呈增长态势，在总消费中的比例也呈上升态势。1961年我国食用豆饲料消费所占比例仅为1.7%，到2009年已经上升至42.6%。

从干豆的消费结构来看，在1990年之前，干豆的主要用途是食用消费，比例高达90.0%左右，此后不断下降，目前食用消费占50.0%左右。从1991年开始，饲用消费的比例不断上升，到2003年饲用比例高达60.0%，近几年这一比例稳定在40.0%~50.0%。干豆的种用和消费的比例一直很低，种用的比例大概在10.0%左右，而消费的比例在5.0%以下。

从豌豆的消费结构来看，豌豆的消费同样是以食用消费为主，1990年之前，食用的比例高达70.0%左右，从1990年开始，饲用的比例开始上升，到2009年饲用的比例达到43.0%，比食用48%的比例略低。种用和消费的比例比较小，种用的比例大约在5.0%，而消费的比例大约在3.0%。目前，豌豆的消费结构没有大的变化。

其他豆类和干豆、豌豆的消费结构相类似，也是由以食用为主逐步向食用、饲用并重转变。因此，食用的比例不断下降，从1961年的82.4%下降到2009年的48.5%；而饲用的比例不断上升，从1.6%上升到43.0%。种用和消费的比例比较稳定，种用的比例稳定在6.0%左右，而消费的比例稳定在3.0%左右。

4. 未来消费需求

1992年到2011年的20年间，从食用豆消费量变化看，我国食用豆消费量年均递增6.3%。未来随着我国居民生活水平的提高和科学饮食理念的倡导，居民更加关注健康饮食，更加注重膳食结构的调整，食用豆消费量会逐步增多，甚至是快速增加。综合分析各种因素，未来10年，我国食用豆消费年增长速度不会低于前20年的平均水平。因此，如果按照前20年间年均6.3%的实际增长速度保守预测，10年后我国食用豆年消费量将比现在翻一番，达到800.0万吨。实际上，在前20年间，有10年时间食用豆消费呈现高速增长势头，即1992年到2002年消费量年均递增达到14.4%。如果按照这个速度预测，10年后我国食用豆年消费量将超过2 000.0万吨，约是现在的5倍。此外，考虑到未来我国经济发展水平与日本、韩国等邻国差距进一

步缩小，这些与我国居民饮食具有一定联系或者相似性的周边国家，其现在的食用豆消费状况也许就是我国未来食用豆的消费状况，因此，这些国家目前食用豆消费情况对我国具有一定的参考借鉴作用。如果按照现在日本人均年消费食用豆 9.9 千克的标准，我国年消费食用豆将达到 1 400.0 万吨。

根据预测，到 2020 年，我国食用豆总需求量将上升到 1 055.17 万吨，基本恢复到 1962 年的水平，比 2011 年的总需求量翻一番还多；其中居民直接食用消费量为 305.25 万吨，食品工业用量为 149.49 万吨，饲料用量为 298.7 万吨，出口贸易量为 196.21 万吨，种子消耗、正常损耗及其他用量为 105.52 万吨。到 2025 年，我国食用豆总消费需求将进一步上升到 1 525.0 万吨，比 2011 年接近翻了两番。其中居民直接食用消费量达到 456.02 万吨，食品工业用量达到 240.76 万吨，饲料用量上升到 390.02 万吨，出口贸易量为 286.56 万吨，种子消耗、正常损耗及其他用量为 152.6 万吨。为满足我国未来食用豆消费不断增长的需要，必须制定正确的产业发展战略，采取积极有效措施，进一步扩大生产规模，努力提升食用豆综合生产能力，推动我国食用豆产业的健康可持续发展。

三、食用豆加工

我国是食用豆生产大国，品种和产量均居世界第一位，其中蚕豆年产量 250 万吨，占世界总产量的 1/2，绿豆、小豆年产量占世界总产量的 1/3。同时，我国也是食用豆出口大国，出口总量占我国粮食出口总量的 10%左右，年出口额 3 亿美元左右，其中，小豆常年出口 7 万吨，创汇 0.5 亿美元以上，是我国粮食出口中第八大创汇农产品。其次，食用豆是贫困地区农民增收不可替代的重要特色作物。

由于蚕豆、豌豆、绿豆、红小豆及其他食用豆的特殊营养价值，食用豆被广泛用于食品加工业。例如，蚕豆通过食品发酵技术可做各类豆酱，还可进行淀粉和粉丝加工以及休闲食品的加工；豌豆可进行罐头、饮料及发酵食品等加工；绿豆可进行豆芽菜、绿豆饮料、保健食品加工以及淀粉、粉丝加工等。据统计，我国绿豆食品加工约占国内消费总量的 30%，红小豆食品加工占国内消费总量的 40%～50%，芸豆食品加工占国内消费总量的 50%～

60%，蚕豆食品加工占国内消费总量的20%~30%，豌豆食品加工占国内消费总量的40%左右。

目前，我国食用豆加工方面，主要以本地食用、原粮出口和传统加工制品为主，比较效益低，产品附加值低，产品研发能力低，产品价格波动较大，没有主导市场的龙头企业。在市场经济条件下，需求决定供给，如何大力解决食用豆市场需求的各个环节，扩大市场需求成为食用豆产业发展的瓶颈。

食用豆独特的营养特性和优良的保健功效，决定了食用豆具有良好的加工开发前景和巨大的加工开发潜力，从而为食用豆加工业发展奠定了基础。今后，拓展产业链条，降低产业风险，精深加工产品，成为我国食用豆加工业的发展趋势。

四、食用豆贸易

中国食用豆的出口额远远大于进口额，芸豆是我国第一大出口品种，而豌豆则成为第一大进口品种，芸豆、绿豆和红小豆是净出口的主要品种；优质绿豆出口前景依然较好，亚洲和美洲地区是中国食用豆主要的出口市场，包括日本、印度、古巴、巴西等国。我国食用豆贸易仍保持着净出口的格局，但是国际竞争力有所下降。

近年来，我国食用豆的进口贸易增长非常迅速，而出口贸易的增长较为平稳。我国食用豆的进口均价与出口均价的相关度较低，这意味着我国食用豆的进口市场和出口市场存在着差异。从统计数据来看，我国食用豆的出口均价高于进口均价，且差额有扩大趋势。从各种食用豆进出口均价的相关性来看，出口均价相关性较高，进口均价的相关性很低，或基本没有相关性。

2011年，从食用豆的主要贸易国来看，我国豌豆的主要进口国为加拿大，进口额占当年我国豌豆进口贸易额的94.76%，主要出口国家为日本和泰国，出口市场份额分别为36.55%和22.6%；我国芸豆的主要进口国是缅甸，进口份额占到47.2%，芸豆的出口市场非常分散，我国共向92个国家和地区出口芸豆，单个出口国的贸易份额并不高，其中对南非、意大利、印度、巴基斯坦、巴西的出口贸易额最大；我国绿豆的主要进口国是缅甸，进

口市场份额占到86.35%，主要出口国是日本，出口市场份额占到54.97%；我国豇豆的主要进口国是荷兰和意大利，主要出口国是印度尼西亚；我国红小豆的主要进口国是加拿大，主要出口国是韩国和日本；我国蚕豆的进口额非常小，主要出口国是日本、墨西哥和泰国。

（一）食用豆出口情况

我国是食用豆的出口大国，是全球第二大食用豆出口国。1994年的食用豆出口量曾达到创纪录的128.31万吨，随后的1995年和1996年食用豆出口量大幅下降，之后食用豆出口量呈缓慢上升趋势，食用豆的出口量由2005年的86.8万吨增加到2010年的109.6万吨，增加了27%，到2011年，食用豆出口量达到99.2万吨，稍高于1992年的88.41万吨。食用豆的出口额则因价格的变化，在1992—2005年，呈现震荡趋势，2005年后，出口额有较大幅度上升，在2011年达到91 813.0万美元，较2005年增长了2.48倍。

近年来，芸豆和绿豆在我国食用豆出口中占有绝对比重，2011年，芸豆的出口量和出口额占比分别为79.14%和65.85%，而绿豆的出口量和出口额占比则为11.86%和22.23%。从长期来看，芸豆是我国历年来的食用豆主要出口品种，绿豆和红小豆的出口则次之；2011年，我国豇豆出口贸易额也相对较小，出口额为2 150.53万美元，其中印度尼西亚是我国豇豆的主要出口国家，出口份额占40.54%。

芸豆是我国出口额最大的食用豆品种。近年来，我国芸豆的出口量和出口额稳步增长，从1992—2011年，芸豆出口量和出口额的年均增长率为4.43%和8.96%。到2011年，我国芸豆的出口量和出口额分别达到76.52万吨和60 462.53万美元。2011年，我国共向92个国家和地区出口芸豆，其中对南非、意大利、印度、巴基斯坦、巴西的出口贸易额最大；此外，阿联酋、美国、委内瑞拉等25个国家在我国芸豆贸易出口额中的市场份额都在1.0%以上。2010年芸豆的出口量约占全球出口总量的42.7%，2005—2010年出口量所占的份额为8%~11%，出口量由2005年的59.4万吨增加到2010年的75.8万吨。我国芸豆的出口市场非常分散，出口市场的集中度很低，单个出口国的贸易份额并不高。近年来，中国芸豆的出口量稳定增长，古巴、印度、南非、委内瑞拉、巴西和巴基斯坦是最大的出口目的地。

绿豆是我国第二大食用豆出口品种。绿豆的出口贸易波动较大，出口量和出口额分别在1995年、1999年、2002年和2009年出现四个小高峰。在20年间，我国绿豆出口贸易的增长幅度并不大，但波动剧烈，2010年出口量占全球出口总量的38.8%。到2011年，绿豆的出口量为11.46万吨，出口额为20 412.21万美元。2011年，我国共向64个国家和地区出口绿豆，是世界上最大的出口国，我国绿豆的出口贸易市场主要集中在日本、越南、印度、美国等国家，集中度较高。其中对日本的出口额为11 221.25万美元，占比达到54.97%。2009年印度是中国绿豆出口的第一大目的地，所占的份额为28%。

红小豆是中国第三大食用豆出口品种，中国向40多个国家和地区出口红小豆，是世界上最大的出口国，红小豆的出口量除2007年6.5万吨外，2005—2010年基本保持在5万吨以上，2010年出口量占全球出口总量的61.8%。2011年我国红小豆出口额为6 465.64万美元，主要出口国家是韩国和日本，出口份额分别占44.41%和31.86%。红小豆的出口目的地高度集中且较稳定，2005—2010年出口到韩国和日本的份额合计为70%以上，韩国所占份额呈增加趋势，其他主要的出口目的地有马来西亚、中国香港和美国等。

我国豌豆的出口规模较小，出口量较少，出口贸易额相对较低。2006年最低为0.2万吨，2008年最高为0.4万吨。2005—2010年出口量基本保持不变，出口目的地主要在亚洲，约占全国出口总量95%以上的份额。日本是中国豌豆最大的出口国，约占全国出口总量的1/3。2011年出口额为179.59万美元，主要出口国家和地区为日本、泰国、我国台湾地区、美国和越南，其中对日本和泰国的豌豆出口额占到当年豌豆出口贸易额的近60.0%。

在2000年以前，蚕豆在我国食用豆出口中占有一定比例，但之后出口占比下降到较低水平；豇豆和豌豆在我国食用豆出口中占比一直处于较低水平。2011年我国蚕豆出口额达到2 142.17万美元，主要出口国家是日本、墨西哥和泰国，出口份额占比分别是33.2%、24.5%和14.23%。

（二）食用豆进口情况

随着国内消费水平的提高以及对食用豆多样化需求的增加，我国的食用

豆进口量从1992年的2.86万吨迅速攀升到2011年的75.12万吨，进口额从1992年的785.0万美元急剧增加到2011年的31 556.0万美元，年均增长率分别为18.77%和21.46%。但在2004年以前，我国食用豆的进口量变化并不大，当年的进口量和进口额分别为82 531.0吨和1 910.0万美元，但2005年的进口量和进口额则较2004年有近三倍的增长。随后，我国的食用豆进口步入了一个急速发展阶段。

近年来，食用豆的进出口量都在增加，且进口量的增速显著高于出口量的增速。食用豆的进口量由2005年的27.2万吨增加到2010年的68.4万吨，增加了151.5%。其中芸豆的进口总体呈现增加趋势，2005年进口量仅为290吨，2008年快速增加到7 455吨，2009年回落至3 416吨，2010年继续回落至2 103吨；但年际间波动较大。红小豆的进口规模较小，最高的年份是2005年，也仅为340吨。而豌豆的进口量由2005年的24.1万吨显著增加到2010年的55.3万吨，增长了129.5%。

从进口的不同品种来看，我国食用豆的进口贸易量差别非常大，近年来的主要进口品种是豌豆，进口贸易量相对较小的是绿豆、红小豆、豇豆和芸豆，而蚕豆的进口量最小。在1995年以前，豇豆和绿豆在我国食用豆的进口贸易中占有较大比重，但在1995年后，豌豆则成为我国食用豆最主要的进口品种。2011年，豌豆的进口量和进口额分别占到食用豆贸易量的97.23%和93.5%，占有绝对比重。芸豆除在1992年进口占比较大外，其他年份的进口占比都很小。红小豆则在1995年有较大的进口占比，其他年份进口占比很小。蚕豆一直是我国食用豆进口贸易中占比最小的品种，其中在2003—2005年，我国未进口蚕豆。

豌豆是中国第一大食用豆进口品种，中国是全球第二大进口国。从2004年开始，我国豌豆的进口贸易量开始大幅攀升，进口量显著增加；特别是2008年以来，进口量由20.3万吨增加到55.3万吨，增长了172.4%；2010年，进口量占全球进口总量的15.7%；2011年，豌豆的进口贸易量和进口贸易额分别达到73.04万吨和29 504.49万美元，分别占到我国食用豆贸易量和贸易额的90%以上。1992—2011年，我国豌豆进口量和进口额的年均增长率分别为57.04%和56.76%，增速非常高。

中国豌豆的主要进口来源国高度集中且稳定，加拿大是中国第一大进口来源国，但2005—2010年占中国进口总量的比重呈下降趋势，2005年为97.8%，2010年下降为87%。美国目前是中国第二大进口来源国，进口量由2005年的2 709吨增加到2010年的70 067吨，所占份额也由1.1%上升到12.7%。2011年，我国豌豆主要进口来源国家和地区为加拿大、美国、英国和澳大利亚及我国台湾地区，其中来自加拿大的豌豆进口额占到当年我国豌豆进口贸易额的94.76%。

中国是主要的绿豆进口国，2010年进口量位居世界第三，约占全球进口总量的5.8%，缅甸是中国最大的绿豆进口来源国。2005—2010年所占份额都在90%以上，2008年达到98.8%，2011年我国绿豆进口额达到1 626.88万美元，进口贸易额占到绿豆总进口额的86.35%，进口集中度较高。

中国红小豆的进口规模很小，2005—2010年年均进口量仅为132吨，近年来进口量显著下降，2009年仅为2吨，2010年恢复至107吨。中国红小豆的主要进口来源国不稳定，日本曾经是中国红小豆进口的主要来源国，2006年进口量占中国进口总量的88.9%，然而2007—2010年中国没有从日本进口，2008年缅甸成为第一大进口来源国，占中国进口总量的93.2%，2010年加拿大成为第一大进口来源国，占中国进口总量的98.3%。2011年，我国红小豆进口额仅有89.43万美元，仅从三个国家进口红小豆，其中从加拿大进口红小豆的贸易额占比达到77.32%。

中国芸豆进口规模虽不大，但总体而言上升较快，年际间波动也较大。中国基本上从缅甸和朝鲜进口芸豆，从这两国进口的数量约占中国进口总量的98%。2011年，我国芸豆进口额达到315.78万美元，其中缅甸是我国芸豆最大的进口贸易国，进口份额占到47.2%。

2011年，我国豇豆进口额仅为10.66万美元，荷兰、意大利、美国等国家是我国豇豆的主要进口国。2011年，我国蚕豆进口额仅为8.95万美元，进口国家有三个，其中从意大利的进口额占了77.57%。

五、食用豆发展趋势

我国是传统的食用豆生产大国、消费大国和出口大国，具有较强的出口

贸易竞争优势。我国是世界第三大食用豆生产国，占世界食用豆总产量的7.0%，同时国也是最重要的食用豆消费国，占世界食用豆消费量的6.0%左右。我国是食用豆的出口大国，也是食用豆净出口国，食用豆是我国农业中为数不多的继续保持贸易顺差的农产品。我国食用豆比较优势和国际竞争力虽然呈现持续下降趋势，但仍维持较强的竞争优势。其中，芸豆出口量最大，其次是绿豆和小豆，豌豆进口量最大。短期内，我国食用豆还将以其独特的品质优势和贸易比较优势占领国内外市场，将继续保持净出口格局。从食用豆品种来看，蚕豆、红小豆、豇豆、绿豆和芸豆等食用豆将继续保持稳定出口贸易的格局，而豌豆将继续扩大进口。

近年来，随着人民可支配收入、特别是贫困人口可支配收入的增加，食用豆的需求迅速增长。但是，目前我国食用豆生产量仅有400万~500万吨，不能满足居民消费增长的需要。因此，必须把握好国家供给侧结构性改革的政策机遇，采用有效措施，通过构建食用豆现代农业产业技术体系、完善食用豆产业政策等措施，加快食用豆产业的发展，提升食用豆综合生产能力，扩大食用豆产量，以满足人民日益增长的消费需要。

第二节 食用豆分类

我国食用豆类是指除大豆和花生以外，以食用籽粒为主的各种小宗豆类的总称，可按照不同的特征来进行分类。

一、生物学分类

豆科（Leguminosae），可以分为蝶形花亚科（Papilionoideae）、云实亚科（Caesalpinioideae）、含羞草亚科（Mimosoileae），共750个属，约有20 000个种。蝶形花亚科约有525个属10 000个种，我国有103个属1 000多个种。

在蝶形花亚科中，依照果实类型、叶子种类和子房特征，把食用豆分为10个族。其中菜豆族（Phaseoleae）和野豌豆族（Vicieae）的许多种，已经成功地作为食用豆类作物来栽培。菜豆族的主要属有：大豆属、木豆属、瓜尔豆属、藜豆属、刀豆属、菜豆属、豇豆属、扁豆属、四棱豆属；野豌豆族有：野豌豆属、兵豆属、豌豆属、鹰嘴豆属。

二、栽培上分类

目前，人类栽培的食用豆，在植物学上分为15个属26个种。在食用豆的栽培中，常用的分类方法主要有以下三种。

（一）根据子叶是否出土分类

食用豆种子发芽时，子叶有出土和留土两种类型。

（1）子叶出土类型。发芽时，下胚轴延长，出苗时子叶出土。如绿豆、豇豆、普通菜豆、利马豆、藕豆、刀豆、瓜尔豆、黑吉豆、乌头叶菜豆等。

（2）子叶留土类型。发芽时，下胚轴不延长，出苗时子叶不出土。如蚕豆、豌豆、小豆、鹰嘴豆、小扁豆、饭豆、多花菜豆、木豆、四棱豆、山黧豆、藜豆等。

（二）根据种植和生长季节分类

根据种植和生长季节的不同，可以把食用豆分为三类。

（1）冷季豆类。北方早春播种、夏初收获，或南方秋末播种、初春收获的食用豆类，抗冻性强，耐热性弱。有蚕豆、豌豆、鹰嘴豆、白羽扇豆、窄叶羽扇豆、小扁豆、山黧豆、葫芦巴豆等。

（2）暖季豆类。南北方均可春、秋播种收获的食用豆类，抗冻性、耐热性均中等。有普通菜豆、小豆、多花菜豆、利马豆、藕豆等。

（3）热季豆类。南北方均夏播夏收的食用豆类，抗冻性弱，耐热性强。有绿豆、豇豆、木豆、饭豆、黑吉豆、藜豆、刀豆、四棱豆等。

（三）根据对光周期的反应分类

食用豆因其原产地所在的纬度不同，形成了长日性和短日性两种生态类型。因此，可将食用豆类分为长日性和短日性两大类。

（1）长日性食用豆类。冷季豆类均为此类，有蚕豆、豌豆、鹰嘴豆、白羽扇豆、窄叶羽扇豆、小扁豆、山黧豆、葫芦巴豆等。

（2）短日性食用豆类。热季豆类和暖季豆类均属此类，有绿豆、小豆、豇豆、木豆、饭豆、黑吉豆、藜豆、刀豆、四棱豆、普通菜豆、多花菜豆、利马豆、藕豆等。

目前，我国种植的食用豆主要有绿豆、红小豆、蚕豆、豌豆、豇豆和普通菜豆等20多种，主要分布在我国东北、华北、西北、西南的干旱半干旱地区以及高寒冷凉地区。

三、按营养成分分类

按照种子的营养成分含量，食用豆可分为两大类。

（一）高蛋白、中脂肪、低淀粉类

是指食用豆籽粒中的蛋白质含量高，在35.0%~40.0%；脂肪含量中等，在15.0%~20.0%；淀粉含量较少，在35.0%~40.0%。如羽扇豆、四棱豆等。

（二）中蛋白、低脂肪、高淀粉类

是指食用豆籽粒中的蛋白质含量中等，在20.0%~30.0%；脂肪含量低，小于5.0%；淀粉含量高，在55.0%~70.0%。如蚕豆、豌豆、绿豆、小豆、豇豆、饭豆、鹰嘴豆、黑吉豆、乌头叶菜豆、菜豆、利马豆、小扁豆、扁豆、木豆、刀豆、狗爪豆等。目前，我国栽培的食用豆主要是中蛋白、低脂肪、高淀粉类的品种。

四、其他分类

（一）根据授粉方式分类

按授粉方式，食用豆可分为自花授粉和常异花授粉两类。蚕豆和多花菜豆是常异花授粉植物，其他如小豆、绿豆、豇豆、豌豆是自花授粉植物。

（二）按照生长习性分类

各种食用豆植株的生长习性不一，可分为株型直立型（矮生型）、半直立（半蔓生）型和蔓生型三种。通常直立型（矮生型）主茎长到4~8节后，茎端生长点出现花序封顶，分支也会形成花序封顶；而蔓生型进入抽蔓期后，节间不断伸长并左旋缠绕，可以不断开花结实，植株高达2~3米，甚至更长；半直立（半蔓生）型介于两者之间。不同地区的划分标准不尽相同。目前新育成的生产上种植推广食用豆品种，大部分是直立型的品种。

（三）根据生育期分类

各种食用豆的生育期不一致，按生育期长短可分为早熟型、中熟型和晚熟型三种。在黄淮海地区夏播条件下，绿豆生育期小于70天的为早熟；生育期在70~80天的为中熟；生育期在80~90天的为晚熟。小豆生育期小于85天的为早熟；生育期在85~100天的为中熟；生育期在100~115天的为晚熟。豌豆生育期在80~90天的为早熟，生育期90~110天的为中熟，生育期在110天以上的为晚熟。

（四）按照籽粒大小分类

按照食用豆的籽粒百粒重大小，可分为大粒型、中粒型和小粒型。如绿豆，一般我国东北品种多为大粒型，华北品种多为中粒型，华南则多为中粒型或小粒型。绿豆的大粒型品种一般百粒重在6克以上，中粒型品种一般百粒重在4~6克，小粒型品种一般百粒重在4克以下。豌豆的大粒型品种一般百粒重大于30克，中粒型品种一般百粒重20~30克，小粒型品种的百粒重一般小于20克。

（五）根据植株高度分类

根据食用豆植株生长的高度，一般可分为矮生型、中间型和高大型三种。以豌豆为例，矮生型一般株高在15~90厘米，中间型一般株高在90~150厘米，高大型一般株高在150厘米以上。

第三节　食用豆病虫草害研究进展

农作物病虫草等有害生物群，是农业持续发展的生物障碍因素，全球遭受病虫草为害的损失高达总产值的35%。我国每年由于生物灾害所造成的农产品损失率为35%~45%，其中虫害（包括螨害）损失13%、病害损失12%、草害损失10%。

一、病害研究进展

病虫害是影响食用豆产量和品质的重要因素，抗性品种的选育和利用是控制食用豆病虫害的经济、安全和有效措施。食用豆的病害可分为真菌性病害、细菌性病害、病毒性病害、线虫病害等。下面介绍几种主要食用豆的病害研究情况。

（一）绿豆

绿豆的主要病害有尾孢叶斑病（病原：*Cercospora canescens* Ell. et Mart.）、丝核菌根腐病（病原：*Rhizoctonia solani*）。自“七五”开始，中国开展了绿豆抗尾孢菌叶斑病、丝核菌根腐病的鉴定与评价。迄今为止，已完成全国2 800余份绿豆种质资源对尾孢叶斑病的抗性鉴定，筛选到高抗叶斑病种质1份，抗性种质6份，中抗材料30余份。对2 000余份种质进行了抗丝核菌根腐病鉴定，筛选出高抗资源20余份，抗性种质30余份。

（二）小豆

据不完全统计，我国每年因病虫害导致小豆产量损失在30%以上，已经严重影响了我国小豆的生产与贸易。目前，中国小豆生产上的主要病害是尾孢菌叶斑病（病原：*Cercospora canescens* Ell. et Mart.）、锈病［病原：*Uromyces appendiculatus*（Pers.）Ung.］、病毒病、白粉病（病原：*Sphaerotheca fulignea*），国内对小豆资源的抗性鉴定主要是尾孢叶斑病、锈病。

1. 小豆病毒病

在病毒种类及鉴定方面，天津郊县红小豆存在CMV（黄瓜花叶病毒）、CAbMV（豇豆蚜传花叶病毒）、AMV（苜蓿花叶病毒）、BBWV（小豆萎蔫病毒）4种病毒类型。其中以CAbMV和CMV这2种病毒为主，分别占检测样品总数的46.83%和40.80%，而AMV和BBWV这2种类型的病毒数量很少。国外从小豆中分离出小豆花叶病毒（AzMV）、豇豆黑眼病毒（BICMV）、菜豆普通花叶病毒（BC-MV）、豆类黄化花叶病毒（BYMV）、黄瓜花叶病毒（CMV）和木薯花叶病毒（AMV），田间试验中各种病毒均对小豆产量构成一定影响，其中小豆花叶病毒导致小豆减产3.5%~93%，黄瓜花叶病毒导致小豆减产18%~25%，豇豆黑眼病毒导致小豆减产33%，木薯花叶病毒导致小豆减产70%。251种小豆品种中鉴定出23份高抗病毒病资源。研究表明，我国河北省赤豆种子携带豇豆黑眼花叶病毒（BICMV）比例为3%~5%。韩国从小豆品种中分离出AMV、CMV、AzMV 3种病毒并进行了抗血清鉴定。目前我国已经进行了小豆病毒病的抗性基因克隆与相关功能方面的研究。

2. 小豆疫霉病

小豆疫霉茎腐病由豇豆疫霉菌引起，该菌具有寄主专化型。黑龙江省佳木斯市合江地区农业科学研究所发现一种小豆疫霉茎腐病，在茎部产生红棕色病斑，有时可在病茎和病荚产生白色霉层，严重时发病植株萎蔫、死亡。病原菌无伤接种时只侵染小豆，被鉴定为豇豆疫霉菌小豆专化型。通过室内接种对70份小豆资源进行了抗疫霉茎腐病（病原：*Phytophthora vignae* f. sp. *adzukcola*）鉴定，抗小豆疫霉茎腐病的资源7份。对危害日本北海道的小豆茎褐腐病和小豆镰刀菌枯萎病进行了抗性鉴定，发现了9份抗性栽培小豆、1份野生小豆、30份地方品种对以上2种病害的3号生理小种具有抗性。

3. 小豆叶斑病

对1 000份小豆品种资源进行田间抗叶斑病鉴定，筛选出抗病品种7份、中抗以上的品种有131份，占全部筛选品种的13.1%。对全国2 040份小豆资源进行了田间成株期人工接种抗尾孢叶斑病鉴定，所选资源中无免疫和高抗品种，只筛选出抗病品种1个、中抗种质3个、较耐病的品种10个，感病材料1 022份，高感材料1 004份。在同一年份相同条件下，小豆对叶斑病抗性鉴定表明，小豆种质的抗病性一般随纬度的降低有增强的趋势。小豆种质间抗病性与粒色、株型相关性不显著。

4. 小豆锈病

我国对小豆锈病、白粉病及褐斑病的抗性基因进行了遗传分析，研究认为SSD33种质具有抗锈病和抗白粉病基因，而京农2号具有对应的感病基因，抗锈病和抗白粉病均受一对显性基因控制，控制小豆褐斑病的基因是一个3对基因控制的数量性状基因，具微效及累加作用。对全国12个省份的1 003份小豆资源进行了抗锈病资源筛选，鉴定出高度抗病品种7个、抗病品种5个。

5. 小豆白粉病

对500份小豆种质资源进行抗病性鉴定，筛选出高抗白粉病的材料21份，其中表现免疫的小豆种质7份。外国利用感白粉病栽培小豆、野生小豆品种与近缘植物 *V. hirtella* 中品种进行杂交并且获得了杂交一代种，后和感病亲本回交后发现后代分离比例为24∶21，近似符合1∶1比例，因而可以推断抗白粉病基因是受一对显性基因控制。

6. 小豆其他方面病害

外国首次从被小豆害虫危害的小豆种子中分离出酵母真菌。在我国小豆根结线虫病主要侵染小豆、绿豆、豇豆、黄瓜、芸豆、芹菜、辣椒、唐昌蒲、毛海棠、大蓟、苍耳等植物，影响发病的主要因素有播期、土壤 pH 值、土壤类型、肥水等。

（三）菜豆

菜豆炭疽病［病原：*Colletotrichum lindemnum*（Sacc. et Magn.）Br. et Cav.］、病毒病（病原：*Bean common mosaic virus*）、根腐病（病原：*Fusarium solani* f. sp. *phaseoli*）和枯萎病（病原：*Fusarium oxysporum* f. sp. *phaseoli*）等是中国菜豆生产上常见的主要病害。

1994 年从 60 份中国菜豆地方品种中鉴定出兼抗根腐病和病毒病的品种 6 份；后从 2 000 多份荚用菜豆资源中筛选出高抗炭疽病的种质 5 份、抗性材料 78 份、抗枯萎病资源 20 份。1989 年对 139 份籽用菜豆种质资源进行了炭疽病抗病性的鉴定，筛选出中抗种质材料 12 份；对 21 份菜豆种质资源进行了苗期抗炭疽病鉴定，表现高抗材料 7 份、抗病材料 2 份。利用炭疽病 81 号小种对 181 份菜豆种质进行抗性鉴定，筛选到高抗材料 2 份、抗病材料 43 份；又对 143 份荚用菜豆资源进行了抗炭疽病鉴定，筛选出抗性种质 2 份、中抗材料 14 份。利用炭疽菌菌液分别侵染 48 份油豆角品种的苗期叶片和成熟期嫩荚，发现苗期抗病品种 44 份、成熟期抗病品种 40 份。对来自 CIAT 的 13 000 余份菜豆资源进行了抗炭疽病和角斑病（病原：*Isariopsis griseola*）鉴定，对哥伦比亚所有的炭疽病生理小种表现抗病的种质 156 份，其中兼抗欧洲等其他地方的小种的材料 30 份、兼抗角斑病的材料 50 余个。在来自 CIAT 和西班牙当地的菜豆品系中筛选出抗炭疽病品系 14 个，发现西班牙的抗炭疽病菜豆资源主要分布在白色籽粒的材料中。对国家种质库中的 2 034 份菜豆资源进行了枯萎病苗期抗性鉴定，共筛选出抗病材料 145 份，占总鉴定材料的 7.13%，主要来自黑龙江、辽宁、吉林、四川、贵州和湖南 6 个省份。2012 年对 360 份菜豆种质进行了抗枯萎病鉴定，筛选出高抗枯萎病材料 10 份，抗性种质 21 份。

（四）蚕豆

目前，中国蚕豆生产上主要的病害为蚕豆赤斑病（病原：*Botrytis fabae* Sard）、锈病［病原：*Uromyces viciae-fabae*（pers.）Schroet.］、褐斑病（病

原：*Ascochyta faba* Speg.）等。

对来自国内外 1 485 份蚕豆种质资源进行了褐斑病抗性鉴定，筛选出中抗材料 125 份，主要来自发病较重的浙江、湖北、云南、湖南等省份，尚未发现高抗或抗性材料。对来自国内外的 938 份蚕豆种质进行了抗赤斑病鉴定，筛选出中抗资源 96 份，主要来自蚕豆赤斑病常年发生严重的浙江、湖南、江苏、湖北等地，且中抗品种的籽粒以中粒型为主，粒色以绿色为主。从 241 份蚕豆品种（系）中筛选出高抗锈病材料 2 份、抗性材料 19 份、中抗材料 112 份。研究还发现，植株株高与锈病发病病情指数呈负相关性，抗锈蚕豆资源表现抗病的有 2 份、中抗锈病的 4 份。对收集自 ICARDA 的 648 份蚕豆种质进行抗锈资源筛选，仅有 6 份资源表现抗性。从 161 份蚕豆资源里筛选出抗蚕豆赤斑病的品种 31 份。ICARDA 从大量蚕豆种质中鉴定出数份抗赤斑病种质，主要来自厄瓜多尔、尼罗河三角洲、埃塞俄比亚、西班牙等。我国鉴定了 122 份蚕豆种质资源对菜豆黄花叶病毒的抗性，发现 2 个品种表现抗病。从蚕豆自交系中筛选出抗花叶病毒病的种质 7 份、具有高抗性的 1 份。鉴定出抗黄化卷叶病毒病的蚕豆种质 5 份、抗黄化病毒病的种质 4 份。对 242 份引自 ICARDA 和中国云南、广西等地的蚕豆资源进行了连续 2 年的抗病鉴定，分别筛选出高抗锈病种质 7 份、抗性种质 13 份，抗赤斑病的材料 55 份，抗褐斑病的材料 6 份。

（五）豌豆

豌豆白粉病（病原：*Erysiphepisi* DC.）、豌豆根腐病［病原：*Fusarium solani*（Mart.）Sacc. f. sp. *pisi*（Jones）Snyderet Hansen）、潜叶蝇（*Liriomyza* spp.）是中国豌豆生产上的主要病虫害，常给豌豆的产量和品质造成严重损失。因此，筛选抗性种质用于育种或直接用于生产具有较大的实际意义。对国内外 811 份碗豆种质资源进行了抗白粉病性鉴定，材料全部属于感病品种。2009—2011 年对来自国内外的 535 份豌豆材料进行白粉病田间自然发病鉴定，筛选出高抗白粉病资源 1 份、抗性材料 2 份、中抗种质 17 份。在苗期接种鉴定了 396 份豌豆资源对豌豆白粉病菌的抗性，表现免疫或抗病的资源有 101 份，其中对分离物 EPBJ 免疫的资源 59 份，对 EPYN 免疫的资源 60 份，对 2 个分离物均免疫的资源有 54 份；在 82 份中国资源中，有 8 份对 2

个分离物均表现免疫。对澳大利亚的 88 个豌豆品系进行了抗白粉病和霜霉病（病原：*Peronospora viciae*）的田间自然感病和温室接种鉴定，发现对霜霉病具有抗性的品系 25 个，抗白粉病的 19 个，兼抗 2 种病害的 14 个。对来自 60 多个国家的 701 份豌豆种质进行了抗白粉病鉴定，筛选出在田间和室内连续 3 年表现出稳定抗性的材料 57 份。对 7 个豌豆育种品系进行了抗根腐病鉴定，发现具有较强抗性的 3 个。对不同类型的 107 份豌豆资源进行了根腐病鉴定，筛选出具有不同程度抗性的材料 17 份。对 78 份豌豆材料进行了抗根腐病综合鉴定，发现抗病性强、丰产性好的材料 4 份。对国家种质库中 1 500 余份豌豆资源进行了抗根腐病鉴定，筛选到高抗根腐病材料 1 份、抗性种质 2 份、中抗材料 25 份。对美国农业研究中心的 387 份豌豆核心种质进行了抗根腐病鉴定，筛选出对根腐病具有部分抗性的材料 44 份，保持较高的抗性的材料 5 份。我国从 4 000 余份食用豆种质资源中筛选出高抗白粉病豌豆 4 份、高抗锈病的蚕豆资源 27 份、抗枯萎病的菜豆种质 4 份；通过有性杂交和分子标记辅助选择，创制出抗豆象、抗叶斑病、抗锈病、抗白粉病等食用豆新种质（育种材料）80 余份。

二、虫害研究进展

近几年来，食用豆虫害已经成为中国食用豆产业发展的重要制约因素之一。

（一）刺吸类害虫

（1）蚜虫。是为害食用豆最严重的刺吸类害虫，主要有豆蚜（*Aphis craccivora* Koch）、蚕豆蚜（*Aphis fabae*）、豌豆蚜（*Acyrthosi phumpisim*）、桃蚜（*Myzus persicae*）等。其中以豆蚜为害最重。有研究者对豆蚜寄生性天敌日本柄瘤蚜茧蜂（*Lysiphlebus japonicus* Ashmead）在寄主不同龄期寄生对日本柄瘤蚜茧蜂和寄主发育的影响进行了研究。海芋凝集素 AML 对豆蚜有一定的抗生作用，其中以胃毒作用为主，有一定的生殖抑制作用；并进一步研究 AML 对豆蚜的作用机理，离体和在体的条件下，AML 均能明显抑制豆蚜蛋白酶、淀粉酶活性，并且经 AML 处理后豆蚜体内蛋白质含量也明显降低。用高效氯氰菊酯、溴氰菊酯、抗蚜威、吡虫啉、辛硫磷和氧乐果等 6 种杀虫剂对豆蚜敏感性测定表明，豆蚜对 2 种拟除虫菊酯类药剂（高效氯氰菊酯和溴氰菊酯）表现出较高的敏感性；对氨基甲酸酯类和新烟碱类两类药剂（抗蚜威和吡虫啉）表现出中等敏感性；对 2 种有机磷类药剂（辛硫磷和氧乐果）表现出较低的敏感性。

（2）蝽类。为害豆类的蝽类主要有斑须蝽（*Dolycoris baccarum* Linnaeus）、三点盲蝽（*Adelphocoris taeniophorus* Reuter）、稻绿蝽（*Nezara viridula* Linnaeus）、稻棘缘蝽（*Cletus punctiger* Dallas）和点蜂缘蝽（*Riptortus* pedestris）。主要以若虫和成虫刺吸汁液，影响作物生长发育，造成减产。

（3）螨类。主要有朱砂叶螨（*Tetrangychus cinnabarinus*）、二斑叶螨（*Tetranychusu ticae* Koch）和茶黄螨（*Polyphagotarsonemus latus*）。螨类主要在叶背吸取汁液。

（二）食叶类害虫

食叶类害虫主要为鳞翅目害虫，有斜纹夜蛾（*Prodenia litura*）、甜菜夜蛾（*Laphygma exigua*）、豆银纹夜蛾（*Autographa nigrisigna* Walker）、银锭夜蛾（*Macdunnoughia crassisigna* Warren）、豆卜馍夜蛾（*Bomolocha tristalis* Lederer）、红缘灯蛾（*Amsacta lactinea*）、棉大造桥虫（*Ascotis selenaria* Schiff. et Denis）。主要以幼虫取食叶片，造成叶片空洞或缺刻，影响作物生长。

（三）钻蛀类害虫

钻蛀类害虫主要有豆荚螟（*Etiella zinckenella*）、豇豆荚螟（*Maruca testulalis* Geyer）、棉铃虫（*Helicoverpa armigera* Hubner）等。25%乙酰甲胺磷乳油、2. 5%敌杀死乳油、生长调节剂 5%定虫隆（抑太保）、细菌性杀虫剂 Bt 乳剂和 HD-1 对豇豆荚螟的防治效果在 80%以上；灭幼脲 2 号、甲氰菊酯、氯氰菊酯和辛硫磷，防治效果在 70%~80%；而敌百虫、乐果、敌敌畏的防治效果不到 70%。北京地区豇豆荚螟为害始于红小豆的始花期，集中在红小豆盛花期，豆花、豆荚上的幼虫数量在 8 月末达到高峰。当红小豆田中的豇豆荚螟幼虫数在防治指标（百花/荚虫数 5~6 头）以上时，1 000 倍的 5%氯虫苯甲酰胺稀释液防治红小豆田豇豆荚螟幼虫效果明显优于常规药剂高氯甲维盐和阿维菌素，而且持效期在 20 天以上，具有明显的保花护荚作用。

（四）地下害虫

蛴螬是金龟子类害虫的幼虫，俗称“白地蚕”。蛴螬为杂食性害虫，幼虫能咬断绿豆的根、茎，使幼苗枯萎死亡，造成缺苗断垄。成虫可取食叶片。

（五）仓储害虫

为害食用豆类的仓储害虫主要有四纹豆象（*Callosobruchus maculatus*）、绿豆象（*Callosobruchus chinensis*）、豌豆象（*Bruchus pisorum* Linnaeus）和蚕豆象（*Bruchus rufimanus* Boheman）。主要在仓内蛀食储藏的豆粒，虫蛀率都在20%~30%，甚至80%以上。其中四纹豆象为中国检疫性害虫。

1. 绿豆象

绿豆象（*Callosobruchus chinensis* L.）一直是中国食用豆生产上的重要虫害，严重为害绿豆、豇豆、鹰嘴豆、蚕豆和豌豆等多种豆类。一个生活周期内，绿豆象引起的为害可降低种子重量的30.2%~55.7%，严重时整个仓内遭受毁灭性为害，损失惨重。袁星星等对120份小豆和20份饭豆资源进行抗绿豆象筛选鉴定，得到了抗绿豆象饭豆资源1份、抗绿豆象小豆资源4份。将筛选得到的抗绿豆象饭豆资源与不抗绿豆象小豆Y001进行杂交和回交，获得了对绿豆象具有抗性的小豆新株系。

我国对2 000余份豇豆种质进行了抗绿豆象鉴定，筛选出对豆象免疫的资源3份，高抗资源25份，抗性材料6份。对20个抗豆象育种品系进行抗性与其他性状的综合评价，鉴定出高抗绿豆象品系14个，其中农艺性状优良、可作为优异抗豆象育种中间材料的2个。国外也对几种豇豆属食用豆进行了抗豆象研究，发现高抗绿豆象的野生绿豆资源1份，从澳大利亚野生绿豆资源中鉴定出抗绿豆象材料2份。筛选到中抗绿豆象的种质2份，鉴定出对绿豆象具有完全抗性的新种质2个。

绿豆象目前是中国小豆生产上的主要虫害（*C. chinensis* L.），国内对小豆资源的抗性鉴定主要是针对绿豆象。对1 500余份小豆进行了抗绿豆象鉴定，所有小豆资源均对绿豆象表现感虫或高感。国外研究也表明，迄今未在小豆资源中筛选出抗豆象材料，但在小豆的近缘种中发掘了一些抗豆象种质。在小豆近缘野生种 *V. hirtella* 中鉴定出高抗绿豆象的资源1份，从小豆近缘野生种 *V. nepalensis* 筛选出抗绿豆象种质1份。

2. 四纹豆象

四纹豆象原产于东半球的热带或亚热带地区，现已传至欧洲、非洲、澳大利亚等地，是一种世界性分布的害虫。主要为害木豆、鹰嘴豆、扁豆、大豆、绿豆、豇豆、豌豆、赤豆等多种豆类植物。被害豆粒被蛀蚀成空壳后，既不能食用，也不能做种子，只能作饲料，大大降低了商品价值。

顾杰等通过 mtDNA-Cytb 和 *CO* Ⅰ基因部分序列进行比较，分析不同地理种群间的情况，结果表明，4 个地理种群间的遗传结构差异不明显，遗传差异主要发生在地理种群内。对 4 个地理种群进行了 Fst 值和基因流动统计，结果表明，4 个地理种群间既存在着一定数量的基因交流，也存在一定程度的遗传分化。根据单倍型分布格局初步推测，对来自中国海南、喀麦隆、韩国和泰国的四纹豆象遗传分化研究表明，中国不可能是四纹豆象的原产地，而喀麦隆有可能是原产地之一，并且喀麦隆种群与泰国种群之间的基因交流比较充分，而中国种群与其他种群之间的遗传分化相对较大。测定结果表明，除虫菊素对四纹豆象的触杀活性最强，烟碱次之，鱼藤酮、蛇床子素、印楝素、苦参碱对四纹豆象的触杀活性较弱。

（六）虫害综合防治技术研究进展

1. 抗虫品种的筛选和选育

目前在食用豆抗虫种质资源的收集和鉴定、抗源筛选、抗虫品种的选育和利用方面做了大量工作，取得了良好的成绩。生物技术的应用改变了传统的育种方式，大大缩短了传统育种所需的时间，而且可以将远缘生物的性状结合到经济重要性较大的生物体内，综合转基因等现代技术与传统抗虫育种技术相结合，实现食用豆抗虫品种不断发展。有一种来自菜豆种子的 α-淀粉酶抑制剂（αA1-1），在子叶特有启动子的控制下对许多重要的豆象害虫显示出高抗性，将该基因转入鹰嘴豆和豇豆中，含有 αA1-1 转基因鹰嘴豆和豇豆种子明显增加其对两种重要豆象（瘤背豆象和四纹豆象）的抗性。

2. 物理防治

通过田间调查豇豆生产期与结荚期主要虫害（斑潜蝇、豆荚螟、豆蚜、蟢象）的发生情况，发现不同的物理措施在控制病虫害方面的作用存在差异，防虫网对斑潜蝇控制效果达 59.19%，对豆荚螟、豆蚜、蟢象高达 100.0%；黄板区与灯防区在降低成虫虫口基数上起到良好的效果，能有效减少田间害虫虫口基数。利用极限温度防控仓储绿豆象和四纹豆象就成为物理防治中最重要的方法之一，通过鼓风机向仓库吹冷空气以减缓昆虫种群生长，通过粮食加工设备使热空气扩散以杀死害虫。电子束和钴 60-γ 射线对绿豆象、四纹豆象和菜豆象均有很好的防治效果。

3. 生物防治

目前，一是利用天敌昆虫和寄生蜂来控制食用豆害虫。龟纹瓢虫、异色瓢虫和七星瓢虫对蚜虫有很好的控制作用。二是利用一些植物源生物农药对食用豆虫害的防控研究。婆罗、山香、蓖麻和肿柄菊 4 种植物水提取物，能有效控制豇豆豆象，可以作为豇豆储藏防控豆象的杀虫剂。

4. 化学防治

目前，对于食用豆害虫多利用化学杀虫剂防治。广谱性的杀虫剂如氨基甲酸酯和拟除虫菊酯类农药可防治蚕豆田里的害虫；抗蚜威是一种高效防治蚜虫的药剂，而拟除虫菊酯类农药可有效防治小地老虎和鳞翅目的一些害虫。提倡无公害防虫，茚虫威（安打）和多杀菌素等一系列生物杀虫剂问世。Bt 是防治食用豆田间鳞翅目害虫棉铃虫、斜纹夜蛾、小菜蛾、南方锞纹夜蛾的利器。另外，吡虫啉被认为可有效防治食用豆类作物田间害虫蚜虫、蓟马、沟金针虫和蚕豆象等。目前仓储豆象的防治主要用磷化铝熏蒸。

食用豆害虫综合防治研究虽然近年来发展速度比较快，但是与国外先进国家相比仍有差距。害虫综合防治作为农业生产的一项重要策略，在农业可持续发展中具有举足轻重的作用。今后在食用豆虫害防治基础和应用研究中，应加强对食用豆重要虫害的诊断和鉴定，建立主要害虫数据库；加强研究不同地区食用豆虫害发展规律，通过全国协作，结合国家食用豆产业技术体系工作，建立不同生态区食用豆虫害发生早期预警机制；在物理防治上可以利用其他更为有效的方法如昆虫性信息素的使用；重视植物源生物制剂对食用豆虫害的防控研究；通过更好的技术手段培育更加稳定高产抗病虫害的新品种。总之，在制定食用豆类害虫防治策略时，应从生态学的观点出发，辩证地看待环境、植物、病害、虫害、天敌和各种防治措施之间的内在联系，坚持可持续发展，克服短期行为，保证食用豆产业健康、稳定地可持续发展。

（1）绿豆。国内外进行了绿豆抗豆象的生化物质研究。研究认为能够影响绿豆象繁殖产卵的因素有位于绿豆种子最外面的毛层及种子颗粒的大小，毛层较厚且颗粒相对较小的种子往往有着较少的着卵量。分离得到豇豆酸 A 是抗豆象物质，但后来的研究发现在个别感豆象个体中也有豇豆酸 A 存在，有待进一步验证；日本在野生绿豆中发现抗豆象物质，并杂交培育出了抗病虫的新品系，经检验，具有杀虫作用的物质是由蛋氨酸、酪氨酸和苯丙氨酸连在一起形成的环形肽。用含有这种环形肽的绿豆粉进行豆象培养，豆象无一成活；我国从绿豆抗虫品系中发现 VrCRP 蛋白质，具有很强的抗豆象能力。成熟的 VrCRP 蛋白由 51 个氨基酸组成，包含 8 个半胱氨酸，能够抑制豆象幼虫发育，使其无法羽化为成虫，从而降低危害，同时能抑制昆虫细胞、大肠菌及真菌的生长，并证明 VrCRP 的抗豆象活性与 α-淀粉酶抑制剂相当。这些发现有望用于培养抗虫害能力很强的基因重组作物，以及用来制造对人体无害的杀虫剂。

（2）小豆。国内外对小豆抗虫研究主要集中于抗豆象研究。对田间绿豆象卵空间分布规律进行研究发现，北京地区绿豆象在夏播小豆鼓粒初期已将卵产到豆荚上，9 月上中旬为产卵高峰期，卵逐渐发育成幼虫侵入豆粒中。绿豆象卵在小豆荚上的空间分布型为聚集分布，其聚集原因是由环境因素引起。9 月 10—15 日是控制北京地区夏播小豆田间绿豆象产卵及卵发育的较好时机。

在抗豆象资源筛选方面，研究发现，小豆近缘野生种 *V. hirtella* 中有高抗绿豆象和四纹豆象的抗性资源 1 份。小豆近缘野生种 *V. nepalensis* 是能够延迟豆象孵化的抗豆象基因来源。3 个饭豆栽培种和 25 个野生种进行的豆象检测，对为害小豆的 3 个绿豆象种群都有完全抗性，去皮后仍然对豆象具有抗性，饭豆中存在对豆象不利的化学物质。

在小豆抗豆象远缘杂交方面，直接利用小豆与饭豆无论正交和反交，F_1 代均不能得到正常的种子，而用抗豆象饭豆与半野生小豆进行杂交，可以获得杂交后代种子，利用杂交后代的抗豆象半野生小豆与常规小豆再进行杂交，可获得抗豆象的栽培小豆新种质。刘长友等利用温室条件，成功繁殖了豇豆属的栽培种、野生种、近缘野生种等共计 10 个种的 88 份材料，继续进行部分豇豆属食用豆间的远缘杂交，有 6 个获得了成功。

在小豆抗豆象分子标记辅助育种方面，利用饭豆和小豆杂交的中间作图群体定位了抗绿豆象主效 QTL，利用栽培饭豆与野生小豆杂交 F_2 代作图群体定位在 11 个连锁群上，并构建了 2 个作图群体。

在抗豆象基因克隆及遗传转化方面，把从普通菜豆中克隆出的 α-amylaseinhibitor 基因导入到小豆品种中，提高了对豆象的抗性。克隆到 α-淀粉酶抑制剂基因（αAl-2）转化到小豆中，株系能显著提高对豆象的抗性。利用绿豆品种 Vc6089A 中克隆出的抗豆象基因 VrD1，转入当地栽培小豆中，对小豆的某些真菌病害具有一定的抗性。发现从普通菜豆中克隆出的 α-淀粉酶抑制剂-2 基因对表达植中的墨西哥象甲有一定抗性。把 EHA105 抗豆象基因（来源于普通菜豆）和标记基因一起导入日本北海道小豆中，得到成功转化植株。

（3）豇豆、蚕豆。从豇豆的子叶中分离出的一种能够抑制绿豆象中肠消化酶的种子储藏蛋白，被认为可能是抗豆象成分的组成部分。仅针对四纹豆象发挥功用，对绿豆象则不起作用。而饭豆品种的豆象抗性栽植与培育主要是因为籽粒中所含的相关化学物质，美国该领域的相关科学工作者已经证明了这些化学物质为 3 种黄烷类柚苷衍生物，其中有 2 种分别只针对于绿豆象和四纹豆象发挥抗性作用，而另外 1 种化学物质则针对 2 种豆象均有不同程度的抗性。蚕豆中单宁含量均较高，当单宁与豆象中唾液蛋白结合到一定程度时，会产生涩味，进而使豆象不再蛀食蚕豆；或固化豆象体内的胞外酶、络合淀粉等物质，从而影响豆象对营养物质的吸收利用。

三、草害研究进展

农田杂草通过与作物争夺水、肥、光、生长空间等而抑制作物的生长发育，是造成作物减产的主要因素之一。据调查，全世界广泛分布着近 30 000 种杂草，每年约有 1 800 种会对众多农作物造成不同程度的危害，而每年因为杂草危害造成的农作物减产高达 9.7%。据统计，在我国主要农田杂草有 580 多种，隶属 77 科，其中危害严重又难防除的恶性杂草有 15 种，还有分布较广而危害较重的主要杂草 31 种。农田草害面积约 4 300 万公顷，其中严重受害面积约 1 000 万公顷，因杂草危害减产 15.14%，估计每年减产粮食

1 750 万吨。

食用豆田间杂草分为禾本科杂草和阔叶类杂草，主要有藜、狗尾草、反枝苋、铁苋菜、刺儿菜、田旋花、鸭跖草、灰绿藜、苘麻、打碗花等。由于节省劳力、除草及时、经济效益高等优点，化学除草已成为当今农田杂草防除的主导措施，被广泛使用，特别是一次性化学除草技术迅速推广。一次性化学除草，就是一次施药能有效控制农田杂草群落危害，实现农作物全生育期无草害。

目前，食用豆田间使用的主要除草剂品种有：普施特、豆磺隆、拿扑净、精稳杀得、精禾草克、高效盖草能、苯达松、广灭灵、乙草胺等，及一些复配制剂。苗前除草药剂以氟乐灵、乙草胺、金都尔、二甲戊灵为主，使用方法较为简单，效果较好。苗后除草剂使用技术比较复杂不易掌握，生产中使用混乱，不规范，经常有用药不当导致的药害发生。

然而，长期单一使用某一种或某一类除草剂是导致食用豆田杂草抗药性的产生。研究表明，96%精异丙甲草胺乳油、90%乙草胺乳油、33%二甲戊灵乳油、50%丙炔氟草胺可湿性粉剂、75%噻吩磺隆干悬浮剂等，播后苗前土壤处理，除草剂单用或混用，效果都很好。10%氟烯草酸乳油、48%灭草松水剂两种茎叶处理除草剂与烯草酮等同时施用，除草效果好且对食用豆安全，可以在食用豆生产中应用。

目前，农田杂草综合治理技术体系的应用，以实施无草害工程，推动草害治理的持续发展为目标。主要采用生态调控与化学除草相结合的治理技术体系，选用生长发育快、竞争性强的作物品种，通过适当密植，合理轮作、耕作，优化水肥措施，促进作物生长，增强竞争性，秸秆覆盖及人工控草等，不仅能减少或抑制杂草，还可提高除草剂应用效果，减少除草剂用量15%~20%，同时达到控制草害与丰产的目的，有利于农业可持续发展。

第二章　几种主要食用豆介绍

简要介绍一下目前我国栽培的几种主要食用豆如绿豆、小豆、豌豆、豇豆、蚕豆、芸豆、鹰嘴豆的特征特性、营养价值、生产分布及适宜的种植模式。

第一节　绿　豆

（一）特征特性

绿豆（*Vigna radiata* L.），属于豆科（Leguminosae），蝶形花亚科（Papilionoideae），菜豆族（Phaseoleae），豇豆属（*Vigna* L.），又名青小豆，别名菉豆、植豆、吉豆、文豆等，英文名 Mungbean、Greengram，一年生草本自花授粉植物，染色体数为 $2n=22$。

绿豆是短日性热季豆类，种子在田间出苗时子叶出土。绿豆全生育期70~110天；直根系，幼茎有紫色和绿色；植株有直立、半蔓生、蔓生三种。结荚习性分为有限、亚有限和无限三种，目前选育和推广的绿豆主要是株型直立、有限或亚有限结荚习性品种。株高一般在40~100厘米，主茎10~15节；叶卵圆或阔卵圆形，总状花序，花黄色；果实为荚果，荚果长6~16厘米，单株荚数30个左右，单荚粒数12~14粒。成熟荚有黑色、褐色和褐黄色，呈圆筒形或扁圆筒形；种子有圆形、球形两种，分有光泽（明绿、有蜡质）和无光泽（暗绿、无蜡质）两种，种皮颜色主要有绿（深绿、浅绿、黄绿）、黄、褐、蓝、黑五种，种子还可分为大粒（百粒重6克以上）、中粒（百粒重4~6克）、小粒（百粒重4克以下）三种类型。一般我国东北品种多为大粒型，华北品种多为中粒型，华南则多为中粒型或小粒型。绿豆以颜色浓绿而富有光泽、粒大形圆整齐、煮之易酥的品质为最好。

（二）营养价值

绿豆是粮、菜、药、饲兼用作物，被誉为粮食中的“绿色珍珠”，有“济世之食谷”之说，被我国明代名医李时珍称为“菜中佳品”。绿豆营养丰富，籽粒中蛋白质含量高达 19.5%~33.1%，明显高于禾谷类作物，是小麦面粉的 2.3 倍、玉米面的 3.0 倍、大米的 3.2 倍、小米的 2.7 倍。绿豆中蛋白质所含的氨基酸比较全面，特别是苯丙氨酸和赖氨酸的含量较高，其赖氨酸的含量是小米的 3.0 倍。另外，每 100 克绿豆中含有脂肪 9.8 克，绿豆中还含有多种维生素，如维生素 B_1、维生素 B_2、尼克酸及钙、磷、铁等矿物质元素，是我国人民的传统豆类食品。

中医认为，绿豆性凉味甘，有清热解毒、止渴消暑、利尿润肤的功效，还含有降血压及降血脂的成分。绿豆汤是人人皆知的夏季较好的解暑饮料。

（三）生产分布

绿豆起源于东南亚，我国在起源中心之内，有 2 000 多年的栽培历史。绿豆是喜温作物，在温带、亚热带和热带地区广泛种植。亚洲绿豆种植面积较大的国家有中国、印度、泰国、缅甸等，其他如印度尼西亚、巴基斯坦、菲律宾、斯里兰卡、孟加拉国、尼泊尔等国家也栽培较多。近年来，美国、巴西和澳大利亚及其他一些非洲、欧洲、美洲国家的种植面积也在不断扩大。

在我国，全国各地都有绿豆种植，主要集中在黄淮海流域及华北平原，种植省份主要有内蒙古、吉林、河南、河北、陕西、山西、黑龙江等省区，在山东、安徽、江苏、辽宁、天津等省市，也有一定的种植面积。20 世纪 50 年代中期，我国绿豆生产与出口均属世界首位。1957 年，栽培面积约为 153.0 万公顷，总产量 80.0 万吨，人均占有 1.74 千克。20 世纪 50 年代末期开始减少，以后面积大幅度下降。1979 年以来，种植面积有所回升。随着我国人民生活水平的提高，绿豆加工种类的增多，食用绿豆的消费数量出现快速增长。自 2000 年起，我国绿豆种植面积逐步扩大，且近几年呈稳步发展的趋势。2002 年、2003 年是一个种植高峰，播种面积超过 90.0 万公顷，分别达到 97.1 万公顷和 93.23 万公顷；产量接近 120.0 万吨，分别达到 118.45 万吨和 119.0 万吨；绿豆单产水平在 1 230.0 千克/公顷左右，2005 年单产超

过 1 400.0 千克/公顷。近几年，因价格忽高忽低，播种面积有起有伏，总产量维持在 95.0 万吨左右的水平。

我国是世界绿豆的主要生产国，播种面积和产量均居世界前列。栽培面积居世界首位，常年播种面积在 80.0 万~90.0 万公顷。产量占世界总产量的 30.0%以上。同时，我国也是世界上最大的绿豆出口国，年出口量在 20.0 万吨左右，以陕西榆林绿豆、吉林白城绿豆、内蒙古绿豆、河南绿豆、张家口鹦哥绿豆出口量最大。出口到全世界的 60 多个国家和地区，其中日本是我国绿豆的第一大进口国，常年进口量在 4.0 万吨以上。另外，越南、菲律宾、美国、韩国、荷兰、英国、加拿大、法国、印度尼西亚、比利时，也是我国绿豆的主要出口国家。近年来，缅甸的绿豆产业逐渐崛起，出口量约占本国总产量的 80.0%，主要出口印度、中国、马来西亚和印度尼西亚。

(四) 种植模式

绿豆在我国各地都有种植，根据各地的自然条件和耕作制度，我国绿豆可以划分为四个主要种植区域，分别是北方春播绿豆区、北方夏播绿豆区、南方夏播绿豆区、南方夏秋播绿豆区。绿豆喜温热，生育期短，播种适期长，既可春播，也可夏秋播。绿豆适应性广，耐旱耐瘠，抗逆性强，对土壤要求不严格，在沙质土、沙壤土、壤土、黏壤土、黏土上均可种植。常作为填闲和救荒作物种植，栽培方式多种多样。绿豆的种植方式有单作、间作、套种、混作和复种。绿豆忌连作，最好与禾本科作物小麦、玉米、高粱、瓜菜轮作，尽量避免与甜菜、豆科作物迎茬，一般以相隔 2~3 年为宜。绿豆对光照不敏感，较耐阴蔽，可与玉米、高粱、谷子、棉花等间套作种植。

第二节 小 豆

(一) 特征特性

小豆（*Vigna angularis* Ohwi et Ohashi），属于豆科（Leguminosae），蝶形花亚科（Papilionoideae），菜豆族（Phaseoleae），豇豆属（*Vigna* L.）。英文名 Adzukibean、Smallbean。古名荅、小菽、赤菽等，别名红小豆、红豆、赤豆、赤小豆等，为一年生草本自花授粉植物。染色体数为 $2n=22$。

小豆是短日性暖季豆类，种子在田间出苗时子叶不出土。一般生育期80～120天，株高一般在80～100厘米。直根系，茎绿色或紫色，主茎节10～20个，生长习性有直立、半直立（半蔓生）和蔓生三种；叶子多为圆形，也有披针形；总状花序，蝶形花冠，花黄色或淡灰色；果实为荚果，荚长5～14厘米，每荚4～18粒，荚有圆筒形、镰刀形和弓形；种子可分为短圆柱、长圆柱和近似球形三种，种皮颜色有单色、复色、各种花斑和花纹等，种皮有红、黑、灰、绿、黄、褐六种颜色；种子百粒重一般5～21克，分为小粒（百粒重6克以下）、中粒（百粒重6～12克以下）和大粒（百粒重12克以上）三种类型。通常一般产量为2 250～3 750千克/公顷。

（二）营养价值

小豆又称赤小豆，食用和药用价值都比较高，是高蛋白、低脂肪、医食同源作物。小豆含有多种营养成分，其籽粒中含有蛋白质19.0%～29.0%，碳水化合物55.0%～61.0%，还含有人体所必需的钙、铁、磷、锌等微量元素，B族维生素和8种氨基酸，其中赖氨酸含量高达1.8%。据检测，每100克红小豆中，含蛋白质21.7克，脂肪0.8克，碳水化合物60.7克，钙76.0毫克，磷386.0毫克，铁4.5毫克，硫胺素0.43毫克，核黄素0.16毫克，烟酸2.10毫克。小豆经济价值较高，适口性好，是国内外人们喜爱的保健食品。

在医药上有清热解毒、保肝明目、降低血压、消胀止吐、防止动脉硬化等多种医疗功效。据《本草纲目》记载，小豆对肾脏、便秘、下痢、利尿、肿疡、脚气、切迫性流产、难产等阴性病和高山病有治疗效果，被李时珍誉为“心之谷”。历代医药学家的临床经验说明，红小豆有解毒排脓、利水消肿、清热祛湿、健脾止泻的作用，可消热毒、散恶血、除烦满、健脾胃。

（三）生产分布

小豆起源于我国，主要分布在亚洲，从喜马拉雅山西侧的印度、尼泊尔、不丹，直至中国、朝鲜半岛、日本群岛。主产国有中国、日本、韩国，故俗称为“亚洲作物”。现在美国、加拿大、澳大利亚等20多个国家开始引种和大面积栽培小豆，并出口到其他国家。我国是世界上最大的小豆生产国，日本是生产小豆的第二大国，小豆占食用豆类种植面积的23.0%，几乎

遍及全日本，其主产区在北海道和秋田、青森、岩手等地。常年种植面积在6.0万~8.0万公顷，总产量约为1.0×10^5吨，日本也是小豆的主要进口国，国产不足的部分（每年在3.0万~5.0万吨）主要从我国大陆进口。韩国小豆种植面积为2.0万~3.0万公顷，占食用豆类种植面积的10.0%~15.0%。此外，小豆在美国、印度、新西兰等国家也有小面积种植。

我国是世界上小豆栽培面积最大的生产国，除个别高寒山区外，各地均有种植，常年播种面积达40.0万公顷，年总产量68.0万吨，平均单产1 330.0千克/公顷左右。20世纪50年代末，我国小豆种植面积开始减少；70年代中后期，随着耕作制度的改变和国内外市场需求量的增加，小豆种植面积才逐年恢复；尤其是90年代后期，小豆生产有了一定发展。近年来，由于受小豆价格低迷及玉米等农产品比价效应的影响，我国小豆种植面积又有所下降。年际间虽有波动，但总体呈渐升趋势。

同时，我国也是世界上最主要的小豆出口国，年出口量4.0万~8.0万吨，出口贸易量占全世界小豆贸易量的85.0%左右（原豆在10.0万~15.0万吨）。我国小豆产区主要集中在华北、东北和江淮地区，其面积和产量约占全国小豆生产的70.0%。我国小豆出口商品主产区在东北、华北、黄河中游、江淮下游的河北、天津、东北三省及江苏、山西、山东、安徽等地区。天津红小豆、江苏南通地区的大红袍、东北大红袍等地方优良商品品种，曾在国际、国内市场上享有盛誉，主要远销日本、新加坡、马来西亚、南亚和欧美各国。

（四）种植模式

我国的小豆生产可以划分为东北春小豆区、黄土高原春小豆区、华北夏小豆区、南方夏小豆区共四个主要种植区域。小豆是喜温喜光、短日照作物，生育期短，适应范围很广，从热带到温带都有栽培，但以温暖湿润的气候最为适宜。小豆耐瘠、抗涝、耐阴，适应性强，对土壤要求不严格，在各种类型的土壤上都能种植。小豆是双子叶植物，出苗时子叶不出土，顶土能力较弱，为保苗全苗壮，应该精细整地，整平耙碎。小豆忌连作，不宜重茬和迎茬，一般间隔3~4年轮作倒茬一次。在北方粮食产区，很少采用大面积单作纯种小豆的方式，大部分地区种植小豆都与玉米、高粱、谷子等作物实行间作、套种、混作。北方地区有“玉米地里带小豆，玉米不少收，额外赚小豆”的谚语。

第三节 豌 豆

（一）特征特性

豌豆（*Pisum sativum* L.），属于豆科（Leguminosae），蝶形花亚科（Papilionoideae），蚕豆族（Vicieae），豌豆属（*Pisum*）。又称麦豌豆、麦豆、寒豆、毕豆、雪豆、麻豆、荷兰豆（软荚豌豆）等，英文名为 Pea、Garden Pea。豌豆属植物世界上有 6 个种，我国只有 1 个种。一年生（春播）或越年生（秋播）草本自花授粉植物。染色体数为 $2n=2x=14$。

豌豆是长日照性冷季豆类，种子在田间出苗时子叶不出土。直根系，茎为青绿色，豌豆成熟茎长 1 米左右。株高因品种不同而有很大差异，一般分为矮生型（15~90 厘米）、中间型（90~150 厘米）和高大型（150 厘米以上）；生长习性分为直立型、半蔓生型和蔓生型三种；叶为偶数羽状复叶，叶色有绿、浅绿和深绿三种，根据叶形可分为普通豌豆、半无叶豌豆、无叶豌豆、无须豌豆和簇生豌豆；花为总状花序，蝴蝶状花瓣，花色有白、黄、浅红、紫红四种，自花授粉；果实荚生，结荚习性分有限和无限，鲜荚颜色有黄、绿、紫、紫斑纹，鲜荚的形状有直形、联珠形、剑形、马刀形、镰刀形五种；荚型分硬荚和软荚；豆荚长度在 5~10 厘米，荚内一般都是 2~5 粒种子。鲜籽粒颜色有浅绿、绿、深绿色，成熟种子种皮颜色有淡黄色、粉红色、绿色、褐色、斑纹、紫黑六种，干籽粒种子粒形有球形、扁球形和柱形。按种子百粒重大小，分为小粒型（小于 20 克）、中粒型（20~30 克）和大粒型（大于 30 克）。按生育期长短可分为早熟（80~90 天）、中熟（90~110 天）和晚熟（110 天以上）类型。

（二）营养价值

豌豆具有高淀粉、高蛋白、低脂肪的特点，是重要的粮食、蔬菜、副食、饲料、绿肥和养地作物。籽粒中富含蛋白质、碳水化合物和矿物质元素等多种营养物质，营养全面而均衡。豌豆作为粮用和菜用豆类，可平衡人体

营养，增进健康；同时，因其籽粒中的蛋白质含量较高，也是一种优质的饲料作物。

豌豆籽粒营养丰富，含有蛋白质20.0%~24.0%，比小麦、玉米高2~3倍，且氨基酸的比例比较平衡，富含人体所需的8种氨基酸，尤其是赖氨酸；豌豆中含脂肪1.0%~1.3%，碳水化合物50.0%以上，还含有多种矿物质和丰富的维生素，如胡萝卜素、维生素B_1、维生素B_2和尼克酸等，每100克籽粒中含有胡萝卜素0.04毫克、维生素B_1 1.02毫克、维生素B_2 0.12毫克。

鲜嫩的茎梢、豆荚和青豆是倍受欢迎的淡季蔬菜。豌豆芽中含有丰富的维生素E，鲜嫩茎梢、豆荚和青豆含有碳水化合物25.0%~30.0%、多种维生素和矿物质，是优质美味的蔬菜。嫩茎含可消化蛋白质达21.25%、氮0.52%、磷0.11%和钾0.25%，荚壳含蛋白质7.5%，是家畜的优良饲料和绿肥。

豌豆还含有大量的具有治疗作用的化学成分，具有一定的医疗保健作用。豌豆性味甘平，有和中下气、利小便、解疮毒的功效。豌豆煮食能生津解渴、通乳、消肿胀。鲜豌豆榨汁饮服可治糖尿病。豌豆研磨成粉涂患处，可治痈肿、痔疮。青豌豆和食荚豌豆还含有丰富的维生素C，可有效预防牙龈出血，并可预防感冒。

（三）生产分布

豌豆起源于数千年前的亚洲西部、地中海地区和埃塞俄比亚、小亚西亚西部，外高加索全部。伊朗和土库曼斯坦是豌豆的次生起源中心，地中海沿岸是大粒型豌豆的起源中心。豌豆驯化栽培历史至少在6 000年以上，在我国的栽培历史有2 000多年。豌豆分布在从热带、亚热带直至北纬56°的广大区域内，如收获嫩豆，其栽培区域可扩大到北纬68°。豌豆喜冷凉湿润的气候，从种子萌发到成熟需要≥5℃的有效积温1 400~ 2 800 ℃。豌豆是世界四大食用豆类作物之一，产量及栽培面积仅次于花生、大豆和菜豆。因其适应性很强，在全世界的地理分布很广，从热带、亚热带到高海拔地区都可以实现豌豆的种植。其中，类似我国川渝等省市凉爽而湿润的气候，是豌豆最好的生长条件。

2011 年，全世界总共有 97 个国家生产干豌豆，栽培面积和总产量分别为 621.427 万公顷和 955.818 万吨，栽培面积占全世界的 15.13%，总产量占全世界的 12.45%；2002—2011 年，干豌豆栽培面积平均值排在世界前五位的是，加拿大（126.847 万公顷）、中国（92.71 万公顷）、俄罗斯联邦（75.88 万公顷）、印度（73.123 万公顷）和澳大利亚（33.689 5 万公顷）；而总产量最高的前五位国家分别是，加拿大（268.447 万吨）、俄罗斯联邦（125.467 7 万吨）、中国（113.685 万吨）、法国（100.018 4 万吨）以及印度（69.459 万吨）。

2011 年，全世界有 81 个国家生产青豌豆，栽培面积和总产量分别为 224.1318 万公顷和 1 697.498 3 万吨，青豌豆的栽培面积占全世界的 57.82%，总产量占全世界的 60.53%；青豌豆栽培面积 10 年平均值排在前五位的国家分别是，中国（107.850 6 万公顷）、印度（31.457 万公顷）、美国（8.140 4 万公顷）、英国（3.503 3 万公顷）和法国（3.067 2 万公顷）；总产量排在前五位的分别是，中国（850.045 8 万吨）、印度（246.272 万吨）、美国（68.885 2 万吨）、英国（35.339 1 万吨）及法国（34.007 2 万吨）。由此可见，中国是世界上生产干豌豆的第二大国，生产青豌豆的第一大国，我国在世界豌豆生产中占有非常重要的地位。

我国有 2 000 多年的豌豆栽培历史，各省、自治区、直辖市均有种植，常年种植总面积稳定在 1.13×10^6公顷以上，占世界种植总面积的近 15.0%，总产量（干豌豆）1.6×10^6吨左右。目前，我国干豌豆生产主要分布在云南、四川、贵州、重庆、江苏、浙江、湖北、河南、甘肃、内蒙古、青海等 20 多个省、自治区、直辖市；青豌豆主产区位于全国主要大、中城市附近。由于我国 52.5%的豌豆生产区集中于山区和干旱、半干旱地区，主要依靠有限的天然降水种植，干旱是限制豌豆产量、质量和种植效益的主要因素。尽管近年来我国一些豌豆主产区通过选用良种、改进栽培技术、兴修农田水利设施等措施，单产达到了 3 750.0~ 5 250.0 千克/公顷，但与世界豌豆生产先进国相比，仍有较大的差距。

（四）种植模式

我国的豌豆生产主要划分为北方春播豌豆区和南方秋播豌豆区两个种植

区域。青豌豆产区位于全国主要大、中城市附近。由于我国豌豆栽培历史悠久，地域分布广阔，利用方式多样，种植区的气候、土壤、地势及社会经济发展和耕作制度不同，形成了多种多样的豌豆种植方式。豌豆是喜冷凉的长日照作物，可春播，也可秋播。豌豆对土壤的要求不严格，适应性较强，较耐瘠薄。豌豆忌连作，单作结合轮作倒茬，是豌豆单作方式的最佳选择。单作时，必须3~4年轮作倒茬一次。我国豌豆产区普遍采用豌豆与非豆科作物间作、套种、混种，如玉米、马铃薯、小麦、绿肥、大麦等。目前，在我国豌豆春播区，与小麦或大麦混种比较普遍，青海部分地区还将豌豆与蚕豆或油菜混作，播种比例以蚕豆或油菜为主。

第四节 豇 豆

（一）特征特性

豇豆（*Vigna unguiculata* L.），属豆科（Leguminosae），蝶形花亚科（Papilionoideae），菜豆族（Phaseoleae），菜豆亚族（Subtrib. Phaseolinae Benth.），豇豆属（*Vigna* L.），又名豆角、线豆角、长豇豆、长豆、角豆、带豆、裙带豆、腰豆、黑脐豆等。一年生草本自花授粉植物。染色体数 $2n=2x=22$。豇豆栽培上有3个亚种，即普通豇豆［*Vigna unquiculata*（L.）*Walp.*］，又名豇豆，世界分布广泛，主要利用干豆籽粒；短荚豇豆［*Vigna unquiculata* ssp. *cylindric*（L.）Verdc.］，广泛种植在东非等热带地区，主要以干豆粒作饲料用；长豇豆［*Vigna unquiculata* ssp. *sesquipedalis*（L.）Verdc.］，是一种重要的蔬菜作物，在亚洲普遍种植。

豇豆属短日性热季豆类，种子在田间出苗时子叶出土。一年生缠绕、草质藤本或近直立草本，有时顶端缠绕状。直根系，幼茎绿色或者紫红色，按茎的生长习性可分为直立型、半蔓型、蔓生型和匍匐型四种；菜用长豇豆多为蔓生型和缠绕型，普通豇豆和短荚豌豆多为无限生长习性；羽状复叶，叶色有浅绿、绿、深绿三种，叶片形状分卵圆形、卵菱形、长卵菱形和披针形；总状花序，花色有白色和紫色；结荚习性分有限和无限两种，荚型分硬荚和软荚，荚姿有下垂、平展和直立三种，嫩荚色分为白、浅绿、绿、深绿、红、紫经和斑纹七种，成熟荚色有黄白、黄橙、浅红、褐、紫红五种，荚形分圆筒形、长圆条形、扁圆条形、弓形和盘曲状五种，每荚含种子16~22粒；种子粒形有肾形、椭圆、球形、矩圆、近三角形五种，粒色可分为白、橙、红、紫红、黑、双色、橙底褐花、橙底紫花共八种。豇豆按生育期可分为早熟、中熟、晚熟三种。春播生育期一般80~110天，夏播一般60~90天。

（二）营养价值

豇豆籽粒营养价值较高，富含蛋白质、淀粉、纤维素，还含有丰富的胡萝卜素、尼克酸、维生素A、维生素B_1、维生素B_2、叶酸、维生素C，以及磷、钾、钙、镁、铁等矿物质元素。其中，蛋白质含量18.0%~30.0%，脂肪含量1.0%~2.0%，淀粉含量40.0%~60.0%，而且还含有人体不可缺少的8种氨基酸，特别是赖氨酸和色氨酸。豇豆主要以食用幼荚为主，老熟的籽粒也可作为粮用。每100克鲜豇豆中，含有蛋白质2.4克，脂肪0.2克，碳水化合物4.0克，热量27.0千卡，粗纤维1.4克，无机盐0.6克，钙53.0毫克，磷63.0毫克，铁1.0毫克，维生素A 0.89毫克，维生素B_1 0.09毫克，维生素B_2 0.08毫克，维生素C 19.0毫克，尼克酸10.0毫克。

豇豆还具有一定的药用价值。豇豆，嫩时充菜，老则收子，此豆可菜可果可谷，乃豆中之上品。《本草纲目》中记载，豇豆味甘性平，能理中益气，补肾健胃，和五脏，止消渴。中医认为，豇豆有健脾肾、生津液的功效。豇豆不寒不燥，日常食用，颇有益处。常食煮豇豆或豇豆饭，能帮助消化，对小儿消化不良有较好疗效，特别适合于老年人，尤其是食少腹胀、呕逆嗳气的脾胃虚弱者。

豇豆含有的淀粉属复合碳水化合物，不易造成血糖水平异常升高；它含有丰富的膳食纤维，可加速肠蠕动，能治疗和预防老年性便秘；其热量和含糖量都不高，饱腹感强，特别适合于肥胖、高血压、冠心病和糖尿病患者食用；豇豆中含有植物固醇，能预防心血管系统疾病；豇豆含钠量低，每100克豇豆只含钠4.6毫克，远远低于大白菜、小白菜、油菜和芹菜。许多老年人心、肾功能不太好，常会腿肿、脚肿、夜尿多，不能吃得太咸，所以含钠量低的豇豆很适合他们；特别是豇豆中钾、镁含量均在食物中名列前茅，而

钾和镁是保护心血管的重要元素，因此，常吃豇豆对人体健康颇有好处。

（三）生产分布

豇豆最早起源于非洲的埃塞俄比亚，在公元前1500—公元前1000年传入亚洲，我国也被认为是豇豆的起源中心或次生起源中心之一。豇豆的生态适应性极强，在世界范围内都有种植，广泛栽培于热带、亚热带和部分温带地区，如地中海盆地和美国南部。主要种植区域位于热带和亚热带的北纬35°和南纬30°之间，包括亚洲、大洋洲、中东、欧洲南部、非洲、美国南部和中南美洲。主产国为尼日利亚、尼日尔、埃塞俄比亚、突尼斯、中国、印度、菲律宾等。豇豆属约有150个种，分布于热带地区，我国有16个种，主要产于东南部、南部至西南部。

目前，全球豇豆种植面积至少在1 250.0万公顷以上，年产量超过300.0万吨，其中，中西非栽培面积超过全球种植面积的一半，其次是中美和南美、亚洲、东非和南非，美国年种植面积约为8.0万公顷。豇豆有普通豇豆、短荚豇豆和长豇豆三个亚种。普通豇豆主要种植于非洲各国、美国南部、南美洲和中东地区，以成熟籽粒作粮用和饲用，是人们获得蛋白质的主要来源；长豇豆是豆科豇豆属豇豆种中能形成长形豆荚的栽培种，主要分布在中国、印度、菲律宾、泰国等亚洲国家，而且我国是长豇豆的次生起源中心和多样性中心。目前，世界长豇豆常年栽培面积约100.0万公顷，我国约占2/5。

豇豆是世界上主要的食用豆类作物，也是我国六大食用豆类作物之一。豇豆于公元前5世纪—公元前3世纪传入我国，在我国已经有千年的栽培历史，栽培面积大，种植地区极为广泛，南北跨越28个纬度，东西跨越50个经度，目前除西藏自治区（以下简称西藏）外，其他省、自治区、直辖市均有种植。我国的豇豆品种主要有两大类，分别是粒用的普通豇豆和菜用的长豇豆，短荚豇豆很少，仅云南和广西有少量分布。普通豇豆的主要产区为河南、广西、山西、陕西、山东、安徽、内蒙古、湖北、河北及海南等省、自治区；长豇豆的主要产地为四川、湖南、山东、江苏、安徽、广西、浙江、福建、河北、辽宁及广东等地。目前，我国豇豆常年栽培面积约1 000.0万亩，总产量达1 500.0万吨。

（四）种植模式

我国豇豆可以划分为北方春豇豆区、北方夏豇豆区和南方秋冬豇豆区三个主要种植区域。豇豆忌连作，避免与豆类作物接茬连作，宜与非豆科作物轮作倒茬，一般三年一轮。豇豆抗旱性强，怕涝，不宜在低洼地种植，但豇豆对土壤环境的适应性较强，对土地质地要求不严，各类土壤均能种植。豇豆喜温暖、耐高温、不耐霜冻，春、夏、秋均可播种。豇豆喜光耐阴，叶片光合能力强，既可单作，也可间作、套种和混种。豇豆适合与多种高秆作物（树行间）进行间作、套种、混种、复种等种植形式，常与玉米、谷子、高粱、甘薯等作物间作、套种，也可种在果树、林木苗圃的行间、田埂、地头、垄沟、山坡地及房前屋后的宅旁间隙地。

第五节　蚕　豆

（一）特征特性

蚕豆（*Viciafaba* L.），属于豆科（Leguminosae），蝶形花亚科（Papilionoideae），野蚕豆族（Viceae），蚕豆属（*Vicia* L.）下唯一的栽培种（*V. faba*）。又名胡豆、佛豆、寒豆、南豆、夏豆、马齿豆、川豆、倭豆和罗汉豆。蚕豆属内常见的种有 21 个，是我国重要的食用豆类作物。因其籽粒形似蚕茧，故名蚕豆。又因籽粒大，青海、甘肃等地俗称大豆。蚕豆是春播一年生或秋播越年生草本常异花授粉植物。染色体形态较大，DNA 含量较多，染色体数目一般为 $2n=12$。

蚕豆是冷季生长作物，种子在田间出苗时子叶不出土。株高 30~180 厘米。茎直立，四棱，中空，四角上的维管束较大。蚕豆真叶互生，由 2~8 片叶组成，为偶数羽状复叶。叶片较为肥厚，长 4~6 厘米，宽 2~3 厘米，多呈椭圆形或者倒卵形。叶片表面光滑，正面呈暗绿色，背面泛白。总状花序，蝶形花，花冠左右对称，腋生，数朵聚生，呈短型总状花序，一个花簇上一般生花 2~6 朵，多的可达 9~10 朵，但结荚的一般只有 1~2 个，只有在外界条件好的情况下才能多结荚。荚果，种子扁平，略呈矩圆形或近于球形。豆荚由子房发育而成，每株可结荚 10~30 个，豆荚也能进行光合作用，

豆荚内含有丝绒状绒毛，豆荚扁长肥大，皮软而厚，一般长10厘米，宽2厘米，豆荚成熟时会由绿变成褐色或者黑色，沿背缝线开裂散出种子。蚕豆为长日照作物。花果期4—5月，种子供食用。

（二）营养价值

蚕豆，是粮食、蔬菜和饲料、绿肥兼用作物，起源于西南亚和北非，是我国重要的粮食作物，也是我国农作物中的主导作物。蚕豆是中国食用豆类作物种植面积最大的种，中国在世界蚕豆种植上一直占据着最大国的地位。

蚕豆具有丰富的蛋白质，平均含量为30%左右，有的品种高达40%，其蛋白质含量是水稻的4.6倍，是小麦的近3倍，比其他禾谷类作物高1倍以上，是食用豆中仅次于大豆的高蛋白作物，故蚕豆是人类重要的植物蛋白来源。蚕豆籽粒含淀粉40.7%，赖氨酸1.7%，还含有维生素B_2、钙、磷、铁和人体所必需的多种氨基酸。茎、叶富含氮素，其根部具根瘤菌为良好的冬季绿肥；花、果荚、种壳、种子及叶均可入药，有止血、利尿、解毒、消肿的功用。

蚕豆全身都是宝，蚕豆仁中含有人体不能合成的8种必需氨基酸（赖氨酸、色氨酸、苯丙氨酸、甲硫氨酸、苏氨酸、异亮氨酸、亮氨酸、缬氨酸），除了色氨酸和蛋氨酸的含量稍低外，其他6种必需氨基酸的含量都高。其中碳水化合物的含量占到47%~60%，营养价值丰富，蚕豆含有丰富的钙、蛋白、磷脂、不含有胆固醇，有益人体健康。嫩蚕豆具和胃、润肠通便之功效，蚕豆茎有止血、止泻的功能。蚕豆花具有降压、止带、止血的功效。蚕豆叶含有山梨酚-3-葡萄糖苷-7-鼠李糖苷、D-甘油酸、5-甲酰四氯叶酸、叶绿醌、游离氨基酸，可治肺结核咯血、消化道出血、外伤出血。

蚕豆含有丰富的根瘤菌，蚕豆的平均固氮量为222千克/公顷，是大豆固氮能力的2倍，在种植蚕豆后，能改善土壤肥力，是作物间作、轮作的良好材料。收获后的植株中含氮量高，且植株易腐烂，被人们用作环保、经济、廉价的有机绿肥。

（三）生产分布

蚕豆是人类栽培的最古老的食用豆类作物之一。据《旧约》有关蚕豆的记载，古希伯来人在公元前1000年就已将开始种植蚕豆了。一般认为原产地在西南亚伊朗高原到非洲北部一带，后传入中国。据《太平御览》记载："张骞出使外国，得胡豆种归。"表明我国至少有 2 000 年的蚕豆种植历史，但据考古发现，我国新石器时代晚期就出土了蚕豆种子，把我国蚕豆栽培历史有提前了 2 000 多年。

蚕豆在世界范围内广泛种植，目前种植国家有 40 多个，世界蚕豆生产面积达到了 235 万公顷，主要产区有亚洲、欧洲、非洲等，主要种植在南纬 50°至北纬 60°的地区。中国是世界上蚕豆栽培面积最大、总产量最多的国家，蚕豆也是我国除大豆和花生之外，目前面积最大、总产最多的食用豆类作物。中国蚕豆生产面积占世界的 42. 38%，位居世界第一位，蚕豆产量占世界总产量的 40%。我国蚕豆主要种植在四川、云南、湖南、湖北、江苏、青海、浙江等地。

（四）种植模式

中国蚕豆栽培历史悠久，利用方式多样，地域分布广阔，种植区的气候、土壤、地势及社会经济发展和耕作制度不同，形成了多种多样的蚕豆种植方式。作为食用豆类中的固氮之王，蚕豆是水浇地各种大秋作物的好前茬，在耕作制度中占有重要的地位，是可持续农业不可或缺的重要组成部分。

我国蚕豆在生产上分为南方的秋播蚕豆区和北方的春播蚕豆区。蚕豆宜轮作，忌连作，单作时最好只种一年，连作最多不超过 2 年。南方秋播蚕豆区，蚕豆作为水稻、棉花、玉米、蒜苗或烤烟的后茬，与小麦、大麦、油菜、豌豆、紫云英、苜蓿等实行隔年轮作；也可与棉花、玉米、马铃薯等套种。北方春播区，蚕豆与小麦（或青稞）、玉米、马铃薯、糜子等轮作倒茬，一般三年一轮；也可与小麦间作。

第六节　芸　豆

（一）特征特性

芸豆（*Phaseolus vulgaris*），是多花菜豆（*Phaseolus multiflorus* Willd）和普通菜豆（*Phaseolus vulgarisl* L.）的总称。属于豆科（Leguminosae），蝶形

花亚科（Papilionoideae），菜豆族（Phaseoleae），菜豆属（*Phaseolus*）。学名菜豆，俗称二季豆或四季豆，别称菜豆、架豆、刀豆、扁豆、玉豆、豆角，根系较发达。茎蔓生、半蔓生或矮生。一年生自花授粉草本植物。染色体数为 $2n=22$。

芸豆是比较耐冷喜光的短日照一年生草本植物，种子在田间出苗时子叶出土。初生真叶为单叶，对生；以后的真叶为三出复叶，近心脏形。总状花序腋生，蝶形花。花冠白、黄、淡紫或紫等色。自花传粉，少数能异花传粉。每花序有花数朵至 10 余朵，一般结 2～6 荚。荚果长 10～20 厘米，形状直或稍弯曲，横断面圆形或扁圆形，表皮密被绒毛；嫩荚呈深浅不一的绿、黄、紫红（或有斑纹）等颜色，成熟时黄白至黄褐色。随着豆荚的发育，其背、腹面缝线处的维管束逐渐发达，中内果皮的厚壁组织层数逐渐增多，鲜食品质因而降低。故嫩荚采收要力求适时。

芸豆茎直立、蔓生、半蔓生，花有白、红、紫等色，荚果长 10～20 厘米，内有籽粒 5～8 粒。种子主要有白、绿、红、灰、褐、奶花、红花、黑、黄、紫红、蓝等；按大小可分为小粒（百粒重小于 30 克）、中粒（百粒重 30～50 克）、大粒（百粒重 50～80）。按粒形可分为扁圆、卵圆、椭圆、肾形、长筒等形状。种子内含蛋白质（20%～25%）、淀粉（40%～60%）、脂肪（1%～3%）、可溶性糖（3%～6%）、水分（10%～12%）等物质。

（二）营养价值

芸豆营养丰富，含有丰富的蛋白质、脂肪、碳水化合物、膳食纤维、维生素 A、萝卜素、硫胺素、核黄素、尼克酸、维生素 C、维生素 E、钙、磷、钠等成分。特别是含有人体必需的 8 种氨基酸，是良好的植物蛋白来源之一，对人体膳食结构具有调节作用，并且具有许多药理作用。

芸豆是补钙冠军。每 100 克带皮芸豆含钙达 349 毫克，是黄豆的近 2 倍。其蛋白质含量高于鸡肉，钙含量是鸡的 7 倍多，铁为 4 倍，B 族维生素也高于鸡肉。芸豆也富含膳食纤维，其钾含量比红豆还高。因此，夏天吃芸豆能很好地补充矿物质。嫩荚约含蛋白质 6%，纤维 10%，糖 1%～3%。干豆粒约含蛋白质 22. 5%，淀粉 59. 6%。芸豆的嫩荚或种子可作新鲜蔬菜食用，也可加工成罐头、腌渍、冷冻与干制。

我国古医籍记载，芸豆味甘平，性温，具有温中下气、利肠胃、止呃逆、益肾补元气等功用，是一种滋补食疗佳品。芸豆是一种难得的高钾、高镁、低钠食品，在营养治疗上适合心脏病、动脉硬化，高血脂、低血钾症和忌盐患者食用。现代医学分析认为，芸豆还含有皂苷、尿毒酶和多种球蛋白等独特成分，具有提高人体血身的免疫能力，增强抗病能力，激活淋巴 T 细胞，促进脱氧核糖核酸的合成等功能，对肿瘤细胞的发展有抑制作用，因而受到医学界的重视。

（三）生产分布

芸豆适宜在温带和热带高海拔地区种植，比较耐冷喜光。原产美洲的墨西哥和阿根廷，我国在 16 世纪末开始引种栽培。

芸豆是世界上栽培面积仅次于大豆的食用豆类作物，几乎遍及世界各大洲。目前全世界有 90 多个国家和地区种植芸豆，主要分布在亚洲、南美洲、中美洲、北美洲、非洲、欧洲、苏联和大洋洲。全世界芸豆种植面积 264. 7 万公顷，占整个食用豆类种植面积的 38. 3%；总产量 1 629. 4 万吨，占整个食用豆类总产量的 27. 4%。

我国是芸豆的主产国，也是主要的出口国，近年来出口量大幅增加，遍及世界各地，目前，芸豆生产已成为我国在国际市场上最具有竞争力的优势产业之一。我国芸豆生产居世界第三位，仅次于印度和巴西。芸豆在中国种植极为广泛，北起黑龙江及内蒙古，南至海南省，东起沿海一带及台湾省，西达云南、贵州及新疆等省区，主要分布在东北、华北、西北和西南的高寒、冷凉地区，种植面积 40 万~50 万公顷，一般单产 1 020~ 1 125 千克/公顷，栽培条件好的地区可以达到 1 500~ 1 875 千克/公顷。其中黑龙江、内蒙古、吉林、辽宁、河北、山西、甘肃、新疆、四川、云南、贵州等为主产省区。目前生产规模较大，出口较多的是黑龙江、内蒙古、新疆、四川、贵州等省、自治区。

（四）种植模式

芸豆具有抗旱、耐瘠、生育期短、适应性广等特点，并有固氮养地能力，是禾谷类作物、薯类作物的良好前茬，在农业种植结构调整和提高、优质高效型农业发展中具有不可代替的重要作用。目前，芸豆中栽培的研究主

要以普通菜豆为主，一般通过籽粒的大小和粒色进行分类，主要有小白芸豆、红芸豆（英国红）、奶花芸豆、黑芸豆和黄芸豆。多花菜豆主要集中在高寒冷凉山区种植，在25℃以上很难结荚，为短日照作物。其主要以出口为主。

芸豆和其他豆类一样，不宜连作或重茬，连作或重茬都会造成减产。一般选择玉米、小麦、谷子、高粱等禾谷类作物为前茬。芸豆为子叶出土型作物，子叶顶土能力差，因此要破除板结来提高整地质量。播种时不宜干播、深播，宜催芽直播，不宜移植，忌与豆科作物连作，芸豆可适应土壤 pH 值 5.8~8，防止芸豆落花落荚，应调节好温度（生长发育 18~25℃，苗期花芽分化 20~25℃）、施足期肥并及时浇水、苗期和开花初期应促进根系生长、合理密植、适时采收、及时防治病虫害。

第七节 鹰嘴豆

（一）特征特性

鹰嘴豆（*Cicerarietinum* L.），是豆科（Leguminosae），蝶形花亚科（Papilionoideae），野豌豆族（Vicieae），鹰嘴豆属（*Cicer*），属内有 43 个种，只有 *C. arietinum* L. 成为唯一的栽培作物种。别名如桃豆、鸡豌豆、脑豆子、羊头豆等。因其形状奇特，有一突起尖如鹰嘴故而得此名，在维吾尔语中被称作“诺胡提”。一年生或多年生自花授粉草本植物。染色体数为 $2n=2x=16$。

鹰嘴豆为长日照冷季豆类，种子在田间出苗时子叶不出土。对光周期反应不敏感，适宜种植在冷凉的干旱地区和季节。种子萌发的最低温度为5℃，最适宜温度范围 20~30℃，最高为 50℃。主根系，入土最深达 2 米左右，大部分根系集中在 60 厘米以内的土层中；株高 40~87 厘米，其植株灌木状，主茎和分枝通常呈圆形，主茎长 30~70 厘米，株型分直立、半直立、披散、半披散四种，大多数品种为半直立或半披散型；羽状复叶，复叶互生，长 5~10 厘米，小叶对生，卵形，叶上有柔毛和虎腺毛，能分泌苦辣味的酸性液体；花为蝶形，单花序，花有白、粉红、浅绿、蓝、紫等颜色，自花授粉；一般单株结荚30~150个，荚呈扁菱形至椭圆形，长14~35毫米，宽8~20毫米，荚皮厚约0.3毫米；成熟荚膨大，每荚含1~2粒种子，最多3粒，在脐的附近有喙状突起；种皮光滑或皱褶，种脐小，呈白红或黑色，合点明显；种子粒色有淡黄、奶白、绿、棕、黑五种，以淡黄、奶白两种粒色为主；种子长4~12毫米，宽4~8毫米；百粒重一般为10~75克，粒型有大粒、中粒、小粒三种，大粒种占35.5%，其百粒重为35~50克；中粒种占22.1%，其百粒重为20~35克；小粒种占42.4%，其百粒重为20克以下。全生育期一般80~125天。

鹰嘴豆的外形、大小及颜色因品种不同而异，外形可呈圆形、长方形，外皮皱形或半皱形。根据种子的形态及颜色，鹰嘴豆一般分为两类，Desi（迪西）和Kabuli（卡布里）。Desi的种子是典型的长方形，一般为黄色略显黑色，体积较小，表皮厚且粗糙，主要产于印度。在印度，鹰嘴豆的利用大部分都是经脱壳后粉碎，然后直接加工成产品或磨成粉末；Kabuli的外形通常较圆而且较大，颜色为白色或乳白色，主要生长在亚洲西部及地中海地区，一般直接用于制备传统食品。Desi的产量较大，占整个鹰嘴豆产量的85.0%，而Kabuli仅占15.0%。

（二）营养价值

鹰嘴豆作为世界第二大消费豆类，营养成分齐全，含量丰富，被誉为“黄金豆”“珍珠果仁”。含有人类所需的六大营养元素，富含多种植物蛋白、氨基酸、维生素、粗纤维及钙、镁、铁等矿物质成分。其中碳水化合物和蛋白质约占籽粒干重的80.0%，其籽粒含蛋白质15.0%~30.0%、脂肪4.6%~6.1%、淀粉40.0%~60.0%、矿物质2.36%~4.67%、粗纤维2.4%~10.06%。

鹰嘴豆蛋白质含量一般都高于燕麦、甜荞、苦荞、小麦、大米和玉米，还含有人体所需的18种氨基酸及8种必需氨基酸，含量高，组成均衡，每100克蛋白质中含有氨基酸80.0~100.0克、必需氨基酸35.0~42.0克。其中促进儿童智力发育与骨骼生长的赖氨酸含量较高，每100克蛋白质中含有赖氨酸4.0~7.0克，比玉米（1.2克/100克）高5.5~7.0倍，比白面（2.3克/100克）高3.0~4.0倍，比大米（3.4克/100克）高2.0~2.5倍。另外，

还含谷氨酸约为15.8克、亮氨酸4.3克。

鹰嘴豆中的脂肪酸多为对人体有利的不饱和脂肪酸，如Kabuli型鹰嘴豆种子脂肪中，含油酸50.3%、亚油酸40.0%、棕榈酸5.74%、肉豆蔻酸2.28%、硬脂酸1.61%、花生酸0.07%；Desi型鹰嘴豆种子脂肪中，含油酸52.1%、亚油酸40.3%、棕榈酸5.11%、肉豆蔻酸2.74%和硬脂酸2.05%。此外，鹰嘴豆种子脂肪中还含有卵磷脂。

鹰嘴豆中所含的大量元素和微量元素，每100克干物质中，含钙213.0~272.0毫克、磷202.0~256.0毫克、钾1 132.0~1 264.0毫克、镁165.0~195.0毫克、铁4.96~8.09毫克、锌3.86~4.42毫克、铜0.93~1.08毫克，含量因基因形的不同而有很大的变化。微量元素含量均高于玉米和大米等谷类作物。

每100克鹰嘴豆中，含维生素B_1（硫胺素）1.99毫克，比燕麦（0.29毫克）高6.86倍，比苦荞（0.18毫克）高11.0倍，比玉米（0.31毫克）高6.4倍；含维生素B_2（核黄素）1.72毫克，比燕麦（0.17毫克）高9.0倍，比苦荞（0.5毫克）高3.4倍，比玉米（0.1毫克）高1.72倍；含维生素PP（烟酸）2.6毫克，也比大米、玉米含量高，但与荞麦、小麦相比差别不大。籽粒中还含有大量的淀粉、蔗糖、葡萄糖、肌醇、腺嘌呤、胆碱等，其中，胆碱、肌醇、维生素以及异黄酮、低聚糖和皂苷等活性成分，对人体健康具有良好的保健功能。因而鹰嘴豆被誉为“营养之花，豆中之王”。

鹰嘴豆还有其独特的药用价值。中医认为，鹰嘴豆味甘、性平、无毒，具有补中益气、温肾壮阳、消渴、解血毒、强身健体和增强记忆力等功效，特别是对糖尿病、心脑血管病和胃病等疾病的预防和辅助治疗具有明显的疗效，是医学宝库中不可缺少的瑰宝。临床经验证明，鹰嘴豆对70多种严重营养不良症有明显的疗效，在医药上常用作预防动脉硬化，降低高血压、高血脂、胆固醇的主要药物，还可辅助治疗糖尿病，被誉为“健康品中一枝花”。鹰嘴豆是维吾尔族人民喜爱的一种副食品，它能起到平衡膳食的关键作用，具有很强的能量素，可充分补充人体体能，让人民远离糖尿病及三高症，寿命较长，生育能力极强。因此，在当地鹰嘴豆也被称为“长寿豆”。

（三）生产分布

鹰嘴豆起源于西亚和地中海沿岸，栽培历史悠久，是世界上栽培面积较大的豆类植物。早在 9 500 年前，即农业出现之初，在土耳其到伊朗的新月沃土地区，就已经开始种植鹰嘴豆；在印度次大陆，鹰嘴豆的种植历史至少可以追溯到 4 000 年前。作为世界第二大消费豆类，鹰嘴豆主要分布在世界温暖而又比较干旱的地区，如非洲的东部和北部、亚洲西部和南部、南北美洲、欧洲南部以及澳洲等多个国家。从干燥地区到湿润地区，从热带沙漠到热带雨林均能种植。习惯上种植于北纬 20°~40°，在印度和埃塞俄比亚的低纬度（北纬 10°~20°）较高海拔地区也可栽培。在北半球，种植的南限是北纬 2°，北限是北纬 60°。

亚洲鹰嘴豆的栽培面积最大，其次非洲。其中，印度和巴基斯坦两国的种植面积占全世界的 80.0%以上，鹰嘴豆已经成为印度的第一大食用豆类作物。近年来，鹰嘴豆产量呈现逐年上升的趋势。2001—2005 年，鹰嘴豆在世界热带、亚热带和温带区域的 49 个国家种植，年均种植面积 1 033.8 万公顷，年均总产量 801.7 万吨。生产面积最大的 5 个国家分别是印度、巴基斯坦、伊朗、土耳其和缅甸，其中，印度鹰嘴豆的收获面积和总产量都是世界第一位。

鹰嘴豆栽培历史悠久，但传入我国的具体时间无从考证，目前在我国的种植区域较窄。鹰嘴豆在新疆已有 2 500 年的栽培历史，新疆的种植面积和产量最大，成为国内鹰嘴豆的主产区，尤其以新疆的奇台县、木垒县、阿克苏地区的种植面积和产量最大。鹰嘴豆有极耐旱的特点，适宜生长在海拔 2 000~ 2 700 米的地方。我国除新疆外，在甘肃、青海、宁夏、陕西、云南、内蒙古、山西、河北、山东、黑龙江等省区也有种植。20 世纪 80 年代，我国从国际干旱地区农业研究中心（ICARDA）和国际半干旱地区农业研究所（ICRISAT）引入了数百份鹰嘴豆栽培种，已在新疆、甘肃、青海、陕西、云南等地试种。目前，我国鹰嘴豆种植面积约为 75.0 万亩，并呈上升趋势。单产为 67.0~100.0 千克/亩。新疆鹰嘴豆资源较为丰富，是我国鹰嘴豆外贸出口的重要产地，主要供应印度、巴基斯坦和中东等欠发达地区。

（四）种植模式

鹰嘴豆具有十分广泛的适应性，但其最适宜的栽培区是冷凉的干旱地区。因而在热带和亚热带，鹰嘴豆作为冷季作物栽培，而在温带少雨地区则

作为春播作物栽培。据此将我国鹰嘴豆种植分划为春播区、夏播区和秋播区三个大区，其中春播区又可分为西北和东北两个亚区。鹰嘴豆适宜种植在较冷的干旱地区，我国西北、东北、华北地区均可广泛种植。鹰嘴豆与其他豆类作物一样，具有生物固氮、肥田养地、改良土壤等优点，可单种、套种、复种，或与其他作物轮作倒茬。鹰嘴豆对土壤要求不严，重壤土、沙壤土、沙土均可种植，但在质地疏松、排水良好的轻壤土上种植最好，可获得丰产优质。鹰嘴豆不耐连作，多与麦类、玉米、高粱、棉花、甜菜等作物轮作倒茬三年以上。有些地区还作为甘蔗的填闲作物或水稻后的二茬作物栽培。除单作外，鹰嘴豆也可与大麦、小麦、高粱、玉米、豌豆、小扁豆、亚麻、芥菜、红花、野豌豆、马铃薯等作物间作、套种。

第三章　食用豆病害防治技术

食用豆类作物种类多，种植区域广，适应性强，在我国和世界各地均有种植。但要想达到优质高产高效的目的，必须加强病虫草害的综合防治。下面主要介绍绿豆、小豆、豌豆、豇豆、蚕豆、芸豆、鹰嘴豆七种主要食用豆的病害防治技术。

第一节　食用豆病害种类

食用豆的主要病害可以分为四类，分别是真菌性病害、细菌性病害、病毒性病害和线虫病害。在农作物侵染性病害中，真菌性病害和细菌性病害是为害农作物的两种主要病害，其中真菌性病害约占病害的80%。由于病害的病源不同，其防治方法和药剂使用也截然不同。所以，正确诊断区别各种病害，是防治的关键。在生产上，我们可以从病害症状上进行观察、区别，进而针对其病害种类对症下药，取得事半功倍的防治效果。

一、真菌病害

（一）病害症状

由于真菌性病害的类型、种类繁多，所以引起的病害症状也千变万化。但是，凡属真菌性病害，无论发生在什么部位，症状表现如何，在潮湿的条件下都有菌丝、孢子产生。这是判断真菌性病害的主要依据。

主要症状是植株坏死、腐烂和萎蔫，少数畸形，植株上一般都产生白粉层、黑粉层、霜霉层、锈孢子堆、菌核、霉状物、蘑菇状物、棉絮状物、颗粒状物、绳索状物、黏质粒和小黑点，大的病症可用肉眼直接观察到。真菌所致的病害几乎包括了所有的病害症状类型，重要的标志，是在受害部位的

表面，或迟或早都将出现病症，如粉状物，霉状物、疱状物、毛状物、颗粒状物、白色絮状物等真菌的子实体或营养体的结构。

（二）常见病害种类

食用豆的真菌性病害主要有白粉病、锈病、霜霉病、菌核病、根腐病、枯萎病、炭疽病等。目前，已报道的能够侵染食用豆种子、豆荚和花的真菌达 80 个属 135 余种，其中 63 个属 108 个种以上的真菌可以侵染食用豆种子。

（1）根肿菌属和粉痂菌属。多引发细胞膨大分裂，使受害部位呈根肿或瘿瘤。

（2）霜霉属和盘梗霉属真菌。多引发霜霉病，腐生和弱寄生菌，使作物的花、果实、块根、块茎等储藏器官的组织坏死。

（3）子囊菌亚门真菌中的白粉菌。在寄主的叶片下面呈白色或灰色的霉层，布满整个叶片，后期散生黑色小点。

（4）担子菌亚门中的黑粉菌和锈菌。可诱发锈病。

（5）半知菌亚门的真菌。引发寄主发生性的组织坏死，其中无孢子目病原真菌，主要侵害根部和茎基部，造成根腐和茎基腐。

（6）芽孢纲病原真菌。以侵害作物的疏导组织为主，造成全株系统发病，如枯萎病，黄萎病等。

（7）腔孢菌纲的黑盘孢菌。其表现症状为常见的炭疽病，病斑为同心轮纹排列的小黑点，有的还分泌粉红色或白色的黏液。

（8）球壳菌目的真菌。引起的病状类型较多，斑点型的，主要为害叶片；溃疡型的，主要为害茎、枝条；腐烂型的，被为害部位形成干腐或湿腐。

（三）化学防治药剂

真菌类病害种类繁多，常规用药可达上百种，我们常见的化学防治药剂有多菌灵、百菌清、甲基硫菌灵、嘧菌酯等。

二、细菌病害

（一）病害症状

细菌通过植株的气孔、伤口等处侵入，发病后的植株一般表现为坏死、腐烂、萎蔫或者畸形（根肿、毛根）等。坏死、腐烂与畸形，都是细菌破坏了薄细胞壁细胞组织所导致的后果。病症病部有菌脓、菌膜、菌痂。坏死病斑多受叶脉限制，为角斑或条斑，初期有水渍状或油渍状边缘，半透明，常有黄色晕圈，在肥厚组织或果实上的病斑，多为圆形。在幼嫩、多汁的组织上，组织死亡易生腐烂。有的部位被为害后发生促进性病变，形成肿瘤，这种现象多发生在根或茎上。萎蔫是细胞侵染维管束的结果，可局部或全部发生，维管束细胞被破坏后，水分、营养物质不能正常输送，会造成植株萎蔫死亡。萎蔫性病害，病株茎基部横切面用手挤后可见菌脓，且维管组织变褐。腐烂组织常伴有臭味，无菌丝，无孢子，病斑表面没有霉状物，但有菌脓（除根癌病菌）溢出，病斑表面光滑，这是诊断细菌性病害的主要依据。

细菌性病害常见表型有：

（1）斑点。主要发生在叶片、果实和嫩枝上。坏死性斑点或叶枯，有的有穿孔产生，叶斑呈多角形并有黄色晕环，潮湿时有溢脓。主要由假单胞杆菌属、黄单胞杆菌属引起。

（2）腐烂。植物幼嫩，多汁的组织被侵染后通常表现为腐烂，并有臭味的脓液产生。主要由欧文氏杆菌引起。

（3）枯萎。有的细菌侵入植物的维管束后，在导管内扩展破坏了输导组织，可引起植株的枯萎（青枯）。主要由青枯病假单胞杆菌、棒杆菌属引起。

（4）畸形。细菌侵入后，在枝条或根部引起局部组织的过度增生形成肿瘤；或是新枝新根丛生，或枝条带化。主要由野杆菌属（肿瘤）、棒杆菌属引起（徒长，带化）。

（二）常见病害种类

食用豆的细菌性病害主要有细菌性疫病、细菌性叶斑病。

（三）化学防治药剂

食用豆细菌性病害常用的防治药剂有以下几类。

（1）抗生素类：春雷霉素、多抗霉素，井冈霉素、四霉素、中生菌素等。

（2）铜制剂类：噻菌铜、松脂酸铜、氢氧化铜、王铜、琥胶肥酸铜等。

（3）其他类：氯溴异氰尿酸、敌磺钠、辛菌胺醋酸盐、乙蒜素、低聚糖

素等。

三、病毒病害

（一）病害症状

病毒性病害包括菌原体、类病毒，主要表现为变色（花叶、斑驳、环斑、黄化等）、畸形（矮缩、蕨叶等）、坏死，多为系统性侵染，症状多从顶端开始表现，然后在其他部位陆续出现。

（二）常见病害种类

食用豆的病毒性病害主要有花叶病毒病、顶枯病、丛枝病等。

（三）化学防治药剂

发病初期可使用氨基寡糖素、香菇多糖、盐酸吗啉胍、吗胍·乙酸铜等药剂防治。

四、线虫病害

（一）病害症状

线虫多为害食用豆的根部，并使地上部分表现叶片发黄、植株矮小、营养不良。根部症状可表现为结瘤、坏死、根短粗、丛生等。

（二）常见病害种类

食用豆的线虫病害主要有胞囊线虫病、根结线虫病。

（三）化学防治药剂

常用的防治药剂有苏云金杆菌（Bt）、阿维菌素、噻唑膦等。

第二节　常见病害识别

食用豆的常见病害有20多种，主要有根腐病、茎腐病、叶斑病、白粉病、枯萎病、立枯病、锈病、霜霉病、灰霉病、煤霉病、褐斑病、黑斑病、炭疽病、菌核病、轮纹病、疫病、黑腥病、病毒病、矮化病、胞囊线虫病、根结线虫病等。

一、真菌病害

（一）根腐病

1. 为害症状

根腐病是食用豆的一种重要土传病害，各地均有分布。病害可以发生在食用豆生长的整个生育期，在幼苗或成株期的症状表现，主根是主要为害部位。连作时病害发生严重，幼株较成株感病性更强。病害侵染时，幼苗至成株均可发病，以苗期、开花期发病较多。

苗期发病，可引起幼苗死亡。发病初期，心叶变黄，若拔出根系观察，可见茎下部及主根上部呈黑褐色，稍凹陷。剖开根茎看，有时根和茎的中下部维管束变为褐色。当根大部分腐烂时，植株便枯萎死亡。一般在植株出苗15~20天，开始表现症状，主要是植株幼苗期生长缓慢，根部及地下茎部分变色凹陷，根部有黑色环状物，最后主根维管束变成黑褐色。地上部从下部叶片开始褪绿、发黄，逐渐向上扩展，进而植株死亡。植株感病后，在田间会很快干枯，有突发性，叶片和分枝都不脱落，且成干青草色；根部变成黑色，呈腐烂状，大部分侧根和根毛脱落。

成株期病害，在根部引起红褐色及黑褐色病斑，逐渐沿根系扩展，导致根表皮组织腐烂。在植株地上部，由于根部的受害，叶片呈现黄化的症状。病株下部叶片先发黄，逐渐向中、上部发展，致使全株变黄枯萎，主、侧根部分变黑色，根瘤和根毛明显减少，轻则造成植株矮化，茎细、叶小或叶色淡绿，个别分枝萎蔫，可开花结荚，但荚数锐减，籽粒秕瘦；发病严重的茎基部缢缩或凹陷变褐，呈“细腰”状，病部皮层腐烂，大量枯死，致使田间一片枯黄，为害严重。

2. 发生规律

食用豆根腐病系多种病原菌混合感染的根部病害，病原菌种类很多，常见的为镰刀菌类。病原菌为土壤习居菌，常潜藏在病残体内，在土壤中可存活多年，以厚垣孢子在土壤中越冬。环境适宜时，产生分生孢子进行侵染为害。也可以在种子中越冬并随种子传播。病害在田间从发病中心向四周传播的速度较慢。主要是从伤口及自然侵入植株的侧根和茎基部。影响食用豆根腐病发生发展的因素很多。土壤温度的影响较土壤湿度大，在适宜的温度条件下，土壤湿度愈大，病害愈重。风雨能将枯死株的残碎组织或茎基部产生的分生孢子传播到无病田，灌溉及大雨造成的流水，以及人、畜、农机具等农事活动也能传播病害。此外，播种过早、过深，重茬、迎茬，地下害虫发生严重，土壤黏重，贫瘠的地块，使用带菌肥料，管理粗放，反季节栽培等，亦容易发病。

（二）叶斑病

1. 为害症状

尾孢叶斑病是食用豆的重要病害，以开花结荚期受害最重。发病初期在叶片上出现水浸斑，以后扩大成圆形或不规则黄褐色至暗红褐色橘斑，病斑中心灰色，边缘红褐色。到后期几个病斑连接形成大的坏死斑，导致植株叶片穿孔脱落，早衰枯死。湿度大时，病斑上密生灰色霉层，病情严重时，病斑融合成片，很快干枯。主要侵染叶片，严重时也侵染茎和荚，会造成植株早期落叶，豆荚瘪小，甚至绝收。轻者减产 20%~50%，严重的高达 90%。

2. 发生规律

食用豆叶斑病主要是由半知菌亚门尾孢属变灰尾孢真菌侵染所致。病原菌以菌丝体或分生孢子在种子或病残体中越冬，成为翌年初侵染源。生长季节为害叶片，经分生孢子多次再侵染，病原菌大量积累，遇有适宜条件即流行。在田间可通过气流及雨水溅射传播。高温高湿有利于该病的发生和流行，以秋季多雨连作地块或反季节栽培地块发病重。叶斑病的发生与温度密切相关，在相对湿度 85%~90%、温度 25~28℃的条件下，病原菌萌发最快；当温度达到 32℃时，病情发展最快。

（三）褐斑病

1. 为害症状

食用豆褐斑病主要有两种病原菌引起。

豆类壳二胞菌是豌豆、蚕豆、鹰嘴豆等食用豆类褐斑病病原，属半知菌亚门真菌。该病苗期即可发病，整个生育期均可为害，主要在成株期发生，主要为害叶片、茎和荚。叶片被为害后，先出现水渍状的小点，逐渐发展为浅褐色至黑褐色圆形病斑，有明显的褐色边缘，病斑处有轮纹，斑面上长有针头大小的黑色小点。茎和荚被为害后，也会产生浅褐色至黑褐色，圆形或椭圆形病斑，稍凹陷，病斑后期可见黑色小粒点状分生孢子器。茎上病斑较长，叶上病斑相对较小，发病严重时病斑可融合成大病斑。茎上病斑可引起茎折，叶上病斑可引起叶黄、叶枯和落叶。荚上病斑可引起荚枯、籽粒变小、种子表面有污斑。后期病斑可穿过豆荚侵染到种子上，但病斑不明显，潮湿时种子上病斑呈现污黄色至灰褐色。

豆类煤污球腔菌是豇豆、菜豆等食用豆类褐斑病病原，属子囊菌亚门真菌。因此，豇豆、菜豆等食用豆类褐斑病又称褐缘白斑病，主要为害豇豆叶片。被为害叶片病斑近圆形或不定形，斑纹较细，周缘赤褐色至暗褐色，略凸，中间褐色，后褪为灰褐色至灰白色，故称褐缘白斑病。发病部位与健康部位分界较明晰，斑中部呈灰褐色，斑面轮纹却不太明显。高湿时，叶背面病斑产生灰黑色霉状物，但较煤霉病的量少且稀。

2. 发生规律

壳二孢属真菌引起的褐斑病，主要以菌丝体附着在种子上越冬，种子带菌是主要侵染源，播种后带菌种子使长出的幼苗染病。或者以分生孢子在病残体上越冬，翌年初夏，产生新的分生孢子。分生孢子借风雨传播，到达叶面后，由气孔侵入，进行再侵染，潜育期6~8天。病原菌发育适宜温度15~26℃，在多雨潮湿的气候条件下，容易发病。该病既可种子传播，又可以孢子随空气传播。病菌主要以土壤、种子带菌，病原菌借风雨扩散。一旦发病，造成减产20%~50%。

煤污球腔菌引起的褐斑病，病菌主要以子囊盘随病残组织在地表越冬，翌年初夏产生新的分生孢子。分生孢子借风雨传播，到达叶面后由气孔侵入，引起初侵染。病菌侵入后，经过一定时期，可以产生新的分生孢子，引起再侵染。其生长适宜温度为20~30℃，尤其是连续阴雨后，病菌借气流和雨水传播，发病明显增加。因品种和环境条件不同，发病程度不同，高温高湿，种植过密，通风不良，偏施氮肥等，发病较重。

（四）黑斑病

1. 为害症状

该病主要为害叶片和豆荚。叶片发病初期，出现黑褐色小点，后逐渐扩

大成近圆形、椭圆形或不规则黑斑，后期可见不太明显的同心轮纹，病斑上生有细微的黑色霉点。发病叶片上散生数个至十数个病斑。湿度大时病斑产生黑色绒状霉层，叶片变黑湿腐，空气干燥时病叶卷缩呈黑色干枯状。豆荚发病初期，表面出现黑色或黄褐色小点，后病部逐渐扩大并向内部扩展，严重时病原可从种荚侵入到种子内部，在种子上形成斑点，后期也可在病部产生小黑点。种子种皮由绿色渐变黄褐色，后期整个豆荚变黑褐色，内部种子腐烂。

2. 发生规律

食用豆黑斑病的病原菌常见的是链格孢菌类，属半知菌亚门真菌。以菌丝或分生孢子，在病部或者随病残体遗落在土壤内越冬。翌年环境条件适宜时，分生孢子通过气流、雨水或灌溉水进行传播，引起初侵染，病部产生大量新生代分生孢子进行多次重复侵染。温暖多湿，密度过大时容易发病。食用豆生长期间多阴雨并伴微风，有利于该病的发生和蔓延。

（五）炭疽病

1. 为害症状

炭疽病是食用豆的一种常见病害，各生长期均能发病。幼苗发病，子叶上出现红褐色近圆形病斑，凹陷成溃疡状。幼茎上生锈色小斑点，后扩大成短条锈斑，常使幼苗折倒枯死。

成株发病，叶片染病初期，呈红褐色小点，后变黑褐色或黑色，圆形或椭圆形，中间暗绿色或浅褐色，边缘深褐色，后期病斑中央密生小黑点，并扩展为圆形或多角形网状斑。叶柄和茎染病后，病斑凹陷龟裂，呈褐锈色细条形斑，病斑连合形成长条状。豆荚染病初期，初生水浸状黄褐色小点，扩大后呈褐色至黑褐色圆形或椭圆形斑，周缘稍隆起，四周常具红褐或紫色晕环，中间凹陷。湿度大时，病部长出粉红色黏质物（别于褐斑病和褐纹病），内含大量分生孢子。种子染病，出现黄褐色大小不等的凹陷斑。

2. 发生规律

食用豆炭疽病的病原菌为刺盘孢菌类，属半知菌亚门真菌。病原菌主要以潜伏在种子内和附着在种子上的菌丝体越冬。播种带菌种子，幼苗染病，在子叶或幼茎上产出分生孢子，借雨水、气流、接触传播。该菌也可以菌丝体在病残体内越冬，翌春产生分生孢子，通过雨水飞溅进行初侵染和再侵染，分生孢子萌发后产生芽管，从伤口或直接侵入，经 4~7 天潜育出现症状，并进行再侵染。温度 17~20℃、相对湿度 95%以上时，最利于发病；温度高于 27℃、相对湿度低于 90%时，则少发生；低于 13℃时，病情停止发展。炭疽病在多雨、多露、多雾、冷凉、多湿地区，或种植过密、土壤黏重、地势低洼、排水不良等地块，植株生长衰弱时，发病重。

（六）白粉病

1. 为害症状

白粉病是食用豆生长后期经常发生的真菌性病害，在生长的各个阶段都可发生。主要为害叶片，也可侵染茎蔓和荚果，多始于叶片。发病初期，叶片为点状褪绿，逐渐在侵染点出现白色菌丝和白色粉状孢子，后出现白色或黄色小斑点，以后逐渐扩大，并在叶背或叶面产生白粉状霉层。发病后期粉层加厚，叶子呈灰白色，在菌丝中可以产生黑粒状闭囊壳，病叶逐渐变黄脱落，影响植株光合与正常代谢，造成产量损失。严重时白粉层可覆盖茎、叶、豆荚。茎蔓和豆荚染病，产生白粉状霉层，可使茎蔓干枯，豆荚早熟或畸形，籽粒小，种子干瘪，呈灰褐色，品质差，产量降低。保护地中发生严重，轻者发病率 10%~30%，重者达 40%以上，甚至 100%。主要为害叶片，也为害叶柄、茎和荚。

2. 发生规律

食用豆白粉病的病原菌为白粉菌类，属子囊菌亚门真菌。病原菌主要以闭囊壳遗落在土表病残体上越冬，翌年春，条件适宜散出子囊孢子进行初侵染，子囊孢子侵染植株下部叶片，形成发病中心。发病后，病部产生分生孢子，靠气流传播进行再侵染，在田间扩展蔓延，造成田间大范围发病。气候湿润、温暖、植株密度高时，病害发生严重。白粉病在温度 22~26℃、相对湿度 88%~90%时，特别是阴蔽、昼暖夜凉、有露的潮湿环境下，发病最盛。施氮肥过多，土壤缺少钙、钾肥，造成植株生长不良，病害发生相对严重。植株生长过密，田间排水不畅，通风透光不良，则病害传播蔓延快。同时品种间抗性也有差异，例如，细荚豌豆较大荚豌豆抗病，保护地种植豌豆，日暖夜凉温差大，湿度高，易结露，适宜白粉病的发生。

（七）锈病

1. 为害症状

食用豆锈病主要为害叶片，严重时也可为害叶柄、茎蔓和豆荚。发病初期，多在叶片正、背面产生淡黄色小斑点，逐渐变褐，隆起呈疙状，后扩大成夏孢子堆，表皮破裂，影响光合作用，散出红褐色粉末即夏孢子。有时在夏孢子堆的四周，产生许多新的夏孢子堆围成一圈，发病重的叶子，布满锈疱状病斑，使全叶遍布锈粉。夏孢子堆一般多发生在叶片背面，正面对应部位形成褪绿斑点。后期形成夏孢子堆转为黑色的冬孢子堆，或者在叶片上长出冬孢子堆，使叶片变形脱落。有时叶脉、豆荚上也产生夏孢子堆或冬孢子堆。不久冬孢子堆中央纵裂，露出黑色的粉状物，即冬孢子。此外，叶正背两面，有时可见稍凸起的栗褐色粒点，即病菌的性子器；叶背面产生黄白色粗绒状物，即锈子器。茎部受害产生的孢子堆较大，呈纺锤形。生长后期，在茎、叶、叶柄、豆荚上长出黑褐色粉状物。发病严重时，茎叶提早枯死，造成减产。

2. 发生规律

食用豆锈病的病原菌为单孢锈菌类，属担子菌亚门真菌。锈菌在我国北方，主要以冬孢子随同病残体遗留在地里越冬，第二年春，当日平均温度在20℃以上，并具有湿润及光照条件，冬孢子即萌发产生担孢子，借气流传播，遇寄主即萌发侵入为害，产生夏孢子，借气流传播，有多次再侵染。在南方温暖地区，夏孢子也能越冬，次年春季，夏孢子随风传播侵染寄主，冬孢子萌发，产生担子和担孢子，由风传播危害。食用豆在生长期间，主要以夏孢子通过气流传播，进行多次再侵染。适宜温度（15~24℃）和高湿（重露多雾）是诱发锈病的主要环境因素。在遭受低温冷害侵袭、土壤湿度过大、植株徒长等条件下易发病，迟播较早播的食用豆类作物发病也重。此外，当温度在20~24℃，相对湿度90%左右，连续遇阴雨天气，地势低洼，排水不良，种植过密，保护地通风不良等，易造成病害流行。

（八）枯萎病

1. 为害症状

食用豆枯萎病属土传病害，整个生育期都可发生，多在成株期开花结果后表现症状。一般零星发生，但为害性很大，常造成植株萎蔫死亡。幼苗发病后先萎蔫，茎软化，叶片褪绿或卷缩，呈青枯状，不脱落，叶柄也不下垂。苗期植株发病后迅速死亡。春季苗期温度低时，一般不表现症状；秋季苗期温度高时，发病重。

成株期多在初花期开始发病，发病初期，中午叶片萎蔫下垂，早晚恢复正常，似失水状，尔后萎蔫不能恢复，结荚盛期植株大量枯死。病株结荚数量减少，根系发育不良，皮层变色腐烂，新根少或没有，容易拔起。初期嫩叶上出现轻微的褪绿，部分老叶萎蔫下垂，叶脉失绿，后来下部叶片黄化落叶，剩余叶片边缘坏死，干枯脱落，病株矮化，靠近地面的茎基部略微肿大，有时开裂，环境潮湿时，病部常分泌出橙红色的霉状物，即病菌分生孢子座。后期，病株茎基部出现暗褐色至黑褐色的坏死斑，并有粉色霉状物，病株维管束变褐色而死亡。根茎处有纵向裂纹，剖开根、茎部或茎部皮层剥离，维管束组织变黄褐色，剖视主茎、分枝或叶柄，可见维管束变褐色至暗褐色（与根腐病相区别）。被为害植株，轻者虽然未枯死，但不能结荚或者结荚没有种子，重者由于疏导系统被破坏，地上部快速失水，叶片呈青灰色干枯，病株很快萎蔫枯死。病株地上部黄化，矮小，叶缘下卷，由基部渐次向上扩展，多在结荚前或结荚期死亡。

高温潮湿的气候有利于发病，造成严重的产量损失。有时仅少数分枝枯萎，其余分枝仍正常，严重时全叶枯焦脱落。有的豆荚腹背合线也呈现黄褐色，严重时植株成片枯死。潮湿时茎基部常产生粉红色霉状物。此病造成减产10%左右。

2. 发生规律

食用豆枯萎病主要是由尖镰孢菌侵染引起的真菌性病害，病原菌属半知菌亚门真菌。以菌丝、厚垣孢子或菌核在病残体、土壤、未腐熟的带菌有机肥或种子上越冬，成为翌年初侵染源。翌年种子发芽时，耕作层病菌数量迅速增多。病菌借助灌溉水、农具、施肥等传播，从根部伤口或根毛顶端细胞间侵入，先在表皮及皮下组织内扩展，然后进入维管束，在维管束组织中产生菌丝，堵塞导管组织，同时分泌出毒素影响导管的渗透性，引起寄主中毒，干扰植物体内水分的正常输导，致细胞死亡或植株萎蔫，后形成厚垣孢

子，在土壤中越冬。病菌在田间主要靠灌溉水、土壤耕作及地下害虫和土壤线虫传播。

枯萎病有种传和土传两种途径。种子内外带有菌丝体或者孢子是病害远距离传播的主要途径。病菌在土壤中呈垂直分布，主要分布在0~25厘米耕作层。病原菌腐生性较强，可在粪土中存活多年，甚至可腐生10年以上。病菌在浸水条件下，可存活一年，因此，病田灌溉水和带菌肥料及农具都可以传播。外界条件变化对其发生有明显的作用，在不适宜的条件下，病害不会发生。夏秋之间，气候温暖潮湿，是发病的高峰季节。病菌生长发育适宜温度为27~30℃，最高温度为40℃，最低为5℃，最适pH值为5.5~7.7。发病适宜温度为20℃以上，以24~28℃为害最重。在适温范围内，相对湿度在70%以上，土壤含水量高时，病害发展迅速，如遇多雨，病害更易流行。特别是结荚期，如遇雨后骤晴或时晴时雨天气，连作地块、低洼潮湿地块，或大水漫灌、田间受涝，土质黏重，土壤偏酸，肥料不足，又缺磷钾肥，根系发育不良和施未腐熟的肥料时，往往发病严重。另外，多年重茬，土壤积累病菌多，易发病；氮肥施用过多，生长过嫩，播种过密，株行间郁闭，易发病；有机肥带菌或用易感病种子，易发病。

（九）立枯病

1. 为害症状

食用豆立枯病又称茎基腐病，是食用豆的一种重要病害，全国各地均有分布。主要侵染食用豆茎基部或地下部，也侵害种子。如果种子带病菌，会造成苗前烂种、芽枯或幼苗不出土。豌豆立枯病主要侵害幼苗或成株期叶片，受害幼苗子叶上产生椭圆形红褐色病斑，病斑逐渐凹陷；茎基部产生椭圆形或长条形红褐色或黑色病斑，发病较轻时，植株变黄，生长迟缓。发生严重时，病斑继续扩展到整个幼茎基部，幼茎逐渐萎缩、凹陷，当扩展到绕茎一周后，干燥时病部收缩或龟裂，导致幼苗生长缓慢，最后枯死。有的病斑向上扩展达十几厘米，有时折倒，对产量会有明显影响。开花期前后，多雨或湿度大时，病斑背面生有灰色霉层，病叶转黄变褐而干枯。叶片被再次侵染的，出现褪绿小斑点，后逐渐变为褐色斑点，背面也生有霉层，后产生不规则形褐色菌核。地下部感病，主茎萎蔫，以后下部叶片变黑，最后整株枯死。

2. 发生规律

食用豆立枯病是由半知菌亚门立枯丝核菌侵染引起的病害。该菌是一种不产生分生孢子，以菌丝或菌核形态存在于自然界的土壤习居菌，能在土壤中存活2~3年。病原菌以菌核在土壤中越冬，也能以菌丝体和菌核在病残体上或在种子上越冬，并可在土壤中长期营腐生生活，成为第二年的初侵染源，遇到适当的寄主时，病菌以菌丝体直接侵入，在病部产生菌丝体和菌核。种子上附着的菌丝体是最主要的初侵染来源，病残体上的菌丝体侵染的机会较少，病苗则是再侵染源。在适宜的环境条件下，从根部细胞或伤口侵入，进行侵染为害。出苗后4~8天的幼苗，最易被丝核菌侵染。病原在6~36℃的条件下均可生长，病菌生长的适宜温度为17~28℃，最适宜发育温度20~24℃。高于30℃或低于12℃时，病菌生长受到抑制，植株不发病。

病菌通过雨水、流水、带菌的堆肥及农具等传播。土壤湿度偏高，土质黏重以及排水不良的低洼地，以及重茬发病重。遇到足够的水分和较高的湿度时，菌核萌发出菌丝通过雨水、灌溉水、土壤中水的流动传播蔓延。光照不足，光合作用差，植株抗病能力弱，也易发病。7—8月，因多雨、高湿，发病重。东北、华北地区发病，较南方长江流域严重。

苗期播种过早、过密，间苗不及时，温度低，或湿度过大，都容易发生此病，且以露地发生较重。刚出土的幼苗及大苗均能受害，一般多在育苗中后期发生。苗床育苗床温较高或育苗后期易发生。

（十）轮纹病

1. 为害症状

食用豆轮纹病主要为害叶片，也可为害茎、荚和籽粒。出苗后即可染病，后期发病多。叶部症状初为形成黄绿色或褐色斑点，略凹陷；病斑逐渐扩大，形成近圆形至不规则形褐色病斑，斑面上具有明显的同心轮纹，后期病斑上轮生或散生许多黑色或褐色小点，即病菌的分生孢子器，成为再侵染源，潮湿时生有灰色霉状物。随着病情发展，一些病斑逐渐相连而成为大型不规则的黑色斑块；干燥时，发病部位破裂、穿孔或枯死，发病严重的叶片早期脱落，影响结实。

茎部发病，多发生在分枝处，产生浓褐色长梭形或不正形条斑，后绕茎扩展，致使发病部位以上的茎枯死，病部密生很多小黑点。荚上病斑紫褐色，凹陷，具有轮纹。轻病荚可结粒，但籽粒瘦小；重病荚常为畸形，不能结实，或虽能形成籽粒，但籽粒一半或大部分变褐色皱缩干瘪，无光泽，粒重极轻，无发芽力。病斑数量多时，荚呈灰褐色或赤褐色。

2. 发生规律

食用豆轮纹病的病原菌多为壳二孢菌（绿豆、菜豆、小豆等）、多主棒孢菌（豇豆）和尾孢菌（蚕豆等），均属于半知菌亚门真菌。病原菌以菌丝体或分生孢子随病残体在土壤中、附着在种子上或利用其他寄主植物越冬、越夏，条件适宜时，病残体中分生孢子器产生的分生孢子借风、雨或农事操作在田间传播，进行初侵染和再侵染。远距离的传播以种子传播为主，该病原菌的休眠菌丝可以在种子表皮或种皮内潜伏。在生长季节，如天气潮湿多雨、田间湿度大，或种植过密、通风差及连作低洼地块，有利于病害发生。此外，偏施氮肥、植株长势过旺或肥料不足种植、植株长势衰弱，均导致抗病力下降，发病严重。南方周年都有食用豆种植区，病菌的分生孢子辗转传播为害，无明显越冬或越夏期。天气高温多湿，栽植过密，发病重。

（十一）茎腐病

1. 为害症状

食用豆疫霉菌茎腐病是我国一种检疫性病害。主要为害茎（蔓），也可为害豆荚。最初被感染的茎在感染点显示红褐色病斑，病斑逐渐扩大为红色条纹病斑，茎秆部位有红色条纹病斑向上下扩展，随着病斑发展，最后植株死亡，之后病害快速向上向下扩张。随着病害的发展，造成茎秆萎缩，茎秆变得弯曲脆弱、干枯和变黄，严重时环剥全茎，直至植株萎蔫死亡。发生严重时，豆荚产生水浸病斑，并不断扩展，影响结实。

2. 发病规律

食用豆疫霉茎腐病的病原菌主要为豇豆疫霉菌，属鞭毛菌亚门真菌，是一种检疫性土传病害。该病在我国少数地区已证实其存在并造成严重为害，特别是在气候温暖、土壤湿度高的食用豆种植区，田间损失可高达60%。茎腐病主要为害小豆、豇豆，也能为害绿豆、菜豆、扁豆等食用豆种类。病原菌以卵孢子随病残体在土壤中越冬。春季条件适宜时，卵孢子萌发产生芽管，芽管顶端膨大形成孢子囊，孢子囊萌发产生游动孢子，借助风、雨传播到食用豆上侵染为害。病部上产生孢子囊进行再侵染为害。侵染后，如若环境湿度低，则病害发展较慢。土壤和田间湿度是影响病害严重度的重要因子。该病菌生长发育适宜气温为24~28℃，最高35℃、最低13℃；连续阴雨天或雨后转晴、湿度高，该病易发生流行。地势低洼或土壤湿度大、种植密度大、通风透光性不良，连作重茬会加重发病。在我国华东地区和华南地区，豇豆疫霉菌是导致长豇豆和扁豆“死藤”的重要病原菌。

（十二）灰霉病

1. 为害症状

食用豆灰霉病在苗期和成株期均可发生，主要为害茎（蔓）、叶、花和豆荚。苗期子叶受害，呈水渍状变软下垂，最后叶缘出现清晰的白灰霉层，条件适宜时，病菌也可侵染病株近地表的嫩茎，引起植株猝倒。成株感病源于嫩荚顶部和叶片上的残花组织，病菌侵染并腐生在残花上，继而侵染嫩荚和叶片，在嫩荚上产生水渍状、深绿色病斑。豆荚受害由先端发病，病斑沿荚扩展，病斑初淡褐至褐色后软腐，严重时豆荚上密生灰色霉层。发病的花落到叶片上引起叶片发病，在叶端或叶面产生水渍状斑，发病后期，病叶部长出灰黑色毛霉层。茎部感病先从基部向上开始出现云纹斑，周边深褐色，中部淡棕色至淡黄色，干燥时病斑表皮破裂形成纤维状，潮湿时病斑上生灰色毛霉层。有时病菌从茎分枝处侵入，使分枝处形成小渍斑、凹陷、继而萎蔫。

2. 发生规律

食用豆灰霉病的病原菌主要为灰葡萄孢菌，属半知菌亚门真菌。该病为低温高湿型病害。病菌以菌丝、菌核、分生孢子越夏或越冬，是初侵染的来源。越冬病菌以菌丝在病残体上营腐生生活，不断产出分生孢子进行再侵染。条件适宜时，产生分生孢子侵染残花，并继续对荚和叶片进行侵染。食用豆开花期，如果降雨频繁，田间有积水，气温偏低，则极易发生此病。在温度较高的情况下，不适宜病菌生活时，可形成抗性强的菌核，遇到合适条件时菌核长出菌丝直接侵染。病菌在田间随病残体借雨水、流水、气流等传

播蔓延。腐烂的病荚、病叶、病卷须、败落的病花，落在健部即可发病。在有病菌存活的条件下，只要具备高湿和20℃左右的温度条件，病害就容易流行。

菌丝生长温度4~32℃，最适温度13~21℃，高于21℃其生长量随温度升高而减少，28℃时锐减。该菌产孢温度范围1~28℃，同时需较高湿度；病菌孢子5~30℃均可萌发，最适13~29℃；孢子发芽要求一定湿度，尤其在水中萌发最好，相对湿度低于95%孢子不萌发。病菌耐低温度，7~20℃大量产生分生孢子，苗期大棚内温度15~23℃，弱光，相对湿度在90%以上或幼苗表面有水膜时易发病。开花期最易感病，借气流、灌溉及农事操作从伤口、衰老器官侵入。如遇连续阴雨或寒流大风天气，放风不及时、密度过大、幼苗徒长，分苗移栽时伤根、伤叶，都会加重病情。

（十三）霜霉病

1. 为害症状

食用豆霜霉病主要为害叶片、嫩梢和豆荚。苗期发病，当幼苗第1对真叶展开后，沿叶脉两侧出现褪绿斑块，有时整个叶片变淡黄色，天气潮湿时，叶背面密生灰白色霜霉层，发病植株生长停滞，结荚少或根本不结荚，严重时叶片凋萎早落，最终干枯而死。

成株期发病，初期叶面出现浅黄色褪绿病斑，轮廓不明显，叶片表面初呈不规则或圆形灰色病斑，后为叶脉所限而呈多角形病斑，逐渐变为黄褐色，周围呈深褐色，叶片变色部分不断扩大至整个叶面，叶背病斑生灰白色霜状物，孢子层相对较多。天气潮湿时，叶片背面的淡紫色霉层可布满整个叶片，引起叶片枯黄，直至死亡。豆荚受害表面无明显症状，但剥开豆荚，病粒表面黏附有大量灰白色的菌丝层，内含大量的病菌卵孢子。

2. 发生规律

食用豆霜霉病的病原菌主要是东北霜霉菌和豌豆霜霉菌，属鞭毛菌亚门真菌。病菌以卵孢子在病残体上或种子上越冬。翌年条件适宜时，产生游动孢子，从子叶下的胚茎侵入，菌丝随生长点向上蔓延，进入芽或真叶，形成系统侵染，后产生大量孢子囊及孢子，借风雨、气流传播蔓延。孢子囊产生芽管后从气孔侵入寄主，在细胞间隙蔓延，再形成子囊及孢子梗，如此进行多次再侵染。结荚后，病株内的菌丝通过茎和果柄的髓部侵入荚内，引起籽粒发病，并在籽粒上形成菌丝和卵孢子。气温在20~24℃和高湿天气最利病害发展，一般雨季，低温、多雨或阴天发病多且重。

（十四）菌核病

1. 为害症状

食用豆菌核病从苗期到成株期均可发生，多发生在开花结荚期。苗期发病，子叶和茎基部出现水渍状褐色斑，其上密生白色菌丝，不久病部缢缩枯死。因生长受阻而被当作废苗被拔掉；发病迟的，多在开花结荚期枯死。

植株开花后病菌先在衰老的花上取得营养，在将要凋谢的花瓣上产生水渍状斑及白色菌丝，然后向嫩荚上发展，病花落在叶片或茎上引起发病。豆荚受害，病斑初呈水渍状，逐渐变为灰白色，后呈浅褐色腐烂，豆荚病部生出棉絮状菌丝，后在病组织上生黑色菌核。

茎基部发病，受害部位出现褐色水渍状斑点，扩大后变为不规则或长梭形浅褐色至灰白色大斑，皮层腐烂，开裂易脱落。撕开或抹掉表皮，可看到茎部纤维间的薄皮组织溶烂干缩，仅剩松散的纤维束。天气潮湿或地面湿度大时，病部长出白色棉絮状菌丝，同时也有数个灰白色菌丝团，这些菌丝团最后变为菌核。茎基部受害还会造成植株顶芽停止发育，上部叶片发黄并略皱缩，边缘向上翻卷，发出的侧枝顶芽亦黄化萎缩，随着病害加重，叶片自下而上黄化和脱落，还未黄化的叶片，也失去光泽，老化而粗糙，不久黄化而枯死。茎基部腐烂不久，整株枯萎死亡，剖开病茎可见黑色鼠粪状菌核。

2. 发生规律

食用豆菌核病的病原菌为核盘菌，属子囊菌亚门真菌。病原菌以菌核在土壤中、植株病残体上、混在堆肥及种子上越冬。翌年在适宜条件下，越冬菌核萌发产生子囊盘，并释放子囊孢子，子囊孢子为初次侵染源，借助接触和气流传播蔓延进行初侵染。孢子放射时间长达月余，侵染周围的植株。此外，菌核有时直接产生菌丝。病株上的菌丝具有较强的侵染力，进行再侵染，再侵染则通过病健部接触菌丝传播蔓延，条件适宜时，特别是大田和田间湿度高，菌丝迅速增殖，2~3天后健株即发病。菌丝迅速发展，致使病部腐烂。当营养消耗到一定程度时，产生菌核，菌核不经休眠即可萌发。菌核

萌发在较冷凉、潮湿条件下发生，适宜温度5~20℃，最适温度为15℃，萌发后形成的子囊需要连续10天的水分供应，才能正常生长。菌核在土壤中可存活八到十年，但在潮湿土壤中存活时间短。初次侵染引起发病后，病害扩大再侵染可能通过两种方式进行，一种方式是由病株接触而相互感染，另一种方式是病叶或其他染病部分落于茎的分枝处而引起发病。

（十五）芽枯病

1. 为害症状

芽枯病又称湿腐病、烂头病，是豌豆的一种常见病害。主要为害植株顶端2~5厘米的幼嫩部位，发病初期呈水渍状，在高湿或叶面结露的条件下，迅速扩展，呈湿腐状腐败，茎部折曲；在干燥条件下或阳光充足时，腐烂部位干枯倒挂在茎顶，夜间随温度下降及湿度升高，病部又呈湿腐状。豆荚发病，荚的下端蒂部先表现症状，开始时为灰褐色湿腐状，后期病荚四周长有直立的灰白色茸毛状霉层，中间夹有黑色大头针状孢囊梗和孢子囊，豆荚逐渐枯黄，发病部位由蒂部向荚柄扩展。

2. 发生规律

食用豆芽枯病的病原菌主要为瓜笄霉，属接合菌亚门真菌。该病菌主要为害豌豆和豇豆。病菌主要以菌丝体随病残体或产生接合孢子，留在土壤中越冬。翌春侵染豌豆的花和幼果。发病后病部长出大量孢子，借风雨或昆虫传播。该菌腐生性强，只能从伤口侵入生活力衰弱的花和果实。遇到低温、高湿条件，如保护地浇水后，通风不及时，日照不足，连续阴雨，在结荚期，植株茂密，株间郁闭，阴雨连绵，田间有积水等，芽枯病易发生和流行。

（十六）煤霉病

1. 为害症状

食用豆煤霉病又叫叶霉病、煤斑病，主要为害叶片，严重时也侵染茎蔓、叶柄和豆荚。发病初期，仅在叶的两面出现赤色或紫褐色斑点，扩大后呈近圆形至多角形淡褐色或褐色病斑，直径0.5~2.0厘米，边缘不明显，湿度大时，病斑表面生暗灰色或者灰黑色煤烟状霉层，且叶片背面较多。发生严重时，病叶干枯，早落，结荚数减少。

2. 发生规律

食用豆菌核病的病原菌为豆类霉污尾孢菌和菜豆尾孢菌，均属半知菌亚门真菌。病菌以菌丝块随病残体在田间越冬。第二年春季，当环境条件适宜时，即可产生分生孢子，随气流或风雨传播，进行初侵染，引起发病，病部产生分生孢子在田间引起多次再侵染。当温度在25～30℃，相对湿度85%以上，或遇高湿多雨，或保护地高温、高湿且通气不良时，是发病的重要条件。

（十七）疫霉病

1. 为害症状

疫霉病是食用豆的一种典型土传病害，是食用豆上的毁灭性病害，所造成的损失极为严重，各生育期均可发病。主要为害茎蔓、叶片或豆荚。在种子萌发前可引起烂种，种子萌发后生根时感病，造成烂苗和出土后的幼苗猝死、缺苗、断垄。成株期茎蔓发病，多在节附近，尤其以近地面处居多。发病初期，病部呈水浸状暗褐色斑，无明显边缘，病斑扩展绕茎一周后，病部缢缩，表皮变褐色。病茎以上茎叶萎蔫枯死，湿度大时，皮层腐烂，病部表面着生白霉。叶片染病，初生暗绿色水圆形浸状斑，周缘不明显，扩大后呈近圆形或不规则的淡褐色斑，天气潮湿时病斑迅速扩大，可蔓延至整个叶片，表面着生稀疏白霉，即孢子囊梗和孢子囊，引起腐烂。天气干燥时，病斑变淡褐色，叶片干枯。豆荚上发病后产生暗绿色水渍状病斑，边缘不明显，后期病部软化，表面产生白霉，多数腐烂。

2. 发生规律

食用豆疫霉病的病原菌主要为多种疫霉菌，属鞭毛菌亚门真菌。食用豆疫霉病菌以卵孢子、厚垣孢子在病残体或种子上越冬，卵孢子抗逆性很强，可以在土壤中和土壤中的寄生残体内长期生存。当春季温度和湿度适宜时，卵孢子即打破休眠萌发产生芽管，芽管顶端膨大形成孢子囊，孢子囊在田间释放出大量游动孢子，游动孢子随流水在田间作较远距离的传播，成为初次侵染源。游动孢子受植株根系分泌物的吸引，朝根系游动并在根组织上休止、萌发，产生压力胞穿透寄主表皮，在寄主细胞间通过吸器寄生生长，同时在受侵染根系的表面形成大量孢囊，并将游动孢子释放到土壤中，随流水传播，进行再侵染，生育后期形成卵孢子越冬。疫霉病菌生长适宜温度为25~28℃，最高温度为35℃，最低温度13℃。连续阴雨或雨后转晴，湿度高，易发病。地势低洼、土壤潮湿、密度大、通风透光不良条件下，发病重。

二、细菌病害

（一）细菌性疫病

1. 为害症状

细菌性疫病又称细菌性叶烧病，从幼苗期到成株期均可发病，主要发生在夏秋的雨季。主要为害叶、茎蔓、豆荚和种子。带病种子出苗后，病苗子叶呈红褐色溃疡状，随后扩展到第一片真叶叶柄基部或着生小叶的节上产生水渍状斑，后呈红褐色溃疡状，病斑绕茎一周，造成幼苗枯死。成株期叶片发病多始于叶尖或叶缘，病叶上出现褐色圆形至不规则形水渍状斑点，病斑周围有黄色晕圈，扩展后呈褐色或黑色不规则斑，变薄后呈半透明状，发病重时几个病斑连合，造成全叶变黑枯凋，嫩叶受害扭歪畸形。茎蔓发病初期症状与叶片相似，后呈红褐色溃疡状，近圆形病斑，稍凹陷，发展绕茎一周，使上部茎叶枯萎致死。豆荚受害，初呈暗绿色水渍状小斑点，扩展为褐色圆形或不规则形斑，稍凹陷，严重受害豆荚皱缩。种子受害种皮皱缩或者产生黑褐色凹斑，种脐部溢有黄色菌脓。细菌性疫病的典型症状是，病斑周围有黄色晕圈，病斑大，湿度大时，病部常溢出淡黄色菌脓。

2. 发生规律

食用豆细菌性疫病的病原菌主要是地毯草黄单胞菌，属薄壁菌门黄单胞杆菌属。种子带菌是病害传播和发生的主要原因。病菌主要在种子内部或黏附于种子外部越冬，也可随病残体在土壤中越冬。在种子内的病菌能存活2~3年，土壤中的病菌随病残体分解腐烂而死亡。因此，带菌种子是病害的主要初侵染来源。带菌种子萌芽出土后，病菌为害子叶及生长点，产生菌脓，经雨水、灌溉、农事操作、昆虫迁移等方式传播，进行重复侵染。从植株的水孔、气孔或伤口侵入，经潜育期2~5天，即引起茎叶发病。子叶发病后，有时并不产生菌脓，病菌在寄主体内的输导组织中扩展，以后迅速蔓延到植株各部，轻者植株矮缩，重者全株枯死。

食用豆细菌性疫病流行程度与环境密切相关。气温24~32℃、叶片上有水滴，是细菌性疫病发生的重要温湿条件。一般高温多湿、雾大露重或暴风雨后转晴的天气，最易诱发该病。夏秋天气闷热，连续阴雨、雨后骤晴等病情发展迅速。此外，栽培管理不当，肥力不足、偏施氮肥、大水漫灌、杂草丛生、虫害严重，造成长势差或徒长，皆易加重该病的发生。

（二）细菌性叶斑病

1. 为害症状

细菌性叶斑病，又称假单胞蔓枯病或细菌性褐斑病，整个生长期都可发生。一般在成株期发病，主要为害茎荚和叶片。最初在叶片上形成水渍状斑点，逐渐扩大为褐色或黑色多角形或不规则斑，半透明，水渍状，叶斑边缘明显，边缘有黄绿色晕圈，叶背面的叶脉颜色变暗，湿度大时叶背常溢出白色或奶油色菌脓。数个病斑相互融合成枯死大斑块，常破裂穿孔。有时沿叶脉产生无数小斑，天气干燥抑制其发展。干燥条件下，叶片变成发亮薄膜，病斑干枯，变成纸质状。病组织易枯死脱落，病叶呈破碎状。茎部和叶柄染病，病斑褐色，条状。荚部病斑近圆形，稍凹陷，暗绿色，后期变成黄褐色。荚受病产生红褐色小点，后成为不规则形小斑，多集中于豆荚合缝处。病菌在种子上形成褐色斑点，上有一层菌脓。此外，植株茎蔓顶尖新生叶片皱缩，叶缘向叶背面卷曲、不展，下部叶片病斑较少，皱缩、卷曲较轻。植株生长缓慢，结荚大大减少，外观似蚜虫或红蜘蛛为害状。

2. 发生规律

食用豆细菌性叶斑病的病原菌主要是丁香假单胞菌，属薄壁菌门假单胞杆菌属。病原细菌主要在种子和土壤表层的病残体中越冬。在未腐烂的病叶中，可以存活一年以上，病组织腐烂后病菌很快死亡。带病种子成为翌年主要初侵染源，带菌种子播种出苗后即发病。幼苗子叶上发病，病部的细菌借风雨传播蔓延，从寄主气孔侵入，在薄壁细胞内大量繁殖，扩大为害。病菌发育适温是25~27℃。细菌在风雨天由雨水飞溅传播。暴风雨对病害蔓延十分有利。秋季多雨低温、连作地、植株徒长、雨后排水不及时、施肥过多，易发病。反季节栽培时，生产上遇有低温障碍，尤其是受冻害后突然发病，

迅速扩展。

（三）蚕豆茎枯病

1. 为害症状

又称蚕豆细菌性茎疫病。主要为害蚕豆茎尖，有时也感染叶、叶柄和豆荚。初在蚕豆茎顶端产生灰黑色水渍状小斑，稍凹陷，高温高湿条件下病斑迅速扩展向茎下方蔓延，沿茎秆或叶脉扩张，变为黑色条斑或斑块，长达15~20厘米或达茎的2/3，病茎变黑，软化呈黏性或收缩成线状，后期叶片逐渐萎蔫，腐烂死亡；气候干燥或天旱，病情扩展缓慢，一直表现为不规则形至长圆形病斑。该病最终病茎、病叶变黑软腐，仅留下黑化的茎端，收缩成"黑腌菜"状。发病株茎细叶瘦、结荚少，籽粒不饱满，严重者不结荚。根茎基部内腐，根瘤色淡，着生稀而小。病害的发生有发病中心，并以同心圆方式向外扩展。大面积发病好像火烧过似的一片焦黑。

2. 发生规律

蚕豆茎枯病的病原菌主要是蚕豆茎疫病假单胞菌，薄壁菌门假单胞杆菌属。该病菌除蚕豆外，也可为害菜豆、豌豆等食用豆类，主要在南方发生。病菌在土壤中可存活5~7个月，属土壤习居菌，主要通过种子传播，从气孔或伤口侵入，经几天潜育即见发病。当有寄主存在时，从根系伤口侵入，在维管束中定殖为害，产生黏多糖和乙烯等毒素物质，破坏导管细胞，使之不能输送水分，植株表现失水萎蔫状。另外，导管中受细菌刺激而产生胼胝质和侵填体，可堵塞导管，影响水分和无机盐向上输导，也引起萎蔫状。病原菌生长适温35℃，最高37~38℃，最低4℃，长江流域雨日多，低温多湿，植株受冻，利于发病。地势低洼、排水不良、种植粗放、土壤肥力差的田块，发病重。该病的最大特点是茎基部和根部完好，病株不易拔起。这是区别于镰刀菌属真菌引起的根、茎基腐的重要特征。

三、病毒病害

（一）病毒病

1. 为害症状

食用豆病毒病又称花叶病、皱缩病。该病发生非常普遍，从苗期至成株期均可发生，以苗期发病较多。根据病原的不同，病毒病有卷叶萎缩型、花叶斑驳型、明脉皱缩型三种类型，近年来以花叶斑驳型最为突出。在田间表现为叶片背卷、花叶斑驳、皱缩花叶、皱缩小叶丛生花叶、黄花叶、鲜黄斑、黄脉等症状，并常常发生植株矮缩、畸形。叶片、果实、豆荚和种子等均可受病毒病为害。叶片受害后，在新叶上表现黄绿相间的花斑或不规则花叶，老叶上通常不表现症状；发病轻时，在幼苗期出现花叶和斑驳症状的植株，叶片正常；发病重时，苗期出现皱缩小叶丛生的花叶植株，叶片畸形、皱缩。植株受害后，整株植物矮缩，叶片褪绿，畸形，发育不正常，形成疤斑、节间缩短，有的病株生长点枯死，或从嫩梢开始坏死；花荚减少，甚至颗粒无收。豆荚受害后，有黑色或褐色局部斑，畸形，豆荚变短或不结荚；感染疾病的。病株所结种子较小，变色，种皮常常发生破裂或有坏死的条纹，植株晚熟。

有时一些品种被侵染后，不表现症状。一般情况下，中熟品种较早熟品种发病程度重。如果是种子带毒引起的幼苗发病，症状则比较严重，严重时会造成食用豆植株死亡，影响产量。苗期发病轻者发病率 10%～20%；重者其发病率在 30%以上，减产一半以上，甚至绝收。

2. 发生规律

食用豆病毒病的致病类型很多。为害最广泛主要是黄瓜花叶病毒（CMV）、蚕豆萎蔫病毒（BBWV）、苜蓿花叶病毒（ AlMV）三种病毒。其他致病类型还有：番茄不孕病毒（TAV）、菜豆普通花叶病毒（BCMV）、菜豆黄花叶病毒（BYMV）、豇豆蚜传花叶病毒（CAMV）、豇豆花叶病毒（CPMV）。

为害绿豆的病毒主要是黄瓜花叶病毒（CMV）。

为害豇豆的病毒主要由豇豆蚜传花叶病毒（CAMV）、黄瓜花叶病毒（CMV）和蚕豆萎蔫病毒（BBWV）引起，可单独侵染为害，也可两种或两种以上复合侵染。

为害菜豆的病毒主要菜豆普通花叶病毒（BCMV）、菜豆黄花叶病毒（BYMV）和黄瓜花叶病毒（CMV）。

引起我国小豆病毒病的病毒有豇豆花叶病毒（CPMV）、豇豆蚜传花叶病

毒（CAMV）、蚕豆萎蔫病毒（BBWV）、苜蓿花叶病毒（AlMV）和黄瓜花叶病毒（CMV）。

病毒可在田间或在保护地的植物活体、传毒昆虫、土壤线虫上越冬，种子也可带毒，成为第二年主要初侵染来源。翌年播种了带毒的种子，发芽时病毒即侵染，田间出现幼苗病株，形成生长季中的第一次侵染。病毒在田间传播蔓延，主要靠蚜虫、叶蝉、飞虱，土壤中的线虫和真菌等介体传毒，也可通过农事操作接触摩擦传播，形成系统性再侵染，致使田间病株越来越多。

发病与温度、湿度有关，一般温度高，气候干旱，湿度低，有利于发病和流行。生长季节蚜虫等刺吸式害虫发生重时，使病害迅速扩展蔓延，一切有利于传毒昆虫发生和迁飞的环境条件，均有利于食用豆病毒病的发生和流行。此外，肥料不足，植株生长衰弱，不及时浇水，土壤干燥等，病毒病也会加重。不同品种发病程度也不同，一般蔓生品种较矮生品种，发生较严重。

（二）矮化病

1. 为害症状

由豌豆卷叶病毒引起，在我国多有发生。受害植株表现为叶片黄色、橙色或褐色，而且有植株矮化、节间缩短等特征。将茎部剖开，可见韧皮部变成褐色。主要发生在鹰嘴豆上。

2. 发生规律

主要是种子带毒传播，或通过蚜虫传播。

四、线虫病害

（一）根结线虫病

1. 为害症状

食用豆根结线虫主要危害植株的根部，侧根、支根易受害。被害根部肿胀，呈结节状，病根形成肥肿畸形大小不等的根结，失去吸收、输导功能，主根变粗，须根减少，而且易被折断；拔起病株可看到根系不发达，根瘤稀少；根结初为白色，表面光滑，后期变褐，粗糙，若将根部的根结剖开，能见到乳白色、细小洋梨状的线虫。

被害植株的地上部生长衰弱、矮小，叶色变淡，叶片变小，花少易落，很少结荚。天气干旱或土壤中缺水的中午前后植株常萎蔫。严重时植株枯死，田间成片黄黄绿绿，参差不齐，可造成绝产。发病轻时，地上部植株可无明显症状。

2. 发生规律

食用豆根结线虫病原主要是南方根结线虫、爪哇根结线虫、花生根结线虫、北方根结线虫等种类，均属植物寄生线虫。根结线虫雌雄异形，低龄幼虫线形，以后雌虫逐渐膨大，雌成虫呈梨形，有细颈，表皮薄。将雌虫尾部切片观察，表面花纹有明显的弓弯。寄主范围豆类根结线虫可侵染小豆、绿豆、豇豆、芸豆、黄瓜、芹菜、辣椒、番茄等作物，也可侵染唐昌蒲、毛海棠、苋菜、大蓟、小蓟、苍耳等植物，不侵染小麦、玉米等。

该线虫是以卵在病残体和以幼虫在根际土壤中越冬。越冬卵孵出的幼虫称为 2 龄侵染幼虫，成为初侵染源。直接从幼嫩根尖或伤口侵入根部，幼虫蜕皮形成豆荚形 3 龄幼虫及葫芦形 4 龄幼虫，经最后一次蜕皮性成熟成为雌成虫，成为定居型寄生线虫，阴门露出根结产卵，形成卵囊团。根结线虫以吻针刺伤根部，注入分泌液，刺激寄主细胞增殖和增大，形成根结。病原线虫在根结内大量繁殖，通过寄主和人、畜的田间活动，随农机具作业、病田土、未腐熟的病残积肥、流水、风吹，以及其他农事活动进行传播。根结线虫在土壤内垂直分布可达 80 厘米深，但 80%的线虫在 40 厘米土层内。连作豆田发病重。偏酸或中性土壤适于线虫生育。沙质土壤、瘠薄地块利于线虫病发生。

（二）胞囊线虫病

1. 为害症状

胞囊线虫病是食用豆上的一种最重要病害，主要对植株的根部造成危害，植株的全生育期均可发病，一般可以造成减产 10%～20%，严重时可达 50%，甚至整块绝收。苗期 2～3 片真叶时开始显症，初叶脉仍保持绿色，仅叶肉褪色，后叶片逐渐变黄，成株期病情继续扩展，植株生长受抑，明显矮化，叶片大部分变黄枯死，根部侧根少，根系细弱，产生大量的须根，根瘤也减少，须根上着生大量雌虫，侧根上附有黄褐色小颗粒状虫瘿。由于线虫破坏了须根表皮细胞并形成了线虫胞囊，根吸收作用遭到破坏，致地上部缺

水、缺肥、生长不良，结实少或不结实。发病后期雌虫变成褐色的胞囊并脱落至土壤中。

2. 发生规律

食用豆胞囊线虫病原主要是大豆胞囊线虫，属植物寄生线虫。胞囊线虫以卵在胞囊里于土壤中越冬，胞囊对不良环境的抵抗力很强。翌年春 2 龄幼虫从寄主幼根的根毛侵入，在植株幼根皮层内发育为成虫，雌虫体随内部卵的形成而逐渐肥大成柠檬状，突破表层而露出寄主体外，仅用口器吸附于寄主根上，这就是我们所看到的植株根上白色小颗粒。由于胞囊线虫的胞囊（雌成虫）可在土壤内长期存活，也加大了防治的难度。由于目前我国的抗胞囊线虫病的品种较少，而且轮作的实施很困难，因此开展综合治理极为重要。

第三节 主要防治方法

食用豆病虫害的防治要坚持“预防为主、综合防治”的原则，以农业防治、物理防治、生物防治为主，化学防治为辅。优先采用农业预防措施和物理、生物等方法防治，再科学地使用化学农药防治。

一、农业防治

目前，常用的农业预防措施主要有以下几点。

（1）选用抗病品种和优良健康无病的种子。严格精选种子，选择粒大、饱满、色泽好、无病虫害、无损伤并具有本品种特征的种子，纯度在 98%以上、发芽率在 97%以上、含水量在 14%以下的二级以上良种，可以提高植株的抗性，有效地控制病害的流行。

（2）进行种子包衣或药剂拌种。最好选择包衣种子，以防止种传、土传病虫的为害，减少打药次数，省工省时安全，降低成本，提高经济效益。如果不是包衣种子，播种前要进行种子处理，包括选种、晒种、拌种。首先要精细选种，清除秕粒、小粒、病粒、杂质，选留干净、饱满、粒大的种子，以提高品种纯度和商品质量；其次要进行晒种，一般在播前，选择晴天中午，将种子摊在晒场上，注意摊晒均匀，翻晒1~2天，温度不宜过高，应掌握在25~40℃，要勤翻动，使之受热均匀，以增强种子活力，提高发芽势；最后要进行药剂拌种，可选用种子量0.3%的百菌清可湿性粉剂、种子量0.1%的50%辛硫磷乳油、种子量0.2%~0.5%的25%多菌灵、种子量0.4%的50%福美双或50%多福合剂混合拌种，药剂拌种后，必须当天用完，不能隔夜。药剂拌种，既可增产，又可防病治虫。

（3）实行轮作换茬，避免连作。建立合理种植制度，合理茬口布局；采用食用豆与禾本科作物3~5年以上的轮作，做到不重茬、不迎茬，深翻土地；茬口不宜选豆科作物作前茬，最好是选择三年内没有种植食用豆的地块。对土传病害（根腐病）和以病残体越冬为主的病害（灰斑病、褐纹病、轮纹病、细菌斑点病等），通过三年轮作可以减轻危害。

（4）加强田间栽培管理。一是要加强中耕除草，增施磷肥和钾肥；二要清洁田园，食用豆收割后，及时清除田间病叶以及其他病残体，不要将病叶直接埋入土壤中，保持田园卫生，降低病虫源基数；三要剪除下部老叶、病叶，并及时清除田间落叶，特别是要及时清除田间病株，掩埋或烧掉。

（5）对种植土壤及时进行土壤肥力恢复、土壤杀菌等准备工作。尽量减少土壤中的菌源与虫卵。

（6）土壤冬季深翻，晒垡。结合整地，要防治地下害虫。可用3%辛硫磷颗粒剂15.0~22.5千克/公顷，撒于地面，杀死土壤内和土表的多种害虫。

二、物理防治

植物保护原则是“预防为主、防治结合”。我们需要坚持预防为主，做好食用豆病虫害防治工作，坚持物理防治，运用生物防治方法。可是生物防治的高成本无法被农户所接受，所以先从物理防治着手。根据病虫对某些物理因素的反应规律，利用物理因子防治病虫害。

（1）设置防虫网。防止害虫入侵，可控制蚜虫传播疾病。由于阻断了病毒病传染源——蚜虫，对病毒病有明显的预防效果。

（2）高温灭菌。如用55~60℃温水浸种，可杀死种子内外潜伏病菌；用电热器进行土壤消毒，可减少土传病害。

三、生物防治

广义的生物防治是指利用一切生物手段防治病害。狭义的指利用微生物的拮抗作用，杀死或抑制病原物的生长发育来防治作物病害。应用微生物防治病害，其机制主要包括竞争作用、抗生物质的作用、寄生作用、捕食作用及交互保护反应等。

（1）土壤处理。在土壤消毒以后，再使用生防微生物制剂可以明显提高防效。可杀死病原菌或减少其群体，抑制病原菌在植物体和土壤中的定殖，保护萌发的种子和幼根不受病菌侵染。对一些土传病原菌，尤其是产生菌核的病原真菌如丝核菌、小菌核菌来说，用具有重寄生能力的拮抗菌（如木霉等）能起到一定的抑制作用。此外，用捕食线虫真菌、线虫卵寄生菌或天敌线虫处理土壤，能有效控制线虫病害。

（2）种子处理。一些拮抗真菌，拮抗细菌及其制剂均可用作种子处理，包括浸种或包衣，也称生物种子处理。在种子包衣的拮抗菌中添加一些物质往往能提高防病效果。如在含木霉孢子的包衣材料添加一些几丁质或丝核菌细胞壁，可增加由立枯丝核菌及腐霉引起的立枯猝倒病的防治效果。但是在加入添加剂时，必须十分谨慎，防止添加剂对病害菌的促进作用。

（3）生物农药是指利用生物活体及其代谢产物制成的防治病害的制剂，即微生物农药。包括保护生物活动的保护剂、辅助剂和增效剂。如井冈霉素防治纹枯病；可用0.5%氨基寡糖素水剂600~800倍液喷施，防治食用豆灰斑病、花叶病等。

生物防治措施必须与其他防病措施如栽培、施肥、抗病品种，甚至与低剂量可亲和的化学药剂结合起来，才能获较完美的效果。生防菌或制剂与低剂量的杀菌剂结合有明显的增效作用，并保持自然界的生态平衡。利用太阳辐射或较低温的蒸汽处理与生防菌土壤处理相结合，会取得更显著的防病效果，如在溴甲烷熏蒸后的土壤中施用木霉，会提高木霉对立枯丝核菌及小核菌的防效。此外，通过使用有机肥、绿肥等措施激活土壤中自然存在的某些拮抗微生物，以达到控制病害的目的。

四、化学防治

化学防治是指通过化学药剂的田间喷施、灌根等，进行病虫草害的防治。化学防治技术虽在我国虫害防治工作中发挥了非常重要的作用，但也很容易导致人畜中毒，会对自然生态环境产生破坏和污染等问题。

第四节 化学防治技术

下面介绍食用豆几种主要病害的化学防治方法。

一、真菌病害

（一）根腐病

1. 种子包衣

防治苗期根腐病，可用杀菌剂以种衣剂的方式进行种子处理。播种前，可用种子量1.5%的30%多·福·克悬浮种衣剂拌种；也可用种子重量0.4%的2.5%咯菌腈悬浮种衣剂，或用种子重量0.25%的62.5g/L精甲·咯菌腈悬浮种衣剂，加适量水与种子均匀搅拌后播种。

2. 土壤消毒

用70%甲基硫菌灵可湿性粉剂或50%多菌灵可湿性粉剂22.5千克/公顷，拌细土375~600千克，配成药土，进行土壤消毒。

3. 苗期发病

在幼苗发病初期，可选用75%百菌清600倍液，或50%多菌灵可湿性粉剂500倍液，或70%敌磺钠可湿性粉剂1 000倍液，或98%噁霉灵可湿性粉剂3 000倍液，或70%甲基硫菌灵1 000倍液，或50%腐霉利可湿性粉剂1 000~1 500倍液，对幼苗基部进行喷施，药剂可交替使用，每隔7~10天喷一次，连续防治2~3次。如用以上药剂灌根，效果更好。每穴用250毫升。每隔10~15天灌一次，连续防治2~3次。

（二）叶斑病

发病初期，可选用25%吡唑醚菌酯乳油1 000倍液，或50%多菌灵可湿

性粉剂 1 000 倍液，或 50%苯菌灵可湿性粉剂 1 000 倍液，或 65%代森锌可湿性粉剂 500~600 倍液等，喷雾防治。每隔 7~10 天喷药一次，连续防治 2~3 次，能有效地控制此病害流行。鲜食豇豆、豌豆要在采收前 5 天，停止用药。

（三）褐斑病

发病初期，可选用 50%苯菌灵可湿性粉剂 1 500 倍液，或 40%多·硫悬浮剂 800 倍液，或 70%甲基硫菌灵可湿性粉剂 600~800 倍液，或 75%百菌清可湿性粉剂 800 倍液，或 50%多菌灵可湿性粉剂 1 000 倍液，或 70%代森锰锌可湿性粉剂 500 倍液，喷雾防治。田间有 5%~10%植株发病，即开始第一次喷药，以后每隔 7~10 天喷一次，连续防治 2~3 次，可有效控制褐斑病害的发生。发病重时，保护地栽培可选用 5%百菌清粉尘剂，或 6.5%硫菌·霉威粉尘剂，或 5%异菌·福粉尘剂，每次 15 千克/公顷，每隔 7 天喷一次，连续防治 2~3 次。

（四）黑斑病

发病初期，可选用 40%多·硫悬浮剂 500 倍液，或 75%百菌清可湿性粉剂 1 000 倍液加 70%甲基硫菌灵，或 70%代森锰锌可湿性粉剂 1 000 倍液，喷雾防治，每隔 10 天喷一次，连续防治 2~3 次，注意喷匀喷足。

（五）炭疽病

开花后或发病初期，喷施 25%溴菌腈可湿性粉剂 500 倍液，或 80%代森锰锌可湿性粉剂 600 倍液，或 75%百菌清可湿性粉剂 600 倍液，或 50%苯菌灵可湿性粉剂 1 500 倍液，或 50%甲基硫菌灵可湿性粉剂 500 倍液，或 50%多菌灵可湿性粉剂 500~600 倍液，或 40%多·福·溴菌腈可湿性粉剂 500 倍液，或 70%甲基硫菌灵可湿性粉剂 800 倍液加 75%百菌清可湿性粉剂 800 倍液，或 10%苯醚甲环唑水分散粒剂 1 000~ 1 500 倍液，或 25%咪鲜胺乳油 1 000 倍液，或 5%亚胺唑可湿性粉剂 1 000 倍液加 75%百菌清可湿性粉剂 600 倍液，或 20%吡中·唑 醚菌酯水分散粒剂 1 000~ 1 500 倍液加 70%丙森锌可湿性粉剂 700 倍液等，喷雾防治。视病情间隔 7~10 天喷一次，连续防治 2~3 次。

（六）白粉病

在病害发生初期，喷施杀菌剂可控制病害的进一步流行。75%百菌清

500~600倍液，或50%多菌灵可湿性粉剂800~1 000倍液，或80%代森锰锌可湿性粉剂500倍液，或15%三唑酮可湿性粉剂2 000倍液，40%多·硫悬浮剂500倍液，或10%甲基硫菌灵可湿性粉剂1 000倍液，或12.5%烯唑醇可湿性粉剂2 500~3 000倍液，或65%氧化亚铜水分散粒剂600~800倍液，或25%丙环唑乳油3 000倍液，或2%农抗120水剂200倍液，或50%苯菌灵可湿性粉剂1 600倍液等，喷雾防治，每隔7~10天喷一次，连续防治2~3次。对控制病害发生和蔓延有明显效果。使用三唑酮、烯唑醇等唑类药剂，会引起耐药性剧增，可交替轮换使用其他类型农药。

（七）锈病

发病初期，或15%三唑酮可湿性粉剂2 000倍液，或40%氟硅唑乳油5 000倍液，或50%萎锈灵乳油800~1 000倍液，或50%硫黄悬浮剂200倍液，或65%代森锌可湿性粉剂1 000倍液，或50%百菌清500倍液，50%多菌灵可湿性粉剂800~1 000倍液，或30%固体石硫合剂150倍液，或12.5%烯唑醇可湿性粉剂2 500倍液，或15%三唑酮可湿性粉剂1 000~1 500倍液，或25%丙环唑乳油3 000倍液，进行喷施防治。每隔10~15天喷一次，连续防治2~3次。

（八）枯萎病

可用2.5%咯菌腈悬浮种衣剂种量0.6%的或300亿芽孢/毫升枯草芽孢杆菌悬浮种衣剂包衣种量6.7%的；也可用生石灰750~1 800千克/公顷，或70%噁霉灵可湿性粉剂45~75千克/公顷，加细土750~1 500千克，进行土壤消毒。

在发病初期，采用40%五硝·多菌灵可湿性粉剂500~800倍液，或50%乙蒜素·噁霉灵·胺鲜酯可湿性粉剂600~800倍液喷雾，也可用70%甲基硫菌灵可湿性粉剂800~1 000倍液，或75%百菌清可湿性粉剂600倍液，或50%多菌灵可湿性粉剂1 500倍液，50%苯菌灵可湿性粉剂800~1 000倍液，或70%甲基硫菌灵可湿性粉剂500倍液，或70%噁霉灵可湿性粉剂1 000~2 000倍液，或70%敌磺钠1 500倍液，喷施植株茎秆基部，可有效地防治枯萎病的发生。药剂可交替使用，每隔7~10天喷一次，连续防治2~3次。如果进行灌根，每株药液250~500毫升，每隔7~10天再灌一次，连续轮换灌根 2~3 次。灌根防治，越早越好。

（九）立枯病

发病初期，用 32%甲霜·噁霉灵水剂（克枯星）300 倍液，或 20%甲基立枯磷乳油 1 200 倍液，效果比较明显。

也可用 72%锰锌·霜脲可湿性粉剂 800 倍液，或 75%百菌清可湿性粉剂 600 倍液，或 50%多菌灵可湿性粉剂 600 倍液，或 58%甲霜灵·锰锌可湿性粉剂 600 倍液，或 50%烯酰吗啉可湿性粉剂 1 500 倍液等，喷雾或灌根，注意交替使用，以减缓病菌抗药性的产生。每隔 7 天喷施一次，连续防治 2~3 次。

（十）轮纹病

发病初期，及早喷施 1∶1∶200 倍式波尔多液，或 77%氢氧化铜可湿性粉剂 500 倍液，或 30%碱式硫酸铜悬浮剂 400~500 倍液，或 47%春雷·王铜可湿性粉剂 800~900 倍液，或 70%甲基硫菌灵可湿性粉剂 1 000 倍液加 75%百菌清可湿性粉剂 1 000 倍液，或 40%多·硫悬浮剂 500 倍液，或 25%多菌灵可湿性粉剂 400 倍液，或 15%三唑酮 1 500 倍液，每隔 7~10 天喷施一次，共防治 2~3 次。

（十一）茎腐病

种子药剂处理能够减少苗期病株率，成株期病害发生时，72%锰锌·霜脲可湿性粉剂 700 倍液，或 25%多菌灵 500 倍液，或 50%福美双 500 倍液，喷根茎或灌根，每隔 7~10 天喷一次，连续防治 2~3 次，可减轻病害的发生。

（十二）灰霉病

发病初期，可选用 50%腐霉利可湿性粉剂 1 500~ 2 000 倍液，或 40%嘧霉胺悬浮剂 1 000~ 1 500 倍液，或 50%异菌脲可湿性粉剂 1 000 倍液，或 50%乙霉·多菌灵可湿性粉剂 1 000 倍液，或 50%多菌灵可湿性粉剂 800~1 000 倍液等，喷雾防治，能够防止灰霉病的进一步扩展和传播，减轻病害的损失。每隔 7~10 天喷一次，视病情防治 2~3 次。注意轮换、交替用药，延缓抗药性产生。

（十三）霜霉病

发病初期，可选用 70%甲基硫菌灵可湿性粉剂 1 000 倍液，或 1∶1∶200

波尔多液，或50%琥铜·甲霜可湿性粉剂600倍液，或90%疫霜灵可湿性粉剂500倍液，或70%乙铝·锰锌可湿性粉剂400倍液，或64%噁霜·锰锌可湿性粉剂500倍液等，喷雾防治。每隔7~10天喷1次，连续防治2~3次。

（十四）煤霉病

在发病初期，要及时喷施药剂控制。药剂可选用70%甲基硫菌灵可湿性粉剂1 000倍液，或75%百菌清可湿性粉剂600倍液，或40%硫磺·多菌灵悬浮剂800倍液，或40%多·酮可湿性粉剂1 000倍液。每隔10天左右喷一次，连续防治2~3次。

（十五）菌核病

发病初期，可选用50%异菌脲可湿性粉剂1 000~ 1 500倍液，或50%腐霉利可湿性粉剂1 500~ 2 000倍液，或40%菌核净可湿性粉剂800~ 1 000倍液，或50%乙霉多菌灵可湿性粉剂1 500倍液，或65%甲硫·乙霉威可湿性粉剂1 000倍液等，喷雾防治，每隔10天喷1次，连续防治2~3次。

（十六）疫病

发病初期开始，喷施58%甲霜灵·锰锌可湿性粉剂500倍液，或64%噁霜·锰锌可湿性粉剂500倍液，或50%琥铜·甲霜灵可湿性粉剂800倍液，或69%烯酰吗啉可湿性粉剂1 000倍液，或72%霜脲·锰锌可湿性粉剂800倍液，或12%松脂酸铜乳油600倍液，或47%春雷·王铜可湿性粉剂700倍液，或77%氢氧化铜可湿性微粒粉剂500倍液，每隔10天左右喷一次，连续防治2~3次。

（十七）豌豆芽枯病

发病初期，可选用64%噁霜·锰锌可湿性粉剂400~500倍液，或75%百菌清可湿性粉剂600倍液，或58%甲霜·锰锌可湿性粉剂500倍液，或50%琥铜·甲霜灵可湿性粉剂600倍液，或72%霜脲·锰锌可湿性粉剂800倍液等，喷雾防治。

二、细菌病害

（一）细菌性疫病

防治细菌性疫病，首先要使种子不带菌。要从无病的植株上留种，播种

前，用 50℃的温水浸种 20 分钟，或用种子重量 0.3%的 50%福美双可湿粉或 70%敌磺钠可湿粉拌种。

在发病初期喷药防治，可使用 80%乙蒜素乳油 1 000 倍液，或 12%松脂酸铜 600 倍液，或 14%络氨铜水剂 300 倍液，或 53.8%氢氧化铜悬剂 1 000 倍液，或 50%琥胶肥酸铜可湿性粉剂 600 倍液，或 78%波・锰锌可湿性粉剂 500 倍液，或 40%中生菌素可湿性粉剂 600 倍液，或 50%消菌灵可溶性粉剂 1 200 倍液，或 48%琥铜・乙膦铝可湿性粉剂 500 倍液，或 47%春雷・王铜可湿性粉剂 1 000 倍液，也可喷 1∶1∶200 倍的波尔多液。每隔 7 天一次，连喷 2~3 次。

（二）细菌性叶斑病

用种子重量 0.3%的 50%甲基硫菌灵可湿性粉剂拌种，也可进行温汤浸种。发病初期，喷施 30%碱式硫酸铜悬浮剂 400~500 倍液，或 47%加瑞农可湿性粉剂 800 倍液。叶面喷施 2~3 次，每隔 4~6 天一次。鲜食豆采收前 5 天停止用药。

三、病毒病害

（一）病毒病

蚜虫发生期间，用 10%吡虫啉可湿性粉剂 2 000~3 000 倍液喷雾，及时防治蚜虫，可有效减轻病毒病的发生。

防治病毒病，当田间发现零星病株时，可用 20%吗胍・乙酸铜可湿性粉剂 500 倍液，或 0.5%香菇多糖水剂 250~300 倍液，或 1.5%烷醇・硫酸铜乳剂 1 000 倍液，或 10%混合脂肪酸水剂 100 倍液等，喷雾防治。每隔 7~10 天喷一次，一般连续防治 3~4 次。

（二）矮化病

可用 20%吗胍・乙酸铜可湿性粉剂 500~800 倍液，或 1.5%烷醇・硫酸铜可湿性粉剂 800~1 000 倍液，喷雾防治。药剂可交替使用，每隔 7~10 天喷一次，连续防治 2~3 次，可有效地防治矮化病。

四、线虫病害

（一）根结线虫病

整地时，用10%噻唑磷颗粒剂22.5～30千克/公顷加细土750千克制成毒土，顺沟撒施，而后耕翻；苗期用5%阿维菌素22.5千克/公顷均匀喷洒土表。中后期要及时拔除病株并销毁，也可用20%噻唑磷水乳剂800倍液灌根。

（二）胞囊线虫病

在与禾本科作物小麦、玉米、谷子等合理轮作的基础上，选用抗病品种是最经济、有效的方法。药剂防治可用克百威颗粒剂，或2.5%甲拌磷颗粒剂，播种时撒在沟内，颗粒剂与种子分层施用即可，效果较明显。

第四章　食用豆虫害防治技术

第一节　食用豆害虫种类

目前，食用豆田间害虫主要有蚜虫、点蜂缘蝽、盲蝽象、朱砂叶螨、白粉虱、甜菜夜蛾、斜纹夜蛾、豆秆黑潜蝇、豆野螟、豆荚螟、豆天蛾、蛴螬、地老虎、绿豆象等。主要用化学药剂进行防治。主要食用豆害虫的种类及其为害如下。

一、刺吸类害虫

（一）蚜虫

蚜虫是为害食用豆最严重的刺吸类害虫，主要有豆蚜（*Aphis craccivora* Koch）、蚕豆蚜（*Aphis fabae*）、豌豆蚜（*Acyrthosiphum pisim*）、桃蚜（*Myzus persicae*）、豌豆修尾蚜（*Megoura japonica* Matsumura）等，其中以豆蚜为害最重。蚜虫为害食用豆时，成、若蚜群聚在植株的嫩茎、幼芽、顶端心叶和嫩叶叶背、花器及嫩荚等处吸取汁液。植株受害后，叶片卷缩，植株矮小，影响开花结实。一般可减产20%~30%，重者达50%~60%。

（二）蝽类

为害食用豆的蝽类主要有点蜂缘蝽（*Riptortus pedestris*）、斑须蝽（*Dolycoris baccarum* Linnaeus）、三点盲蝽（*Adelphocoris taeniophorus* Reuter）、稻绿蝽（*Nezara viridula* Linnaeus）和稻棘缘蝽（*Cletus punctiger* Dallas）。主要以若虫和成虫刺吸汁液，影响食用豆的生长发育，造成减产。

（三）螨类

主要有朱砂叶螨（*Tetrangychus cinnabarinus*）、二斑叶螨（*Tetranychus ur-*

ticae Koch）、截形叶螨（*Tetranychus truncates* Ehara）、豆叶螨（*Tetranychus phaselus* Ehara）和茶黄螨（*Polyphagotarsonemus latus*）。螨类主要在叶背吸取汁液。

（四）其他刺吸类

主要有温室白粉虱（*Trialeurodes vaporariorum*）、端大蓟马（*Megalurothrips distalis*）、花蓟马（*Frankliniella intonsa*）等。

二、食叶类害虫

食叶类害虫主要为鳞翅目和鞘翅目叶甲类害虫。

（一）鳞翅目害虫

主要以幼虫取食叶片，有斜纹夜蛾（*Prodenia litura*）、甜菜夜蛾（*Laphygma exigua*）、豆银纹夜蛾（*Autographa nigrisigna* Walker）、豆天蛾（*Clanis bilineata*）、银锭夜蛾（*Macdunnoughia crassisigna* Warren）、豆卜馍夜蛾（*Bomolocha tristalis* Lederer）、红缘灯蛾（*Amsacta lactinea*）、棉大造桥虫（*Ascotis selenaria* Schiff. et Denis）。

（二）鞘翅目叶甲类害虫

主要以成虫取食叶片，有双斑萤叶甲（*Monolepta hieroglyphica*）、斑鞘豆叶甲（*Colposcelis signata*）、豆芫菁（*Epicauta gorhami* Marseul）、二条叶甲（*Paraluperodes suturalis* nigrobilineatus）。食叶类害虫造成植株叶片空洞或缺刻，严重时可将全叶吃光，仅剩叶脉，从而影响作物生长。

三、潜叶类害虫

潜叶类害虫主要为双翅目的潜夜蝇类害虫。主要以幼虫潜入叶内取食组织残留表皮为害，主要有美洲斑潜蝇（*Liriomyza sativae* Blanchard）、豌豆潜叶蝇（*Phytomyza horticola* Gourean）、豆秆黑潜蝇（*Melanagromyza sojae*）等。

四、钻蛀类害虫

（一）螟类

钻蛀类害虫主要有豆荚螟（*Etiella zinckenella*）、豇豆荚螟（*Maruca testu-*

lalis Geyer）、豆卷叶螟（*Lamprosema indicata* Fabricius）等。豆荚螟幼虫为害叶、蕾、花及豆荚，卷叶为害或蛀入荚内取食幼嫩籽粒，荚内及蛀孔外常堆积粪便，轻者把豆粒蛀成缺刻、孔洞，重则把整个豆荚蛀空，受害豆荚味苦，造成落蕾、落花、落荚和枯梢。豇豆荚螟以幼虫蛀食豆类作物的果荚和种子，蛀食早期会造成落荚，蛀食后期则种子被食，蛀孔外堆有腐烂状的绿色粪便。此外，幼虫还能吐丝缀卷几张叶片在内蚕食叶肉，以及蛀食花瓣和嫩茎，造成落花、枯梢，严重影响产量和品质。严重受害地区蛀荚率达70%以上，受害豆荚味苦，不可食用。

（二）棉铃虫

棉铃虫（*Helicoverpa armigera* Hubner）是食用豆类开花结荚期普遍发生的害虫，不但为害叶子，也钻蛀食用豆的嫩尖和豆荚。

五、地下害虫

（一）蛴螬

蛴螬是鞘翅目金龟总科（Scarabaeoidae）害虫的幼虫，俗称“白地蚕”。蛴螬为杂食性害虫，幼虫能咬断食用豆的根、茎，使幼苗枯萎死亡，造成缺苗断垄，成虫可取食叶片。

（二）地老虎

又名切根虫、夜盗虫，俗称地蚕，属于鳞翅目、夜蛾科。地老虎种类很多，农田主要有小地老虎、黄地老虎、大地老虎、白边地老虎等10余种。其中，小地老虎（*Agrotis ypsilon*）在全国各地都有分布，南方以丘陵旱作地发生较重；北方则以沿河湖岸、低洼内涝地以及水浇地发生较重。小地老虎低龄幼虫，可将叶片取食成无数小孔或缺刻，3龄以后可咬断整株豆苗，并将整株拖入穴中，常留少许叶尖露出地表。

六、仓储害虫

豆象是食用豆类作物的重要仓储害虫，在任何种植和储藏食用豆的地方均可发生。为害食用豆类的仓储害虫主要有四纹豆象（*Callosobruchus maculatus* F.）、绿豆象（*Callosobruchus chinensis* L.）、豌豆象（*Bruchus* pisorum Linnaeus)、蚕豆象（*Bruchus rufimanus* Boheman）和鹰嘴豆象（*Callosobruchus analis* F.），属于鞘翅目（Coleoptera）豆象科（Bruchidae）。主要在仓内蛀食储藏的豆粒，虫蛀率都在20%~30%，甚至80%以上。其中四纹豆象为中国检疫性害虫。

第二节　常见害虫识别

一、刺吸类害虫

（一）蚜虫

1. 为害症状

蚜虫俗称腻虫、油旱，是食用豆的最具破坏性的害虫之一，也是传播病毒病的介体。成虫和若虫常成群密集于植株上刺吸嫩叶、嫩茎、花及豆荚的汁液，大量排泄的“蜜露”招引蚂蚁，引起霉菌侵染，诱发煤烟病，使叶片被一层黑色霉覆盖，影响光合作用；使生长点枯萎，叶片畸形、卷曲、皱缩、枯黄，嫩荚变黄，致使生长代谢失调，植株生长不良或生长停滞，植株矮小，从而影响开花和结荚。轻者影响豆荚、籽粒的发育，致使产量和品质下降，严重时甚至植株枯萎死亡。

蚜虫以群居为主，在某一片或某几株植株上大量繁殖和为害。蚜虫为害具有毁灭性，发生严重时，可导致食用豆绝收。蚜虫能够以半持久或持久方式传播许多病毒，是食用豆最重要的传毒介体。

2. 发生规律

蚜虫隶属于半翅目（Hemiptera）蚜科（Aphididae）。一年发生10~30代，发生世代多，周期短，完成一代需要4~17天。主要以无翅胎生雌蚜和若虫在背风向阳的地堰、沟边和路旁的杂草上过冬，少量以卵越冬，卵会在枝条缝隙中过冬，等到来年的4月，天气转暖后，开始孵化，这时天气干旱少雨，蚜虫容易大量发生。

蚜虫繁殖力很强，世代重叠现象突出。雌性蚜虫一生下来就能够生育，而且蚜虫不需要雄性就可以怀孕（即孤雌繁殖）。成虫、若虫有群集性，常群集为害。蚜虫的发生与食用豆苗龄和温度、湿度密切相关，多发生在苗期和花期，一般是苗期重，中后期较轻；结荚期温度过高，也可能发生。蚜虫发生时间多集中在5—7月，6—7月是蚜虫的为害盛期。在7月下旬至8月初以后，蚜虫数量逐渐减少；9—10月，迁回到越冬寄主上越冬。适宜蚜虫生长、发育和繁殖的温度为8～35℃，在此范围内，温度越高，蚜虫发育越快，世代历期越短，在12～18℃，若虫历期为10～14天；最适环境温度为22～26℃，相对湿度为60%～70%，此时，蚜虫繁殖力最强，每头蚜虫可产若蚜100余头，若虫历期仅4～6天即可完成一代。蚜虫对黄色有较强的趋性，对银灰色有忌避习性，且具较强的迁飞和扩散能力。温度高于25℃、相对湿度60%～80%时，发生严重。连续阴雨天气，相对湿度在85%以上的高温天气，不利于蚜虫的繁殖。

蚜虫发生规律与环境湿度和温度密切相关，中温、干燥环境有利于蚜虫的发生和传播。这是因为湿度低时，植物中的含水量相对较少，而营养物质相对较多，有利于其生长发育。但过于干旱，以至于植物过分缺水，就会增加汁液黏滞性，降低细胞膨压，造成蚜虫取食困难，影响其生长发育。相反，高温、高湿环境不利于蚜虫的发生和传播，如果夏季多雨，不仅对蚜虫有冲刷作用，湿润的天气还会使植物含水量过多，酸度增加，引起蚜虫消化不良，造成蚜虫大量死亡。春末夏初气候温暖，雨量适中，利于蚜虫发生和繁殖。旱地、坡地等地块发生重。

蚜虫与蚂蚁有着共生关系。蚜虫带吸嘴的小口针能刺穿植物的表皮层，吸取养分。每隔一两分钟，这些蚜虫会翘起腹部，开始分泌含有糖分的蜜露。工蚁赶来，用大颚把蜜露刮下，吞到嘴里。一只工蚁来回穿梭，靠近蚜虫，舔食蜜露。秋末冬初，蚜虫产下卵，蚂蚁会把蚜虫和卵搬到窝里过冬，有时怕受潮，影响蚜卵孵化，在天气晴朗的日子里，还要搬出窝来晒一晒；翌年春暖季节，蚂蚁就把新孵化的蚜虫搬到早发的树木和杂草上。蚜虫的天敌很多，如七星瓢虫、草蛉、螳螂、食蚜虻等。当这些天敌到来时，蚜虫腹部尾端会释放报警信息素，吸引蚂蚁前来把天敌驱走。

（二）点蜂缘蝽

1. 为害症状

点蜂缘蝽（*Cleus Punctiger* Dall.）是目前为害食用豆最严重的一种害虫。

近年来，在我国黄淮海及南方食用豆栽培地区发生为害较重。除为害食用豆外，亦为害水稻、麦类、高粱、玉米、红薯、棉花、甘蔗、丝瓜等。成虫和若虫均可为害食用豆，成虫为害最大，为害方式为刺吸食用豆的嫩茎、嫩叶、花、荚的汁液。被害叶片初期出现点片不规则的黄点或黄斑，后期一些叶片因营养不良变成紫褐色，严重的叶片部分或整叶干枯，出现不同程度、不规则的孔洞，植株不能正常落叶。北方地区春、夏播食用豆开花结实时，正值点蜂缘蝽第一代和第二代羽化为成虫的高峰期，往往群集为害，从而造成植株的蕾、花脱落，生育期延长，豆荚不实或形成瘪荚、瘪粒，严重时全株瘪荚，颗粒无收。

2. 发生规律

点蜂缘蝽属半翅目（Hemiptera）缘蝽科（Coreidae），每年发生2~3代，成虫于10月中下旬至11月中下旬陆续越冬。以成虫在枯枝落叶、残留田间的秸秆和草丛中越冬，次年4月上旬开始活动，5月中旬至7月上旬产卵于豆科作物上，若虫取食植株的茎叶和豆荚的汁液。6月下旬第一代成虫开始出现，并在豆科作物上产卵危害，第二代成虫在7月下旬开始羽化，8月下旬至9月上旬盛发，此时大量点蜂缘蝽在食用豆田间危害，第三代10月上旬至11月中旬羽化为成虫，并陆续进入越冬状态。

点蜂缘蝽羽化后的成虫需取食大豆的花蕾和豆荚的汁液才能使卵正常发育及繁殖。成虫、若虫极活泼，善于飞翔，反应敏捷，早晚温度低时反应稍迟钝，阳光强烈时多栖息于寄主叶背。初孵若虫在卵壳上停息半天后，即开始取食。成虫交尾多在上午进行。卵多产于叶柄和叶背，少数产在叶面和嫩茎上，散生，偶聚产成行。

（三）斑须蝽

1. 为害症状

斑须蝽（*Dolycoris baccarum*），别名细毛蝽、臭大姐，是食用豆的重要害虫。成虫和若虫刺吸嫩叶、嫩茎部汁液，造成落花。茎叶被害后，出现黄褐色斑点，严重时叶片卷曲，嫩茎凋萎，影响生长，减产减收。

2. 发生规律

斑须蝽隶属于半翅目（Hemiptera）蝽科（Pentatomidae）。斑须蝽在我国

分布范围广，是多种农作物和苗木的重要害虫。斑须蝽每年发生1~3代，以成虫在田间杂草、植物根际、枯枝落叶下、树皮裂缝中或屋檐底下等隐蔽处越冬。在黄淮海流域，第一代发生于4月中旬至7月中旬，第二代发生于6月下旬至9月中旬，第三代发生于7月中旬一直到翌年6月上旬，后期世代重叠现象明显。成虫多将卵产在植株上部叶片正面、花蕾或果实的包片上，呈多行整齐排列。初孵若虫群集为害，2龄后扩散为害。成虫及若虫有恶臭，均喜群集于食用豆幼嫩部分和荚部吸食汁液，自春至秋继续为害。

冬季气温偏高、雨雪较少，利于成虫越冬。早春气温回升快，特别是4月中旬与5月中旬气温偏高，降水量偏少对其发生有利。气温24~26℃、相对湿度80%~85%时，发生严重。暴风雨对其有冲刷作用，使虫口数量下降。

（四）三点盲蝽

1. 为害症状

三点盲蝽（*Adelphocoris fasciaticollis* Reuter）是为害食用豆的一种重要害虫。成虫和若虫苗期为害子叶，顶芽枯死形成无头苗；真叶期刺穿嫩梢顶芽及幼嫩花蕾、果实，吸嫩内部汁液。由于刺口很小，一时不易察觉，待受害叶片伸长显现破孔，受害顶芽和边心常发黑枯死，有时候还激发不定芽萌发，枝条丛生形成多头苗。花蕾和幼荚受害呈现黑褐色刺斑，常干枯脱落。

2. 发生规律

三点盲蝽隶属于半翅目（Hemiptera）盲蝽科（Miridae）。一年发生1~3代。以卵在洋槐、加拿大杨树、柳、榆及杏树树皮内越冬，卵多产在疤痕处或断枝的疏软部位。越冬卵在5月上旬开始孵化，若虫共5龄，后期世代重叠。成虫多在晚间产卵，多半产在植株叶柄与叶片相接处，其次在叶柄和主脉附近。发育适宜温度为20~35℃，最适温度为25℃，相对湿度60%以上。降雨多的年份发生为害严重。

（五）稻绿蝽

1. 为害症状

稻绿蝽（*Nezara viridula*）是为害食用豆的一种重要害虫，分布于全世界，食性杂，除食用豆外，还为害水稻、玉米、棉花、柑橘、桃等32科145种植物。成虫和若虫吸食植物嫩茎、嫩芽、顶梢汁液，造成叶片萎蔫、皱缩、畸形，植株猝倒，呈水浸状，受害严重的植株甚至停止生长而死亡。

2. 发生规律

稻绿蝽属于半翅目（Hemiptera）蝽科（Pentatomidae）。北方地区每年发生1代，四川、江西年发生3代，广东年发生4代，少数5代。以成虫群集于松土下或田边杂草根部、树洞、林木茂密处越冬。翌年3—4月，越冬成虫陆续迁入附近农作物及杂草上产卵。成虫羽化后1天即开始取食，3~4天进行交配产卵。卵刚产下时为米黄色，孵化前变为黄褐色，眼点为红色。成虫需吸食补充营养才能产卵，故产卵前期是为害的重要阶段。喜集于植物开花期和结实初期为害。成虫寿命长，产卵期长。26~28℃时卵期5~7天，若虫期21~25天，产卵前期5~6天。若虫和成虫有假死性，成虫并有趋光性和趋绿性，多在白天交配，晚间产卵，卵多产于叶背、嫩茎或豆荚上。若虫孵化后先群集于卵块周围，二龄后逐渐分散。在强光下，成虫喜栖于叶背和嫩头；阴雨和日照不足时，则多在叶面、嫩头上活动。暴风雨对其有冲刷作用，使虫口密度下降。成虫一般不飞移，如果飞移其距离也短，一般1次飞移3~5米。

（六）稻棘缘蝽

1. 为害症状

稻棘缘蝽（*Cleus Punctiger* Dall.）也是为害食用豆类的重要害虫，食性杂，本种寄主植物除食用豆外，还有水稻、麦类、高粱、玉米、甘蔗、棉花、芝麻等，并喜食狗尾草、雀稗等禾本科杂草。成、若虫主要危害豆荚。以口针刺吸汁液、浆液，刺吸部位形成针尖大小褐点，严重时豆荚干瘪，常干枯脱落，影响作物的产量和品质。

2. 发生规律

稻棘缘蝽属半翅目（Hemiptera）缘蝽科（Coreidae），一年发生1~4代，以成虫在枯枝落叶下或杂草丛中越冬，广东、云南、广西南部则无越冬现象。浙江、江西一带，翌年3月下旬越冬成虫开始活动，4月下旬至6月中下旬产卵，第1代若虫于5月上旬至6月底孵出，6月上旬对7月下旬在植株叶片或果穗上羽化，6月中下旬开始产卵。第2代若虫于6月下旬至7月上旬始孵化，8月初羽化，8月中旬产卵。第3代若虫8月下旬孵化，9月底

至12月上旬羽化，11月中旬至12月中旬逐渐蛰伏越冬。

成虫羽化，卵孵化，若虫蜕皮多在夜间进行，羽化后的成虫7天后在上午10时前交配，一生交配多次。卵产在寄主的茎、叶上，多散生在叶面上，也有2~7粒排成纵列的，每雌产卵12~385粒，平均198粒。在此期间，成虫需补充营养，初孵若虫在4~6小时后才可取食。

（七）朱砂叶螨

1. 为害症状

朱砂叶螨（*Tetranychus cinnabarinus*）俗称红蜘蛛，分布广泛，是生产中的主要害虫。成、若螨喜聚集在叶背吐丝结网，以口器刺入叶片内吮吸汁液，被害处叶绿素受到破坏，受害叶片表面出现大量黄白色斑点，随着虫量增多，逐步扩展，全叶呈现红色，为害逐渐加重，叶片上呈现出斑状花纹，叶片似火烧状。成螨在叶片背面吸食汁液，刚开始为害时，不易被察觉，一般先从下部叶片发生，迅速向上部叶片蔓延。轻者叶片变黄，为害严重时，叶片干枯脱落，影响植株的光合作用，植株变黄枯焦，甚至整个植株枯死，可导致严重的产量损失。

2. 发生规律

朱砂叶螨属真螨目（Acariformes）叶螨科（Tetranychidae）。一年发生10~20代，每年发生代数与当地的温度、湿度（包括降雨）、食料等关系密切。以两性生殖为主，雌螨也能孤雌生殖，世代重叠严重。以授精的雌成螨或卵在杂草、植物枝干裂缝、落叶以及根际周围浅土层土缝等处越冬。一般在翌年3月上中旬，平均气温在7℃以上时，朱砂叶螨雌雄同时出蛰活动，并取食产卵。气温达到10℃以上，即开始大量繁殖。3—4月，先在杂草或其他寄主上取食，食用豆出苗后，陆续向田间迁移，开始为害。每雌产卵50~110粒，多产于叶背。卵期2~13天。可孤雌生殖，其后代多为雄性。后若螨则活泼贪食，有向上爬的习性。先为害下部叶片，而后向上蔓延。朱砂叶螨繁殖力强，雌螨一生只交配一次，雄螨可交配多次。完成一个世代平均需要10~15天，最快5天就可繁殖一代。朱砂叶螨发育起点温度为7.7~8.8℃，其活动温度范围为7~42℃，最适温度为25~30℃，最适相对湿度为35%~55%，喜欢高温干燥的环境，在高温干旱的气候条件下，繁殖迅速，为害严重。因此，高温低湿的6—8月为害重，尤其是干旱年份，易于大发生。高温低湿情况下，危害严重，是旱作豆类的主要害虫之一。传播蔓延除靠自身爬行外，亦可因动物活动、人的农事活动或风、雨被动迁移。在田间先点片发生，后再扩散为害，雨水多对其发生不利。食用豆叶片越老受害越重。田间杂草多或植株稀疏的，发生较重。在相对湿度70%以上时，不利于红蜘蛛的发生，低温、多雨、大风天气对红蜘蛛的繁殖不利。8月中旬后逐渐减少，到9月随着气温下降，开始转移到越冬场所，10月开始越冬。在越冬代雌成螨出现时间的早晚，与寄主本身营养状况的好坏密切相关。寄主受害越重，营养状况越坏，越冬螨出现的越早；反之，到11月上旬仍有个体为害。

（八）二斑叶螨

1. 为害症状

二斑叶螨（*Tetranychus urticae* Koch）在食用豆中，尤以早春茬设施菜豆生产中后期受害最重。二斑叶螨首先聚集在植株根颈部为害；逐步迁移至中下部老叶正反面刺吸汁液，叶片出现针头大小的褪绿斑，加快叶片老化速度；最后到达植株顶梢，严重时，整个叶片发黄、皱缩直至干枯脱落。一头二斑叶螨每分钟能够刺穿18~22个叶片细胞，新生叶片水分丧失，并受其分泌毒素影响而严重褪绿，继而变为红褐色，萎缩卷曲，新梢叶尖常见害螨吐丝结网聚集栖息。叶片叶绿素含量受害后明显下降，可溶性蛋白质、游离氨基酸随螨情发展而明显增加，二斑叶螨的为害会造成食用豆植株对全磷、全钾的吸收减少，但不会明显抑制对氮素的吸收利用，最终导致整株落叶早衰，产量锐减。

2. 发生规律

二斑叶螨属真螨目（Acariformes）叶螨科（Tetranychidae）。在北方每年发生12~15代，南方一年发生20代以上，世代重叠。以受精雌成螨在树干粗皮裂缝内、土壤缝隙和落叶、宿根性杂草下等处，吐丝结网群集越冬。早春3月底至4月初开始出蛰，4月中旬为出蛰盛期，到5月中旬还有刚出蛰的雌成螨，整个出蛰期持续一个半月。外界日平均温度达到10℃以上时，开始活跃取食，体色发生变化。一般地面越冬的雌成螨，先在阔叶杂草等早春

寄主上吐丝结网取食，兼营孤雌生殖。在越冬型雌成螨的体色还未转变颜色时，即开始产卵。随着越冬代雌成螨产卵盛期的临近，其体色也渐渐变浅，洋红色退去，转化为橘红色或锈色夏型体色，体背两侧的褐斑渐渐显现出来。随温度升高，生育期缩短，30℃以上时，完成卵、幼螨、若螨、成螨一个世代仅需13天；然后，以受害寄主为中心凭借风力、流水、昆虫、鸟兽、外引苗木或农事操作向设施蔬菜迁移，7—8月发展成为害盛期。二斑叶螨活动范围温度为8.8~43.8℃，属低温活动型害螨，适生温度13~35℃，其种群数量和温度升降呈正相关，其最适相对湿度范围为40%~70%，高温干燥是诱发二斑叶螨发生的直接因素，其次，生态因素与人为因素间接影响螨情发展。到10月上旬，全部的雌成螨变成越冬滞育型体色，进入越冬场所。

（九）茶黄螨

1. 为害症状

茶黄螨（*Polyphagotarsonemus latus*）俗称白蜘蛛，分布广泛，是为害食用豆较重的害螨之一，食性极杂，寄主植物广泛，已知寄主达70余种。除为害食用豆类外，还主要为害黄瓜、茄子、辣椒、马铃薯、番茄、瓜类、芹菜、木耳菜、萝卜等蔬菜，近年来为害日趋严重。成、幼螨集中在寄主幼芽、嫩叶、花、幼荚等幼嫩部位刺吸汁液，尤其是尚未展开的芽、叶和花器。被害叶片增厚僵直、变小或变窄，叶片边缘向背面卷曲形成下扣斗，叶片背面呈现锈色，锈色是茶黄螨为害的主要特征。受害嫩茎、嫩枝变黄褐色，扭曲变形，丛生或秃尖，严重时植株顶部干枯；花蕾受害则不开花或开畸形花，严重者不能结荚。主要在夏、秋露地发生，受害严重的田块，叶片枯死脱落，植株早衰，落花、落荚。雌螨长约0.2毫米，雄螨长约0.19毫米。由于虫体极小，肉眼常难以发现，且为害症状又和病毒病或生理病害相似，生产上要注意辨别。

2. 发生规律

茶黄螨属蜱螨目（Arachnoidea）跗线螨科（Tarsonemidae）。一年发生多代，保护地栽培可周年发生，但冬季为害轻，世代重叠严重。成螨通常在土缝、冬季蔬菜及杂草根部越冬。常年保护地3月上中旬初见，4—6月可见为害严重田块。露地4月中、下旬初见，6月下旬至9月中旬盛发，受害最重。

在平均气温达10℃以上时，越冬雌成螨开始活动、取食、产卵。卵散产于食用豆的幼芽、嫩叶背面或幼芽凹处等幼嫩芽部位，每雌可产卵2～106粒。卵经2～3天孵化，幼螨期2～3天，若螨期2～3天，成螨寿命4～6天，越冬雌螨寿命则长达6个月，完成1代需要3～18天。在世代发育历期方面，28～30℃时为4天，18～20℃时为7～10天。在四川省一年可发生20～30代。茶黄螨的卵和幼螨对温湿度要求高，只有在相对湿度80%以上时才能正常发育，发育繁殖最适温为16～23℃，5月前很少发生。当气温在28～30℃时，只需4～5天就可繁殖1代，18～20℃时需要7～10天繁殖1代。茶黄螨主要靠爬行、风力、农事操作等传播蔓延。幼螨喜温暖潮湿的环境条件。若螨活跃，当取食部位变老时，雄螨立即携带雌若螨向新的幼嫩部位转移。雄若螨在雌螨体上蜕1次皮变成成螨后，即与雌螨交配，并在幼嫩枝叶上定居下来，具有强烈的趋嫩性。卵多产在嫩叶背面、果实凹陷处及嫩芽上，经2～3天孵化，幼（若）螨期各2～3天。雌螨以两性生殖为主，也可营孤雌生殖。

（十）蓟马

1. 为害症状

为害食用豆的蓟马主要有：端大蓟马（*Megalurothrips distalis*）、花蓟马（*Frankliniella intonsa*）、节瓜蓟马（*Thrips palmi*）。成虫、若虫主要为害食用豆的叶片、花和嫩荚，以锉吸式口器挫破植物表皮，吸取植株的幼嫩组织和器官汁液，形成许多细密而长形的灰白色斑。一般喜欢为害食用豆的花器、荚果、生长点等组织和器官。对花的为害尤其严重，成虫、若虫多群集于食用豆花器内取食为害，锉吸花器组织如花瓣、子房等的汁液，花器、花瓣受害后，显黄白色微细色斑，经日晒后变为黑褐色，为害严重的花朵萎蔫，花朵不孕或不结实，造成花蕾脱落。其次是对嫩荚的为害，幼荚畸形或荚表面形成许多暗红色小斑点，严重时小斑点连成一片，在豆荚上形成褐色不规则斑块，出现粗糙的伤痕且表皮发黑或出现红边，或造成落荚和白斑荚，从而影响食用豆的外观品质和产量。叶片受蓟马为害后，呈现银白色条斑，叶片皱缩、变小、卷曲或畸形成狗耳状，严重时叶片枯焦萎缩。植株受蓟马严重为害后，托叶干枯，心叶不能伸开，生长点萎缩，茎蔓生长缓慢或停止。蓟马为害植株时，还会传播多种病毒。

2. 发生规律

蓟马属于缨翅目（Thysanoptera）蓟马总科（Thripoidea），一年四季均有发生，在食用豆上可发生多代，世代重叠现象严重。春、夏、秋三季主要发生在露地，冬季主要在温室大棚中。以成虫在杂草上或在土块下、土缝中、枯枝落叶间及附近的大棚内越冬。当气温回升到15℃以上时，越冬成虫开始活动。成虫极活跃，善飞能跳，具迁飞性，喜食嫩绿部位，迁飞在上午和傍晚进行，可借助自然力迁移扩散。成虫怕强光，具有昼伏夜出的特性，多在背光场所集中为害。随着光照强度的增强，蓟马会躲在花中或土壤缝隙中不再为害，阴天、早晨、傍晚和夜间才在寄主表面活动，多隐蔽于植株的生长点或嫩梢中取食，少数在叶背为害。当用常规触杀性药剂时，因为白天喷不到虫体致使药效不明显，这也是蓟马难防治的原因之一。

蓟马世代重叠，田间可同时见到各虫态的虫体，繁殖能力强，多行孤雌生殖，也有两性生殖，极难见到雄虫。卵散产于叶肉组织内，雌成虫寿命8~10天。卵期在5—6月为6~7天。若虫在叶背取食到高龄末期停止取食，落入表土化蛹。蓟马年发生世代可达10~20代，一般高温干燥季节发生较多，往往在短时间内，虫口密度迅速增加，严重为害植株生长发育，该虫发育的适宜温度为25℃左右、相对湿度60%左右，一般在开花期开始为害，田间杂草多蓟马发生严重，而多雨高湿环境不利于蓟马发生。蓟马成虫飞翔能力弱，一般借风力传播。

（十一）温室白粉虱

1. 为害症状

温室白粉虱（*Trialeurodes vaporariorum*）俗称小白蛾子。食性极杂，寄主植物广泛，已知寄主达600多种，除为害食用豆类外，还主要为害黄瓜、茄子、番茄、辣椒、马铃薯等。成虫和若虫群集在叶片背面，吸取叶片汁液造成叶片褪绿、变黄、萎蔫，果实畸形僵化，引起植株早衰，严重时甚至全株枯死。同时还大量排泄蜜露，污染叶片果实，往往引起煤污病的大发生及传播多种病毒病。影响叶片的光合作用和呼吸作用，降低果实品质。此外，由于其繁殖能力强，繁殖速度快，种群数量庞大，群聚为害，很容易暴发成灾。

2. 发生规律

温室白粉虱属半翅目（Hemiptera）粉虱科（Aleyrodidae）。原产于北美西南部，其后传入欧洲，现广泛分布世界各地。1975 年始于北京，现几乎遍布中国。在北方，温室一年可发生 10 余代，以各虫态在温室越冬并继续为害。白粉虱的种群数量，由春至秋持续发展到高峰，夏季的高温多雨抑制作用不明显，到秋季数量达高峰。在北方由于温室和露地蔬菜生产紧密衔接和相互交替，可使白粉虱周年发生，世代重叠严重。冬季在室外不能存活。白粉虱繁殖的最适宜温度为 18~21℃，在温室条件下，完成一代需要 30 天左右，成虫羽化后 1~3 天可交配产卵，平均每雌虫产卵约 150 粒，也可进行孤雌生殖，其后代均为雄性。成虫具有趋嫩性，在寄主植物打顶以前，成虫总是随着植株的生长不断追逐顶部嫩叶背产卵，使各虫态在植株上形成垂直分布型。在植株自上而下分布为：新产的绿卵、变黑的卵、初龄若虫、老龄若虫、化蛹、新羽化成虫。初孵化的若虫可在叶背短距离爬行，3 天内寻找取食场所，当口器插入叶组织后，足和触角退化，开始营固着生活，直至羽化成虫。温室白粉虱成虫对黄色有很强的趋性，但忌白色、银白色，飞翔力较弱，向外迁移扩散缓慢，在田间先一点一点发生，然后逐渐扩散蔓延，田间虫口密度分布不均匀。

二、食叶类害虫

（一）斜纹夜蛾

1. 为害症状

斜纹夜蛾（*Prodenia lituar* Fabiricus），又名莲纹夜蛾，俗称乌头虫、夜盗虫、野老虎、露水虫等，为世界性害虫，分布极广，寄主极多，除豆科植物外，还可为害包括瓜、茄、葱、韭菜、菠菜以及粮食、经济作物等近 100 科、300 多种植物，是一种杂食、暴食性害虫。以幼虫为害食用豆叶部、花及豆荚，低龄幼虫啮食叶片下表皮及叶肉，仅留上表皮和叶脉，呈透明斑；4 龄以后进入暴食，咬食叶片，仅留主脉。虫口密度大时，常数日之内将大面积食用豆叶片食尽，吃成光秆或仅剩叶脉，且能转移为害。大发生时，会造成严重产量损失。幼虫多数为害叶片，少量幼虫会蛀入花中为害或取食

豆荚。

2. 发生规律

斜纹夜蛾属鳞翅目（Lepidotera）夜蛾科（Noctuidae）。中国从北至南一年发生4~9代，每年华北地区发生4~5代，长江流域发生5~6代，福建发生6~9代，世代重叠现象严重。以蛹在土中蛹室内越冬，少数以老熟幼虫在土缝、枯叶、杂草中越冬。南方冬季无休眠现象。不耐低温，长江以北地区大都不能越冬。多发生在7—9月。各地发生期的迹象表明，此虫有长距离迁飞的可能。成虫具趋光和趋化性。卵半球形，直径约0.5毫米；初产时黄白色，孵化前呈紫黑色，表面有纵横脊纹，数十至上百粒集成卵块，外覆黄白色鳞毛，多产于叶片背面，不易发现。幼虫共6龄，有假死性，初孵幼虫聚集，2龄后期分散为害，4龄以后为暴食期。老熟幼虫体长38~51毫米，夏秋虫口密度大时体瘦，黑褐或暗褐色；冬春数量少时体肥，淡黄绿或淡灰绿色。蛹长18~20毫米，长卵形，红褐至黑褐色，腹末具发达的臀棘一对。成虫前翅灰褐色，内横线和外横线灰白色，呈波浪形，有白色条纹，环状纹不明显，肾状纹前部呈白色，后部呈黑色，环状纹和肾状纹之间有3条白线，组成明显的较宽的斜纹，自翅基部向外缘还有1条白纹。后翅白色，外缘暗褐色。天敌有小茧蜂、广大腿蜂、寄生蝇、步行虫，以及多角体病毒、鸟类等。

在黄河流域，8—9月是严重为害时期；在华中地区，7—8月发生量大，为害最重。斜纹夜蛾是一种喜温性害虫，其生长发育最适宜温度为28~30℃、相对湿度为75%~85%。38℃以上高温和冬季低温，对卵、幼虫和蛹的发育都不利。当土壤湿度过低、含水量在20%以下时，不利于幼虫化蛹和成虫羽化。1~2龄幼虫如遇暴风雨则大量死亡，蛹期大雨、田间积水也不利于羽化。田间水肥条件好、作物生长茂盛的田块，虫口密度往往较大。

（二）甜菜夜蛾

1. 为害症状

甜菜夜蛾（*Spodoptera exigua* Hiibner），又名白菜褐夜蛾，俗称青虫。是一种世界性顽固害虫，全国各地均有发生，除了为害食用豆外，还为害甘蓝、花椰菜、大葱、萝卜、白菜、莴苣、番茄等170多种作物。主要在食用豆苗期为害，以幼虫躲在植株心叶内取食，为害初龄幼虫在叶背群集吐丝结网，食量小，受害部位呈网状半透明的窗斑，干枯后纵裂；3 龄后幼虫，分散为害，食量大增，昼伏夜出，为害叶片成孔洞、缺刻，严重时，可吃光叶肉，仅留叶脉，甚至剥食茎秆皮层。4 龄后幼虫，开始大量取食，蚕食叶片，啃食花瓣、蛀食茎秆及荚果。

2. 发生规律

甜菜夜蛾属鳞翅目（Lepidotera）夜蛾科（Noctuidae）。北京、陕西每年发生 4~5 代，山东发生 5 代，湖北发生 5~6 代，江西发生 6~7 代，广东发生 10~11 代，世代重叠。主要以蛹在土中越冬，少数未老熟幼虫在杂草及土缝中越冬，冬暖时仍见少量取食。在亚热带和热带地区可周年发生，无越冬休眠现象。属间歇性猖獗为害的害虫，不同年份发生情况差异较大，近几年甜菜夜蛾为害呈上升的趋势。卵圆球状，白色，成块产于叶面或叶背，8~100 粒不等，排为 1~3 层，外面覆有雌蛾脱落的白色绒毛，因此不能直接看到卵粒。末龄幼虫体长约 22 毫米，体色变化很大，由绿色、暗绿色、黄褐色、褐色至黑褐色，背线有或无，颜色亦各异；较明显的特征为：腹部气门下线为明显的黄白色纵带，有时带粉红色，此带直达腹部末端，不弯到臀足上，是别于甘蓝夜蛾的重要特征，各节气门后上方具一明显白点。蛹长 10 毫米左右，黄褐色，中胸气门外突。成虫体长 8~10 毫米，翅展 19~25 毫米，灰褐色，头、胸有黑点，前翅灰褐色，基线仅前段可见双黑纹；内横线双线黑色，波浪形外斜；剑纹为一黑条；环纹粉黄色，黑边；肾纹粉黄色，中央褐色，黑边；中横线黑色，波浪形；外横线双线黑色，锯齿形，前、后端的线间白色；亚缘线白色，锯齿形，两侧有黑点，外侧在 M_1处有一个较大的黑点；缘线为一列黑点，各点内侧均衬白色；后翅白色，翅脉及缘线黑褐色。高温、高湿环境条件下，有利于其生长发育。

成虫对黑光灯灯光的趋性较强，羽化后第一天即具备交尾能力。成虫寿命 7~10 天，白天躲在杂草及植物茎叶的浓阴处，夜间活动，无月光时最适宜成虫活动。成虫产卵一般在夜间进行，产于食用豆叶片背面，卵排列成块，覆以灰白色鳞毛。成虫可成群迁飞，具有远距离迁飞的习性。幼虫稍受震扰吐丝落地，有假死性。3~4 龄后，白天潜于植株下部或土缝中，傍晚移

出取食为害。高温、干旱年份更多，常和斜纹夜蛾混发，对食用豆威胁甚大。

（三）银纹夜蛾

1. 为害症状

银纹夜蛾（*Autographa nigrisigna* Walker）又名黑点银纹夜蛾、黑点丫纹夜蛾、豆银纹夜蛾、豆步虫，是食用豆的重要害虫之一。分布在中国各地，是杂食性害虫。除为害食用豆外，还有甘蓝、油菜、芜菁、花椰菜、芥蓝、白菜、萝卜、棉花、玉米、烟草、莴苣、生菜、茄子、胡萝卜等几十种植物作为寄主。主要以幼虫取食食用豆的叶片、嫩尖、花蕾和嫩荚造成危害。幼虫孵化后，初孵幼虫在叶片背面取食叶肉，留下上表皮成窗孔状，3 龄后可将叶片吃成缺刻或孔洞，或爬到植株上部将嫩尖、花蕾、嫩荚全部吃光，甚至钻入豆荚中为害籽粒，并排泄粪便污染荚果，造成落花落荚，籽粒不饱满，严重影响食用豆的产量和品质。幼虫达 4 龄后，进入暴食期，田间受害明显，叶片被害后，严重的往往只剩下少数叶脉，发生量大时可将全田叶片食光。幼虫能吐丝下垂转株为害，有假死习性，受惊动后可卷曲跌落，但不甚敏感。幼虫老熟后，在叶片背面结白色薄丝茧化蛹，也有的在基部黄叶上化蛹。由于茧丝的收缩，化蛹处叶片稍卷。

2. 发生规律

银纹夜蛾属鳞翅目（Lepidotera）夜蛾科（Noctuidae）。在各地均以蛹在枯枝落叶下或土缝中越冬。翌年春随着气温回升，一般于 4—5 月羽化为成虫。在气温 27℃时，成虫寿命约 14 天，卵期 2. 8 天，幼虫期 12. 3 天，预蛹期 0. 8 天，蛹期 6. 6 天，整个历期约 37 天。该虫每年发生代数各地不一，有世代重叠现象。在宁夏每年发生 2~3 代，河北、江苏发生 3~4 代，山东发生 5 代，河南、湖南、湖北、江西发生 5~6 代，广州发生 7 代。在山东，一代发生于 4 月下旬至 6 月中旬；二代于 6 月中旬至 8 月上旬，主要为害春、夏食用豆；三代于 7 月中旬至 8 月下旬；四代于 8 月中旬至 9 月下旬，均在食用豆上为害；五代于 9 月下旬以后，10 月下旬开始化蛹越冬。全年以三代发生量大且为害重。成虫体长 15~17 毫米，翅展 32~36 毫米，体灰褐色。前翅深褐色，外线以内的亚中褶后方及外区带金色；前翅中室后缘中部有一

“U”字形或马蹄形银边褐斑，其外后方有一近三角形银斑，两斑靠近但不相连；肾形纹褐色；基线、内线、外线均为双线，浅银色，线间呈褐色波纹；亚缘线黑褐色，锯齿形；缘毛中部有一黑斑；后翅暗褐色，有金属光泽，胸背有两簇较长的棕褐色鳞片。成虫昼伏夜出，趋光性强，趋化性弱，喜在植株生长茂密的田间产卵，卵多产于寄主的叶背部。每雌平均产卵312粒，最多可达756粒，卵单粒散产，偶尔也有2~3粒或7~8粒粘连在一起。气温低于20℃时，成虫多不产卵。卵半球形，直径约0.5毫米，白色至淡黄绿色，卵面具纵棱与横格，呈网纹状。幼虫共5~6龄，老熟幼虫体长约30毫米，淡绿色，虫体前端较细，后端较粗。头部绿色，两侧有黑斑；胸足及腹足皆绿色，前胸背板有少量刚毛，有4个明显的小白点，向尾部渐宽，有腹足4对、尾足1对，第一、二对腹足退化，行走时体背拱曲。背线呈双线，与亚背线均为白色，共6条位于背中线两侧，体节分界线呈淡黄色；气门线绿色或黑色，胸部气门2对，腹部气门8对，白色或淡黄色，四周为褐色。受惊时虫体卷曲呈“C”形或“O”形。幼虫老熟后，多在叶背吐丝结薄茧化蛹。越冬代则在残株落叶下或土缝内化蛹。蛹体较瘦，长13~18毫米。初期背面褐色，腹面绿色，末期整体黑褐色。腹部第一、二节气门孔突出，色深且明显；第三节比第二节宽1倍；后足超过前翅外缘，达第四腹节的1/2处。尾刺一对，蛹体外具疏松而薄的白色丝茧。银纹夜蛾的天敌种类较多，主要有七星瓢虫、龟纹瓢虫、异色瓢虫、稻苞虫黑瘤姬蜂、蜘蛛、蜻蜓、青蛙以及苏云金杆菌SD-5、白僵菌、绿僵菌、银纹夜蛾核多角体病毒等。

（四）银锭夜蛾

1. 为害症状

银锭夜蛾（*Macdunnoughia crassisigna* Warren）是一种食叶性害虫。幼虫除为害食用豆外，还为害十字花科蔬菜如白菜、莴苣以及青椒、茄子、菜豆、胡萝卜、牛蒡、蓖麻、菊等多种植物。银锭夜蛾常和菜青虫、小菜蛾等常发害虫同时混合发生。初孵幼虫多群集在叶背啃食叶肉，留下上表皮。稍大后为害幼嫩部分造成孔洞或缺刻。影响植株生长，并排泄粪便污染植株，对产量和质量造成较大影响。幼龄幼虫吐丝下垂转移为害，受惊易落，有假死性。4~5龄进入暴食期，可将叶片吃光，仅剩叶柄。

2. 发生规律

银锭夜蛾属鳞翅目（Lepidotera）夜蛾科（Noctuidae）。主要分布在我国的东北、华北、华东、西北、西藏等地，分布在西藏的是银锭夜蛾西藏亚种。在内蒙古、黑龙江、河北等地，每年发生两代，以蛹在枯枝落叶间、土缝中、土块下等隐蔽场所越冬。5月下旬始见成虫羽化，6月中旬至下旬，进入越冬代成虫盛发期，成虫盛期基本上也是产卵盛期。7月中旬至下旬，为第1代幼虫发生为害盛期。8月上旬至中旬，为第1代成虫盛发期。8月中旬至下旬，为第2代幼虫盛期。由于化蛹和越冬场所较分散，所以成虫羽化期较长，有较明显的世代重叠现象。9月中旬，老熟幼虫陆续转移到田间隐蔽场所化蛹，随即进入越冬状态。成虫体长13~16毫米，翅展30~37毫米。头、胸灰褐色，后胸有毛簇，甚大；前翅基线褐色，其外侧灰白色，内线在中室后银白色，内斜，其外缘褐色，肾纹外侧有一银色纵线，中室后方的马掌形斑实心银色，与银点相连成一凹槽形（有的不相连），外线褐色，近后缘处略带银色，亚端线褐色，锯齿形，端线褐色，端区有一灰白色细带。后翅黄褐色，端区色暗，腹部及足黄褐色。成虫昼伏夜出，傍晚活动，白天多静伏在植株间或草丛中，受惊后常作短距离飞翔。成虫有趋光性，及趋向蜜源植物活动和取食的习性。卵散产于叶背，每雌虫一生可产200~400粒卵。卵乳白色，孵化前变灰黑色，馒头形，直径0.6毫米，有纵脊、横脊。幼虫共5龄，个别6龄。末龄幼虫体长30~34毫米，头较小，黄绿色，两侧具灰褐色斑；背线、亚背线、气门线、腹线黄白色，气门线尤为明显。各节间黄白色，毛片白色，气门筛乳白色，围气门片灰色，腹部第8节背面隆起，第9、10节缩小，胸足黄褐色。蛹体长17.0~18.3毫米，宽5.1~5.7毫米，初蛹绿色，腹面逐渐变黄绿色，体背节间出现褐色，后期腹面浅黄褐色，背面褐色，羽化前可见翅面灰白色锭纹。腹末钩状毛6根，中间2根长，其余4根短。

（五）豆卜馍夜蛾

1. 为害症状

豆卜馍夜蛾（*Bomolocha tristalis* Lederer）又名豆髯须夜蛾，是食用豆田中重要的食叶性害虫。幼虫为害食用豆叶片，将叶片吃成缺刻或孔洞，严重危害时，可将全部叶片吃光，仅剩叶脉部分，造成落花落荚。

2. 发生规律

豆卜馍夜蛾属鳞翅目（Lepidotera）夜蛾科（Noctuidae）。主要分布在中国的华北、东北地区及日本，一年可发生 1~2 代。5—8 月为幼虫期，6 月下旬至 7 月上旬为成虫羽化盛期。成虫有趋光性，夜间活动。幼虫多在植株上部为害，习性活泼，触动时立即弹跳落到植株中部叶面上或地面，幼虫老熟后，在卷叶内化蛹或入土营土室化蛹。豆卜馍夜蛾在我国东北地区的发生量有逐年上升趋势，已由次要害虫上升为主要害虫的趋势，且具有一定的暴发性发生现象。

（六）红缘灯蛾

1. 为害症状

红缘灯蛾（*Amsacta lactinea*）又名红袖灯蛾、红边灯蛾，是食用豆田中重要的食叶性害虫。除为害食用豆外，也为害棉花、玉米、马铃薯、高粱、悬铃木、柳树、槐树、柑橘、苹果、柿、桑、向日葵等 100 多种植物。幼虫多食性，为害寄主植物的茎、花、果实。幼虫孵化后群集为害，先取食叶片下表皮和叶肉，仅留上表皮和叶脉，受害叶面出现斑驳的枯斑。严重时将叶、花等全部吃光，仅留叶脉、花柄，对产量影响较大。

2. 发生规律

红缘灯蛾属鳞翅目（Lepidotera）灯蛾科（Arctiidae）。在我国发生面广，除新疆、青海未见外，其他省份均有发生。我国东部地区、辽宁以南发生较多，河北一般一年发生 1 代，南通发生 2 代，南京发生 3 代，均以蛹越冬。翌年 5—6 月开始羽化，成虫日伏夜出，趋光性强，飞翔力弱。老熟后入浅土或于落叶等被覆物内，结茧化蛹。

幼虫孵化后群集为害，3 龄后分散为害。低龄幼虫行动敏捷，爬行迅速，可蚕食叶片，咬成缺刻，遇到震动吐丝下垂。幼虫在上午 10 时前和下午 4 时后，取食较盛，有转株为害的习性。成虫雌蛾体长 20~28 毫米，翅展 58~70 毫米，雄蛾体长 20~25 毫米，翅展 54~65 毫米，体、翅均为白色，前翅前缘及颈板端部红色，腹部背面除基节及肛毛簇外橙黄色，并有黑色横带，侧面具黑纵带，亚侧面一列黑点，腹面白色；触角线状黑色；前翅中室上角常具黑点；后翅横脉纹常为黑色新月形纹，亚端点黑色，1~4个或无。卵扁圆形，直径0.79毫米；卵壳表面自顶部向周缘有放射状纵纹；初产黄白色，有光泽，后渐变为灰黄色至暗灰色。初孵幼虫体黄色或橙黄色，体毛稀少，毛瘤红色；5龄后虫体棕褐色，除第一节及末节外，每节都有12个毛瘤，毛瘤上丛生棕黄色长毛，气门和腹足红色。蛹长22~28毫米，长椭圆形，黑褐色，胸腹部交界处略缩成颈状，第五、六腹节腹面有2个明显突起，中央凹陷。腹末有长短不一的臀棘8~10条，蛹外有黄褐色半透明丝状薄茧。

（七）豆天蛾

1. 为害症状

豆天蛾（*Clanis bilineata*）又名豆蛾、豆虫、豆蚺等，主要寄主植物有绿豆、豇豆、大豆和刺槐等豆科植物。以幼虫为害食用豆叶片，低龄幼虫吃成网孔和缺刻，高龄幼虫食量增大，严重时可将豆株吃成光秆，使之不能结荚，造成减产。

2. 发生规律

豆天蛾属鳞翅目（Lepidoptera）天蛾科（Sphingidae）。主要分布在我国的黄淮流域和长江流域及华南地区，每年发生1~2代，一般黄淮流域发生一代，长江流域和华南地区发生2代。以老熟幼虫在土中9~12厘米深处越冬，越冬场所多在豆田及其附近土堆边、田埂等向阳地。老熟幼虫于翌年6月中旬地温达到24℃时化蛹，7月上旬为羽化盛期，成虫昼伏夜出，白天栖息于生长茂盛的作物茎秆中部，易于捕捉；傍晚开始活动，飞翔力强，可作远距离高飞。有喜食花蜜的习性，对黑光灯有较强的趋性。7月中下旬至8月上旬，为成虫产卵盛期，喜在空旷而生长茂密的豆田产卵，一般散产于植株第三、四片叶背面，每叶1粒或多粒，少数产在叶正面和茎秆上。幼虫5龄，初孵幼虫有背光性，白天潜伏于叶背，1~2龄幼虫一般不转株为害，3~4龄因食量增大则有转株为害习性。9月上旬，幼虫老熟入土越冬。豆天蛾在化蛹和羽化期间，雨水适中发生重，干旱或水涝时不易发生；在植株茂密、地势低洼、土壤肥沃的地块，发生较重。豆天蛾的天敌有赤眼蜂、寄生蝇、草蛉、瓢虫等，对豆天蛾的发生有一定控制作用。

（八）大造桥虫

1. 为害症状

大造桥虫（*Ascotis selenaria* Schiffermüller et Denis），又名尺蠖，为间歇暴发性害虫。大造桥虫以幼虫啃食植株芽叶及嫩茎。低龄幼虫先从植株中下部开始，取食嫩叶叶肉，留下表皮，形成透明点。1~2 龄幼虫仅啃食叶片成小洞，3 龄幼虫多吃叶肉，沿叶脉或叶缘咬成孔洞缺刻；4 龄后进入暴食期，转移到植株中上部叶片，食害全叶，枝叶破烂不堪，甚至吃成光秆。6 龄幼虫取食量可占总取食的量 80%以上，为害加重。大发生时，为害后仅留下主叶脉。

2. 发生规律

大造桥虫属鳞翅目（Lepidoptera）尺蛾科（Geometridae），是一种世界性害虫，广泛分布于亚洲、欧洲和非洲，在我国主要分布在东北、华北、华南、华中、华东和西南等地区。该虫食性非常广泛，除为害食用豆类外，可为害花生、棉花、苜蓿、甘蓝、大白菜等农作物及蔬菜，也可为害鳄梨、苹果、柑橘、脐橙、柠檬、核桃、水杉、桑树、樟树、咖啡、茶叶等林木果树，同时还取食小蓟、艾、牛蒡、小飞蓬等多种杂草。一年可发生 2~5 代，以蛹在土中越冬。卵期 3~8 天，幼虫期 16~25 天，蛹期 9~12 天，成虫寿命 8~13 天，各虫态发育历期受温度、湿度影响比较大，温度、湿度过高或者过低都不利于其存活，各虫态生长发育的适宜温度是 28~31℃。成虫多在夜间羽化，羽化后静伏在树干上，昼伏夜出，有较强的趋光性，不善飞行，多集中在羽化地点 200~300 米范围内活动。成虫体长 15~20 毫米，翅展 26~48 毫米。体色变异很大，一般为淡灰褐色。头部棕褐色，下唇须灰褐色，复眼黑褐色，雌蛾触角线状，雄蛾触角双栉齿状。胸部背面两侧披灰白色长毛，各节背面有 1 对较小的黑褐色斑。前后翅均为灰褐色，内外横线及亚外缘线均有黑褐色波状纹，内外横线间近翅的前缘处有 1 个灰白色斑，其周缘为灰黑色，翅反面为明显的黑褐色斑。雌蛾腹部粗大，雄蛾腹部较细瘦，可见末端抱握器上的长毛簇。成虫羽化后一般在 1~3 天交尾，交尾后第 2 天开始产卵，卵聚产，卵粒产在树干 40~80 厘米处，几十粒或百余粒成堆产在树皮裂缝处或枝杈上，也有产在土缝或草秆上。卵长约 1.7 毫米，长椭圆形，表面

具纵向排列的花纹，初产时翠绿色，孵化前变为灰白色。幼虫共6龄，老熟幼虫体长38~55毫米，1龄幼虫体黄白色，有黑白相间纵纹。低龄幼虫体多灰绿色，第2腹节两侧各有一个黑色斑。幼虫老熟后多为青白色，灰黄色或黄绿色，第2腹节背面近中央处具一明显黑褐色条斑，斑后有1对深黄褐色毛瘤，其上着生有短黑毛，侧面两个黑斑或消失。胸足3对，黄褐色第6腹节具一对腹足，末端具一对尾足。初孵幼虫活动力比较强，爬行或吐丝随风飘移寻找寄主，不取食时多停留在叶部顶端或叶缘，可吐丝随风飘荡扩散，幼虫受惊后吐丝下垂，随风扩散到其他植株上，有的可沿细丝重新回到嫩叶上继续取食。幼虫停止取食时，静伏于植株上，形似枝条，很难被发现。幼虫老熟后，停止取食吐丝坠落地面钻入土中，身体明显缩短变粗，静止不动，经过2~4天预蛹期开始化蛹。蛹长14~17毫米，纺锤形。化蛹初为青绿色，后变为深褐色，略有光泽，第5腹节两侧前缘各有一个长条形凹陷，黑褐色，臀棘2根。其主要天敌有麻雀、大山雀，中华大刀螂、二点螳螂及一些寄生蜂等。

（九）黑绒金龟子

1. 为害症状

黑绒金龟子（*Serica orientalis*）又名东方金龟子、天鹅绒金龟子。除为害食用豆外，还为害玉米、花生等作物，以及苹果、杏、李子多种果树林木。主要以成虫（金龟子）为害食用豆幼苗、嫩芽、新叶及花朵，咬食生长点或咬断幼茎，全株即枯死，且常群集暴食，严重发生时可将幼苗吃光，造成缺苗断垄，甚至毁种。幼虫一般为害性不强，仅在土内取食一些植物根部。夏初先在杂草上取食，食用豆出苗后，咬食豆苗。

2. 发生规律

黑绒金龟子属鞘翅目（Coleoptera）鳃金龟科（Melolonthidae），它的分布十分广泛，是我国最常见的金龟子优势种之一，在东北、华北、西北各地一般每年发生1代。以成虫在土壤内越冬。翌年春季，当土层解冻到20厘米以下时，一般4月中下旬，越冬成虫即逐渐上升。早春温度低时，成虫多在白天活动，活动力弱，在地面爬行，很少飞行。入夏高温时，多傍晚活动。4月下旬至6月上旬，大量出土活动，有雨后集中出土的习性，6月末虫量减少，7月很少见到成虫。成虫活动适宜温度为20～30℃。日平均温度在10℃以上，降水量大、温度高有利于成虫出土。为害盛期在5月初至6月中旬。此虫夜间潜伏在土中，白天出来为害，午后3—5时取食最盛，无风日暖的天气虫量最大。6月为产卵期，每头雌成虫在土壤内16～20厘米处产卵，呈块状，每块1～5粒，后期卵粒散开。一生产卵1～4次。卵期5～10天。幼虫3龄，6月中下旬就开始出现新一代的幼虫。8月中旬到9月中旬，3龄老熟幼虫迁入20～30厘米处作土室化蛹，蛹期约10天，羽化出来的成虫则不再出土，傍晚活动最盛，栖落取食食用豆的嫩叶、幼芽和花。黑绒金龟子喜欢在干旱地块生存，要求最适宜土壤含水量在15%以下，喜沙土、沙荒地。具有趋光性、趋粪性、趋化性、假死性。

（十）蟋蟀

1. 为害症状

蟋蟀又叫油葫芦、促织，俗称蛐蛐儿、土蛰子、地蹦子，是一大类杂食性害虫的通称。该虫食性杂，几乎所有农林植物都能取食，除食用豆外，还为害花生、芝麻、玉米、甘薯、白菜、萝卜等作物，同时还为害牡丹、芍药等花卉、药用植物。以成虫、若虫在地下为害食用豆的根部，在地面主害幼苗，会咬断近地面食用豆的幼茎，切口整齐，致使幼苗死亡，造成严重缺苗断垄，甚至毁种；也能咬食寄主植物的嫩茎、叶片、花蕾、种子和果实，造成不同程度的损失。

2. 发生规律

蟋蟀是直翅目（Orthoptera）蟋蟀科（Gryllidae）的统称。蟋蟀在我国分布极广，几乎全国各省市都有，分布较多的省份有安徽、江苏、浙江、江西、福建、河北、山东、山西、陕西、广东、广西、贵州、云南、西藏、海南等。我国已知蟋蟀有近200种，为害食用豆的主要蟋蟀种类是北京油葫芦（*Teleogryllus emma*）、大扁头蟋（*Loxoblemmmus doenitzi* Stein）、大蟋蟀（*Brchytrupes portentosus* Lichtenstein）。大蟋蟀属于我国南方旱地作物的主要害虫之一。北京油葫芦、大扁头蟋在全国各地均有分布，尤其以华北地区发生最重，是造成为害的主要蟋蟀种类。北京油葫芦、大扁头蟋以卵或若虫在土壤中越冬，在河北、山东、陕西等省，越冬卵于次年4月底至5月初开始孵化，

5月为若虫出土盛期，立秋后进入成虫盛期，9—10月为产卵期，10月中、下旬以后，成虫陆续消亡。大蟋蟀以3~5龄若虫在土穴中越冬，广东和福建南部每年3月上旬越冬若虫开始大量活动，3—5月出土为害幼苗，5—6月成虫陆续出现，7月为成虫盛发期，9月为产卵盛期，10—11月新若虫常出土为害，12月初若虫开始越冬。均以成虫、若虫栖息于土中，昼伏夜出，可整夜活动为害。蟋蟀食量大，一头4龄若虫每小时可取食叶片0.8~2.1平方厘米，一头成虫每小时可取食叶片2.5~4.4平方厘米。为害时间长，从5月上旬到10月中旬，均有成虫、若虫为害。这类害虫多数一年发生1代，成、若虫均喜群栖，若虫共6龄，低龄若虫昼夜均能活动，4龄后昼伏夜出。

三、潜叶类害虫

（一）美洲斑潜蝇

1. 为害症状

美洲斑潜蝇（*Liriomyza sativae* Blanchard）又称蔬菜斑潜蝇，是世界上最为严重和危险的多食性斑潜蝇之一。该虫适应性强，繁殖快，寄主广泛，多达33科170多种植物。除食用豆外，对黄瓜、番茄、甜菜、辣椒、芹菜等蔬菜作物造成较大危害，一般减产25%左右，严重的可减产80%，甚至绝收。幼虫为害叶片，形成灰白色线状蛇形弯曲或蛇形盘绕蛀道，蛀道最初呈针尖状，蛀道终端明显变宽，俗称鬼画符，不超过主脉，其内有交替排列整齐的黑色虫粪，老蛀道后期呈棕色的干斑块区，一般1虫1道，1头老熟幼虫1天可潜食3厘米左右。受害严重的叶片布满蛀道，甚至枯萎死亡，植株中下部叶片发生重。雌成虫用产卵器刺破寄主叶片产卵和吸食汁液，刺伤叶片细胞，形成针尖大小的近圆形刺伤“孔”，造成危害。“孔”初期呈浅绿色，后变白，形成密密麻麻的灰白色小点，肉眼可见，严重影响植株的光合作用。叶片伤孔仅有15%是产卵痕，产卵痕长椭圆形，表面微隆起，较饱满、透明；取食痕略凹陷，扇形或不规则圆形。末龄幼虫在化蛹前，将叶片蛀成窟窿，致使叶片大量脱落。幼虫和成虫的为害可导致寄主植物生长不良、早衰、落花、落果，丧失商品价值。植株幼苗期受害，发育推迟，影响产量，严重时可造成幼苗死亡，造成缺苗断垄；成株受害，可加速叶片脱落，引起果实日灼，造成减产。幼虫和成虫通过取食，还可传播病害，特别是传播某些病毒病。

2. 发生规律

美洲斑潜蝇属双翅目（Diptera）潜蝇科（Agromyzidae），原分布在巴西、加拿大、美国、墨西哥、古巴、巴拿马、智利等30多个国家和地区，中国1994年在海南省首次发现后，现已扩散到海南、广东、广西、云南、四川、山东、北京、天津等十几个省、市、自治区，在我国海南地区一年发生21~24代，无越冬现象；山东露地发生6~8代、冬季保护地发生3~4代；辽宁发生7~8代。在北方自然条件下不能越冬，在保护地可以越冬和继续为害。各地为害盛期一般在5—10月，北方露地为害盛期为8—9月，保护地为11月和次年4—6月，世代重叠严重，每世代夏季2~4周，冬季6~8周，世代短，繁殖能力强。种群发生高峰期和衰退期极为明显，以春、秋两季为害较重。主要靠卵和幼虫随寄主植物或栽培土壤、交通工具等远距离传播。

美洲斑潜蝇属喜温性害虫，在叶片外部或土表化蛹，高温干旱对化蛹均不利，18~35℃条件下，均能正常生长发育，32℃为其最适宜生长发育温度，湿度对美洲斑潜蝇影响不大。成虫羽化高峰在上午8—11时，白天活动，飞向能力不强，有趋光、趋密和趋绿性，对橙黄色有强烈的趋性，成虫小，体长1.3~2.3毫米，浅灰黑色，胸背板亮黑色，体腹面黄色，雌虫体比雄虫大，早晚行动缓慢，8—14时活动较盛，取食并寻偶交配，交配后当天即产卵。卵散产于叶表皮下；每产卵痕中产1粒卵，卵米色，半透明。幼虫共3龄，蛆状，初无色，后变为浅橙黄色至橙黄色，长3毫米，后气门突呈圆锥状突起，顶端三分叉，各具1开口。气温30℃以上，未成熟的幼虫死亡率迅速上升。幼虫成熟后，脱叶化蛹（蛀道端部无蛹），在破损叶片表皮外或土壤表层化蛹。蛹椭圆形，橙黄色，腹面稍扁平，大小（1.7~2.3）毫米×（0.5~0.75）毫米。

（二）豆秆黑潜蝇

1. 为害症状

豆秆黑潜蝇（*Melanagromyza sojae*）又名豆秆蝇、豆秆穿心虫，是分布范围很广的蛀食害虫，主要为害豆科作物，是食用豆苗期至开花前的主要害

虫。以幼虫蛀食豆秆的叶柄、分枝、主茎的髓部和木质部，影响营养及水分的输导，造成植株矮小，豆荚减少，豆粒变小，产量降低。初孵幼虫先在叶背表皮下潜食叶肉，形成小蛀道，经主脉蛀入叶柄。少部分幼虫滞留叶柄蛀食直至老熟化蛹，大部分幼虫再往下蛀入分枝及主茎，蛀食髓部和木质部，严重损耗大豆植株机体，蛀道蜿蜒曲折如蛇行状，1 头幼虫蛀食的蛀道可达 1 米。

苗期受害，因水分和养分输送受阻，有机养料累积，刺激细胞增生，形成根茎部肿大使植株呈铁锈色，植株显著矮化，重者茎中空，叶片脱落，致使植株萎蔫死亡，造成缺苗断垄。拔取虫株，根颈部肿大，剥查虫株，可见虫蛹，这是与根腐病造成萎蔫的最大区别。开花后主茎木质化程度较高，豆秆黑潜蝇只能蛀食主茎的中上部和分枝、叶柄，豆株受害较轻。后期受害还会造成花、荚、叶过早脱落、百粒重降低而减产。成虫除喜吮吸花蜜外，常以腹部末端刺破豆叶表皮，吮吸汁液，被害嫩叶的正面边缘常出现密集的小白点和伤孔，严重时可呈现枯黄凋萎。

2. 发生规律

豆秆黑潜蝇属双翅目（*Diptera*）潜蝇科（*Agromyzidae*），广泛分布于我国的黄淮海、南方等食用豆类作物产区，吉林、河南、山东、江苏、安徽、浙江、江西、湖南、贵州、甘肃、广西、云南、福建、台湾等省份均有发生。豆秆黑潜蝇在东北地区一般一年发生 2~5 代，黄淮地区发生 4~5 代，浙江、福建发生 6~7 代，华南部分地区全年均见为害，世代重叠严重。以蛹及少数幼虫在寄主根茬和秸秆上越冬。越冬蛹成活率低，因此，第 1 代幼虫基本不造成为害。在黄淮海地区，翌年 5 月开始羽化产卵；第二代幼虫 6 月下旬至 7 月上旬出现，8 月至 9 月第三、四代幼虫相继出现。平均完成一世代需要 24~25 天。豆秆黑潜蝇成虫有趋光性，上午 7—9 时活动最盛，多集中在豆株上部叶面活动；夜间、烈日下、风雨天则栖息于植株下部叶片或草丛中。成虫将卵产在腋芽基部和叶背主脉附近组织内，一雌可产卵数十粒。幼虫孵化后，由食用豆腋芽和叶柄处穿隧道进入主茎，蛀食髓部。单株虫量一般 3~5 头，多者 6~8 头。化蛹部位在茎基离地面 2~13 厘米的部位，化蛹前在基部咬一长 1 毫米左右的羽化孔。幼虫有首尾相接弹跳的习性，多雨多湿的季节发生严重。

（三）豌豆彩潜蝇

1. 为害症状

豌豆彩潜蝇（*Chromatomyia horticola*）别名豌豆潜叶蝇、豌豆植潜蝇和油菜潜叶蝇。它是一种多食性害虫，有 130 多种寄主植物，除了食用豆外，还为害十字花科蔬菜、茄科类、莴苣、茼蒿及多种花卉和杂草。具有繁殖力高、世代周期短、寄主范围广和传播能力强等生物学特性。以幼虫潜入寄主叶片表皮下，曲折穿行，取食绿色叶肉组织，在叶片正反面均出现不规则的灰白色迂回曲折的蛇形线状蛀道，蛀道多是从叶片边缘开始向中部延伸，但不穿过主脉，内有很细小的颗粒状虫粪，端部可见椭圆形、淡黄白色的蛹。为害严重时，叶片组织几乎全部受害，叶片上布满蛀道，且互串成片，致叶片枯萎，尤以植株基部叶片受害为最重。幼虫也可潜食嫩荚及花梗。成虫也可以为害，雌成虫用产卵器刺破寄主叶片产卵，或雌、雄虫从刺孔处吸食汁液，使被吸处留下密密麻麻的灰白色小点，尤其是在叶尖和边缘。一般在卵孵化 3~4 天就会看到明显的蛀道，并随着幼虫发育蛀道变大，蛀道形状一般不规则，刻点和蛀道都能强烈抑制叶片的光合作用。

2. 发生规律

豌豆彩潜蝇属双翅目（Diptera）潜蝇科（Agromyzidae），一年发生 4~18 代，世代重叠。淮河以北地区，以蛹在被害叶片内越冬；淮河秦岭以南至长江流域，以蛹越冬为主，少数幼虫和成虫也可越冬；华南地区可在冬季连续发生。各地均从早春起，虫口数量逐渐上升，春末夏初为害猖獗。此虫不耐高温，气温 35℃以上时，自然死亡率高，活动减弱，甚至以蛹越夏，秋天再开始为害。成虫很活跃，白天出没于寄主间，吸食花蜜，善飞、会爬行，趋化性强；雌成虫体长 2.5~3.0 毫米，雄成虫体长 1.8~2.2 毫米，全身暗灰，有稀疏刚毛，中胸近黑色，各腹节后缘暗黄，头部黄色，复眼红褐色，触角黑色，翅基、腿节末端、各跗节后缘黄色；翅透明，光下可见彩虹光彩。成虫在白天活动、取食、交尾和产卵，夜间栖息在植株中下部叶片背面；雌成虫在叶背叶缘用产卵管刺出刻点，雌、雄虫在刻点处取食汁液，或雌成虫在刻点处产卵，卵散产在叶缘组织内，尤以叶尖处为多，同一片叶只产卵 1~2

粒，每雌虫日产卵 9~20 粒，一生可产卵 50~100 粒；卵长 0.30~0.33 毫米，长卵圆形，灰白光滑，卵壳薄而软，略透明。幼虫共 3 龄，幼虫孵化后即潜食叶肉，出现曲折的隧道，初孵幼虫体长 0.26~0.34 毫米，体色透明，前端较粗钝，后部较细，无前气门，后气门孔突和开口较 2、3 龄幼虫少，头咽骨长度达到身体的 1/3。老熟幼虫黄白色，长约 3.5 毫米，体表光滑且透明，前气门成叉状前伸，后气门在腹部末端背面，为一对明显小突起，在隧道末端化蛹。蛹长 3 毫米左右，长椭圆形，初为淡黄色，后转为黄褐色；一般在晴暖天气的上午 8—11 时，蛹羽化为成虫。

四、钻蛀类害虫

（一）豆荚螟

1. 为害症状

豆荚螟（*Etiella zinckenella* Treitschke）又名豆荚斑螟、大豆荚螟、槐螟蛾、洋槐螟蛾等。除食用豆外，其他受害的主要作物有：洋槐、刺槐、毛条、苦参、苕子等 60 多种豆科植物。以幼虫为害叶、蕾、花及豆荚，还能吐丝卷叶，在卷叶内蚕食叶肉，造成落蕾、落花和枯梢；同时以幼虫蛀食豆荚种子，早期蛀食嫩荚，易造成落荚，后期蛀食豆粒，并在荚内及蛀孔外堆积粪粒；轻者把豆粒蛀成缺刻、孔洞，重则把整个豆荚蛀空，造成瘪荚、空荚。受害的豆荚豆粒味苦，不能食用，造成减产，且品质严重变劣，影响商品价值。

2. 发生规律

豆荚螟属鳞翅目（Lepidoptera）螟蛾科（Pyralidae）。该虫为世界性分布，在我国分布面广，除西藏未见报道外，其余各省区市均有发生，黄河以南以及甘肃、青海多数地方，密度均很高，以华东、华中、华南及陕西受害最重。豆荚螟在各地发生的代数不同。辽宁和陕西的南部一般每年发生 2 代，山东发生 3 代，河南、湖北等省发生 4~5 代，广东发生 7~8 代。各地主要以老熟幼虫，在寄主植物附近土表下 5~6 厘米处，结茧越冬。4 月上旬为化蛹盛期，4 月下旬至 5 月中旬开始羽化，6—9 月为为害盛期。成虫体长 10~12 毫米，翅展 20~24 毫米；头、胸褐黄，前翅褐黄色，沿翅前脉有一条白色纹，前翅中室内侧有棕红金黄色宽带横纹；后翅灰白，边缘色泽较深；成虫寿命6~7天，白天潜伏在叶背，夜晚活动、产卵，飞翔力不强，趋光性弱。羽化后当日即能交尾，隔天就可产卵，每荚一般只产1粒卵，少数2粒以上。卵多产在豆荚的细毛间和萼片下面，少数可产在叶柄等处。每头雌蛾可产卵80~90粒，卵期3~6天；卵为椭圆形，初产乳白色，后转为红黄色。幼虫共5龄，初为黄色，后转绿色，老熟幼虫背面紫红色，前胸背板近前缘中央有“人”字形黑斑，其两侧各有黑斑1个，后缘中央有小黑斑2个；气门黑色，腹足趾钩双环序；幼虫期9~12天，幼虫孵化后在豆荚上爬行或吐丝悬垂转荚，选荚后先在荚上吐丝作一小白丝囊，从丝囊下蛀入荚内，潜入豆粒中取食；1龄幼虫不转荚，2~5龄幼虫有转荚为害习性，每一幼虫可转荚为害1~3次；先在植株上部为害，渐至下部，一般以上部幼虫分布最多。幼虫老熟后离荚入土，结茧化蛹，茧外粘有土粒；蛹长9~10毫米，黄褐色，臀刺6根。天敌有豆荚螟甲腹茧蜂、小茧蜂、豆荚螟白点姬蜂、赤眼蜂等。豆荚斑螟喜干燥，在适温条件下，湿度对其发生的轻重有很大影响，雨量多、湿度大则虫口少，雨量少、湿度低则口大；地势高、土壤湿度低的地块，比地势低、湿度大的地块为害重。结荚期长的品种较结荚期短的品种受害重，荚毛多的品种较荚毛少的品种受害重，豆科植物连作田受害重。

（二）豇豆荚螟

1. 为害症状

豇豆荚螟（*Maruca testulalis* Geyer）俗称豆角钻心虫，又名豆（荚）野螟、豇豆螟、豆螟蛾、（大）豆卷叶螟、豇豆蛀野螟等，是豆科蔬菜中较为重要的钻蛀性害虫之一，能为害豇豆、扁豆、菜豆、绿豆等多种豆科作物，还为害苏木、胡麻等6科20属30多种植物。在国外豇豆荚螟幼虫对豇豆豆荚、花的为害率可达31%，对种子的为害率达16%。20世纪60—70年代，豇豆荚螟曾在非洲暴发成灾，严重影响了非洲粮用豇豆的生产。在山东省的济南地区，豇豆荚螟对豇豆为害率达30%；河南南阳地区，发生严重时，可降低绿豆产量67%；在华南地区，豇豆荚螟对连作豇豆田豆荚为害率可达70%以上。以幼虫蛀食为害食用豆花器、豆荚和籽粒，还能吐丝卷叶在内蚕食叶片以及蛀害嫩茎和取食花瓣，造成落花、落蕾和烂荚，严重影响其产量

和食用价值。初孵幼虫在花蕾或嫩荚上爬行几个小时后，蛀入花蕾或花器，取食花药和幼嫩子房，被害花蕾或幼荚不久即脱落；3龄后幼虫转害嫩荚，4龄、5龄幼虫主要在豆荚内蛀食豆粒为害，每荚1头幼虫，少数2~3头，并有多次转荚为害特性；后期豆荚被蛀食后产生蛀孔，在豇豆豆荚内及蛀孔外堆积粪粒。被害豆荚在雨后常致腐烂。

2. 发生规律

豇豆荚螟属鳞翅目（Lepidoptera）螟蛾科（Pyralidae），该虫分布在我国北起吉林、内蒙古，南至台湾、广东、广西、云南，山东受害严重。在华北地区每年发生3~4代，华中地区发生4~5代，华南地区发生7代，以蛹在土中越冬。每年6—10月是幼虫为害期。成虫体长约13毫米，翅展约26毫米，体灰褐色，前翅黄褐色，前缘色较淡，在中室的端部、室内和室下各有1个白色透明的小斑纹，后翅近外缘有1/3面积为黄褐色，其余部分为白色半透明，有1条深褐色线把色泽不同的两部分区分开，在翅的前缘基部还有褐色条斑和2个褐色小斑。前后翅均有紫色闪光。雄虫尾部有灰黑色毛1丛，挤压后能见到黄白色抱握器1对，雌虫腹部较肥大，末端圆筒形。成虫喜夜间活动，趋光性较强，白天潜伏，受到惊吓时，可作短距离飞翔3~5米，傍晚产卵，卵为散产，一般为1~2粒，多产于花蕾和花瓣上，每头雌虫约产卵80粒，最高者可产400粒；卵扁平，略呈椭圆形，长约0.6毫米，宽约0.4毫米。初产时淡黄绿色，近孵化时橘红色，卵壳表面有近六角形网状纹；卵期2~3天。幼虫共5龄，老熟幼虫体长约1毫米，体黄绿色，前胸背板及头部褐色；前列4个各生有2根细长的刚毛，中后胸背板上有黑褐色毛片6个，排成2列，后列2个无刚毛；腹部各节背面的毛片上各着生1根刚毛，腹足趾钩为双序缺环；幼虫期8~10天。老熟幼虫在叶背主脉两侧做茧化蛹，亦可吐丝下落土表或落叶中结茧化蛹。蛹长约13毫米；初蛹黄绿色，后变黄褐色；头顶突出，复眼浅褐色，后变红褐色，翅芽伸至第4腹节的后缘，羽化前在褐色翅芽上能见到成虫前翅的透明斑纹；蛹体外被白色薄丝茧包裹；蛹期4~10天。豇豆荚螟对温度适应范围广，15~36℃都能发育，但最适温度为25~29℃。相对湿度高、温度低时，对豇豆荚螟均不利。在花蕾期，湿度50%~80%、气温25~30℃、食料充足的情况下，虫害发生较重。其他豆类作物种植较多、均有较充足的食料时，害虫发育好，繁殖系数高。该虫喜高温高湿，温度高往往为害重，发生期在6—10月，为害盛期主要在7—8月。凡是增加田间湿度的因素（如搭架、浇水等），都能使豇豆荚螟的发生和为害程度加重。

（三）豆卷叶螟

1. 为害症状

豆卷叶螟（*Lamprosema indicata* Fabricius）又名豆蚀叶野螟、大豆卷叶虫、豆三条野螟，是重要的食用豆害虫。豆卷叶螟是一种寡食性害虫，可为害大豆、豇豆、绿豆、赤豆、菜豆、豌豆等豆科植物。以幼虫为害，低龄幼虫不卷叶，初孵幼虫蛀入花蕾和嫩荚，使花蕾容易脱落，豆粒被虫咬伤，蛀孔口常有绿色粪便，虫蛀荚常因雨水灌入而腐烂，影响食用豆品质和产量。3龄开始卷叶，4龄卷成筒状。幼虫为害叶片时，常吐丝把两叶粘在一起，潜伏在其中取食叶肉和残留叶脉。叶柄或嫩茎被害时，常在一侧被咬伤而萎蔫至凋萎，影响光合作用，组织受损后，致使植株不能正常生长而减产。

2. 发生规律

豆卷叶螟属于鳞翅目（Lepidoptera）螟蛾科（Pyralidae）。该虫广泛分布在我国的北起吉林、内蒙古，南、东分别达国境线，西限自宁夏、甘肃、青海，折入四川、云南。山东、河北一年发生2~3代，江西发生4~5代，广东发生5代。以老熟幼虫或蛹在枯叶内越冬。成虫体长10毫米左右，翅展18~23毫米，体黄褐色；胸部两侧附有黑纹，翅面有黑色鳞片；前翅内横线、中横线、外缘线黑色波浪状，内横线外侧具黑色点1个，后翅生有2条黑色横线，翅展开时与前翅内、外横线相连，外缘黑色；具有昼伏夜出的生活习性，有趋光性，对黑光灯的趋光性较弱，喜欢在傍晚时分出来活动。雌、雄蛾多在傍晚后交配，取食花蜜，交配后可多次产卵，大多在夜晚或清晨时产卵，多把卵产在生长茂盛、生长期长、成熟晚、叶宽圆、叶毛少的食用豆品种上，其卵散产在叶片背面，一般2~3粒，卵扁圆形，刚产下的卵呈透明状，淡黄绿色，孵化前呈淡褐色。幼虫5龄，1、2龄幼虫的体色乳白色，第二次脱皮后，体色逐渐变绿，即3、4龄幼虫的体色是绿色，老熟幼虫黄绿色；老熟幼虫体长15~17毫米，头部和前胸背板浅黄色，单眼，口器

褐色，胸部淡绿色；前胸侧板具一黑色斑，胸腹部浅绿色，气门环黄色，沿各节的亚背线，气门上、下线和基线处具小黑纹；有转移为害习性，性活泼，遇惊扰后迅速后退逃避。老熟后在卷叶中化蛹，蛹长 12 毫米，褐色，纺锤形，茧长 17 毫米左右，椭圆形，薄丝质，白色。豆卷叶螟喜欢多雨湿润气候，一般干旱年份发生较轻，在温度、湿度适宜时会大面积发生。对豆卷叶螟起主要控制作用的寄生性天敌有茧蜂科的长颊茧蜂、姬蜂科的广黑点瘤姬蜂、小蜂科的广大腿小蜂和寄蝇科的家蚕追寄蝇，其中长颊茧蜂是天敌优势种。

（四）棉铃虫

1. 为害症状

棉铃虫（*Helicoverpa armigera*）又名棉铃实夜蛾，广泛分布在中国及世界各地，寄主植物有 30 多科 200 余种。棉铃虫是为害食用豆的重要钻蛀性害虫，特别是为害鹰嘴豆的第一大害虫，主要蛀食食用豆的叶、蕾、花和豆荚。幼虫钻入豆荚内，蛀食种子，也取食嫩叶。

2. 发生规律

棉铃虫属鳞翅目（Lepidotera）夜蛾科（Noctuidae）。在我国由北向南年发生 3~8 代，辽宁、河北北部、内蒙古、新疆等地一年发生 3 代，华北及黄河流域发生 4 代，长江流域发生 4~5 代，华南地区发生 6~8 代，以滞育蛹在土中越冬。黄河流域越冬代成虫于 4 月下旬始见，第一代幼虫主要为害小麦、豌豆等，其中麦田占总量的 70%~80%，第二代成虫始见于 7 月上中旬。成虫体长 14~18 毫米，翅展 30~38 毫米，灰褐色；前翅具褐色环状纹及肾形纹，肾纹前方的前缘脉上有二褐纹，肾纹外侧为褐色宽横带，端区各脉间有黑点；后翅黄白色或淡褐色，端区褐色或黑色；白天隐藏在叶背等处，黄昏开始活动，取食花蜜，有趋光性，在夜间交配产卵，每头雌成虫平均产卵 1 000 粒。卵散产，近半球形，底部较平，高 0. 51~0. 55 毫米，直径 0. 44~0. 48 毫米，顶部微隆起；初产时乳白色或淡绿色，逐渐变为黄色，孵化前紫褐色。卵表面可见纵横纹，其中伸达卵孔的纵棱有 11~13 条，纵棱有 2 岔和 3 岔到达底部，通常 26~29 条。幼虫多通过 6 龄发育，个别 5 龄或 7 龄，初孵幼虫先吃卵壳，后爬行到心叶或叶片背面栖息；第 2 天集中在生长点或嫩尖处取食嫩叶，但为害状不明显，2 龄幼虫除食害嫩叶外，开始取食幼荚，3 龄以上幼虫常互相残杀，4 龄后幼虫进入暴食期，幼虫有转株为害习性，转移时间多在上午 9 时和下午 5 时；老熟幼虫体长 30~41 毫米，体色变化很大，由淡绿、绿色、淡红、黄白至红褐乃至黑紫色，常见为绿色型及红褐色型；头部黄褐色，背线、亚背线和气门上线呈深色纵线，气门白色，腹足趾钩为双序中带；老熟幼虫在 3~9 厘米表土层筑土室化蛹。蛹长 14~23 毫米，纺锤形，初蛹为灰绿色，绿黑色或褐色，复眼淡红色，近羽化时呈深褐色，有光泽，复眼黑色。腹部第 5~7 节背面和腹面有比较稀而大的马蹄形刻点；臀棘钩刺 2 根，尖端微弯。棉铃虫主要天敌有：龟纹瓢虫、红蚂蚁、叶色草蛉、中华草蛉、大草蛉、隐翅甲、姬猎蝽、微小花蝽、异须盲蝽、狼蛛、草间小黑蛛、卷叶蛛、侧纹蟹蛛、三突花蛛、蚁型狼蟹蛛、温室希蛛、黑亮腹蛛、螟黄赤眼蜂、侧沟茧蜂、齿唇姬蜂、多胚跳小蜂等。

在鹰嘴豆上一年可发生 2 代，第一代主要发生在 5 月下旬至 6 月上旬，进入 6 月发生数量逐渐上升，6 月 30 日进入结荚期后，发生数量明显增多。第二代发生在 7 月上中旬，一般小龄幼虫在叶面上，大龄幼虫则多位于豆荚内，随鹰嘴豆的生长及气候变暖，呈现上升趋势。

五、地下害虫

（一）蛴螬

1. 为害症状

蛴螬（英文名：grub）是金龟甲的幼虫，别名白土蚕、核桃虫。该虫喜食萌发的种子、幼苗的根、茎；苗期咬断幼苗的根、茎，断口整齐平截，地上部幼苗枯死，造成田间大量缺苗断垄或幼苗生长不良，使杂草大量出生，过多的消耗土壤养分，增加了化除成本或为下年种植作物留下隐患；成株期主要取食食用豆的须根和主根，虫量多时，可将须根和主根外皮吃光、咬断。蛴螬地下部食物不足时，夜间出土活动，为害近地面茎秆表皮，造成地上部植株黄瘦，生长停滞，瘪荚瘪粒，减产或绝收。后期受害造成千粒重降低，不仅影响产量，而且降低商品性。蛴螬成虫喜食叶片、嫩芽，造成叶片残缺不全，加重为害。

2. 发生规律

蛴螬属鞘翅目（Coleoptera）金龟甲总科（Scarabaeoidae），是世界上公认的重要地下害虫，可为害多种植物，是近几年为害最重、给农业生产造成巨大损失的一大类群。蛴螬在我国分布很广，各地均有发生，但以我国北方发生较普遍。据资料记载，我国蛴螬的种类有1000多种，其中为害食用豆的种类主要有：大黑鳃金龟（*Holotrichia oblita* Faldermann）、暗黑鳃金龟（*Holotrichia parallela* Motschulsky）、铜绿丽金龟（*Anomala corpulenta* Motschulsky）。蛴螬是一类生活史较长的昆虫，每年发生代数因种、因地而异。一般一年1代，或2~3年1代，长者5~6年1代，如大黑鳃金龟2年1代，暗黑鳃金龟、铜绿丽金龟一年1代，小云斑鳃金龟在青海4年1代，大栗鳃金龟在四川甘孜地区则需5~6年1代。蛴螬共3龄，1龄、2龄期较短，第3龄期最长。以成虫和幼虫越冬，成虫在土下30~50厘米处越冬，羽化的成虫当年不出土，一直在化蛹土室内匿伏越冬；幼虫一般在地下55~145厘米处越冬，越冬幼虫在第二年5月上旬，开始为害幼苗地下部分。成虫交配后10~15天产卵，产在松软湿润的土壤内，以水浇地最多，每头雌虫可产卵100粒左右。蛴螬有假死和负趋光性，并对未腐熟的粪肥有趋性。白天藏在土中，晚上8—9时进行取食等活动。当10厘米土温达5℃时，开始上行到土表；13~18℃活动最盛，高于23℃时，则向深土层转移；当秋季土温下降到其活动适温时，再移向土壤上层。因此，蛴螬发生最重的季节主要是春季和秋季。蛴螬的发生规律与土壤湿度密切相关，连续阴雨天气、土壤湿度大，蛴螬发生严重；有时虽然温度适宜，但土壤干燥，则死亡率高。低温、降雨天气，很少活动；闷热、无雨天气，夜间活动最盛。连作地块，发生较重；轮作田块，发生较轻。蛴螬在土壤中的活动与土壤温度关系密切，特别是影响蛴螬在土壤内的垂直活动。

（二）小地老虎

1. 为害症状

小地老虎（*Agrotis ypsilon*）又称地蚕、土蚕、切根虫，是地老虎中分布最广、危害最严重的种类，其食性杂，可取食棉花、瓜类、豆类、禾谷类、麻类、甜菜、烟草等多种作物。该虫是多食性害虫，寄主多，分布广，地老虎幼虫可将幼苗近地面的茎部咬断，使整株死亡。1~2 龄幼虫，昼夜均可群集于幼苗顶心嫩叶处，啃食幼苗叶片成网孔状，取食为害；3 龄后分散，幼虫行动敏捷，有假死习性，对光线极为敏感，受到惊扰即蜷缩成团，白天潜伏于表土的干湿层之间，夜晚出土从地面将幼苗植株咬断拖入土穴，或咬食未出土的种子，幼苗主茎硬化后，改食嫩叶和叶片及生长点；4 龄后幼虫剪苗率高，取食量大；老熟幼虫常在春季钻出地表，在表土层或地表为害，咬断幼苗的茎基部，常造成食用豆缺苗断垄和大量幼苗死亡，严重影响产量。食物不足或寻找越冬场所时，有迁移现象。

2. 发生规律

小地老虎属鳞翅目（Lepidotera）夜蛾科（Noctuidae）。在我国由北向南一般一年发生 1~7 代，在黑龙江一年发生 1~2 代，在北京一年发生 4 代，在我国南方各省份一般一年发生 6~7 代。小地老虎在我国南方各省区的大部分地区，一般以幼虫和蛹在土中越冬，在 1 月平均温度高于 8℃ 的冬暖地区，冬季能继续生长、繁殖与为害，在北方基本不能越冬。成虫飞翔能力很强，具有远距离迁飞能力，累计飞行可达 34 ~ 65 小时，飞行总距离达 1 500~2 500 千米。与黏虫等迁飞害虫一样，随季风南北往返迁移为害，春季越冬代蛾由越冬区逐步由南向北迁出，形成复瓦式交替北迁的现象；秋季再由北回迁到越冬区过冬（越冬北界为北纬 33°左右），构成一年内小地老虎季节性迁飞模式内的大区环流。另外，它还有垂直迁飞的现象。成虫体长 16~23 毫米，翅展 42~54 毫米，深褐色，前翅暗褐色，具有显著的肾状斑、环形纹、棒状纹和 2 个黑色剑状纹；在肾状纹外侧有一明显的尖端向外的楔形黑斑；在亚缘线上侧有 2 个尖端向内的楔形黑斑，3 斑相对，易于识别；后翅灰色无斑纹；雌虫触角丝状，雄虫双栉状（端半部为丝状）；白天潜伏于土缝中、杂草间、屋檐下或其他隐蔽处，夜出活动、取食、交尾、产卵，以晚上 7~10 时最盛；在春季傍晚气温达到 8℃ 时，即开始活动，温度越高，活动的数量与范围亦愈大，大风夜晚不活动，对糖、醋、蜜、酒等酸甜芳香气味物质表现强烈的正趋化性，对普通灯趋光性不强，但对黑光灯趋性强；成虫羽化后经 3、4 天交尾，在交尾后第 2 天产卵，卵散产于杂草中或土块中，每一雌蛾，通常能产卵 800~1 000 粒。卵半球形，直径约 0.61 毫米，表面有纵横交

错的隆起线纹；初产时乳白色，孵化前为灰褐色。幼虫共 6 龄，老熟幼虫体长 41~50 毫米，体稍扁，暗褐色；体表粗糙，布满龟裂状的皱纹和黑色小颗粒，背面中央有 2 条淡褐色纵带；头部唇基形状为等边三角形；腹部 1~8 节背面有 4 个毛片，后方的 2 个较前方的 2 个要大 1 倍以上；腹部末节臀板有 2 条深褐色纵带；3 龄前幼虫在寄主心叶或附近土缝内，全天活动，但不易被发现；3 龄后幼虫扩散为害，白天在土下，夜间及阴雨天外出，把幼苗近地面处切断拖入土中；3 龄后幼虫有假死性和自相残杀性，受惊吓即蜷缩成环，如遇食料不足，则迁移扩散为害，老熟虫大多数迁移到田埂、田边、杂草附近，钻入干燥松土中筑土室化蛹。蛹长 18~24 毫米，暗褐色，腹部第 4~7 节基部有圆形刻点，背面的大而色深；腹端具臀棘 1 对。根据生产观察，第 1 代幼虫数量最多，危害最大，是生产上防治的重点时期。

小地老虎成虫产卵和幼虫生活最适宜的温度为 14~26℃，相对湿度为 80%~90%，土壤含水量为 15%~20%。当气温在 27℃以上时，发生量即开始下降，在气温 30℃且湿度为 100%时，1~3 龄幼虫常大批死亡。如果当年 8—10 月降水量在 250 毫米以上，次年 3—4 月降水在 150 毫米以下，会使小地老虎大发生；而秋季雨少、春季雨多，则不利于其发生。小地老虎喜欢温暖潮湿的环境条件，因此，凡是沿河、沿湖、水库边、灌溉地、地势低洼地及地下水位高、耕作粗放、杂草丛生的田块，虫口密度大。春季田间凡有蜜源植物的地区，发生亦重。凡是土质疏松、团粒结构好、保水性强的壤土、黏壤土、沙壤土，更适宜于发生，尤其是上年被水淹过的地方，发生量大，为害更严重。

（三）苗期象鼻虫

1. 为害症状

食用豆苗期象鼻虫主要是两种，大灰象甲（*Sympiezomias velatus* Chevrolat）和蒙古灰象甲（*Xylinophorus mongolicus* Faust）。主要以成虫为害刚出土的幼苗，能将幼苗的幼芽、芽苞、嫩叶、生长点及幼茎咬食干净，使幼苗无法生长而干枯死亡，造成田间缺苗断垅，甚至毁种，严重影响食用豆的产量。另外，对贮存种子的为害性，象鼻虫较其他任何甲虫都大。

2. 发生规律

大灰象甲和蒙古灰象甲属鞘翅目（Coleoptera）象甲科（Curculionidae），

常混合发生，一般 2 年发生 1 代。以成虫和幼虫在土中越冬，4 月中、下旬，越冬成虫出土活动，5 月下旬在卷叶内产卵。幼虫卵孵化后，钻入土中取食腐殖质和细根。6 月上旬以后，出现新孵化的幼虫。9 月下旬，大部分幼虫已经老熟，幼虫作土室越冬；尚未老熟的幼虫，翌年春暖后，继续取食一段时间，才做蛹室休眠。经越冬阶段后，6 月下旬化蛹，7 月中旬羽化为成虫，即取食为害。当年不交尾产卵。9 月底后，少数羽化较晚的成虫，在原处越冬，春季过后，成虫开始群集取食为害。自卵孵化至羽化成虫，成虫再产卵，历时 2 周年。气温较高时，多在早晚活动；白天或风雨天，潜伏在土块畦埂下或缝隙间群聚。有假死习性，没发现飞迁现象。

六、仓储害虫

（一）绿豆象

1. 为害症状

绿豆象（*Callosobruchus chinensis*），寄主于绿豆、菜豆、豇豆、扁豆、豌豆、蚕豆、赤豆等多种豆类，其中以绿豆、小豆、豇豆被害最为严重，田间及仓库内均可繁殖、为害。绿豆象的初侵染在田间发生，成虫在嫩豆荚上产卵，在羽化为幼虫的过程中穿过荚皮蛀入种子内部取食，并随豆类收获带入仓内进行为害，虫蚀后可降低种子重量的 30.2%～55.7%，损失产量的 30%～56%，严重的 80%以上。成虫羽化后引起第 2 次侵染，危害更加严重，甚至可以导致整仓绿豆被损。

2. 发生规律

绿豆象属鞘翅目（Coleoptera）豆象科（Bruchidae），是世界性的储粮害虫。我国大部分省区都有分布，北方一年发生 4～5 代，南方可发生 9～11 代，成虫与幼虫均可越冬。成虫体长 2～3 毫米、宽 1.2～2 毫米，体形粗短，全身密生各色绒毛。根据体色的不同，可分成淡色型及暗色型，前者体背大部分为赤褐色，后者体背大部分为黑褐色，并夹有赤褐色；头小，雌虫触角呈锯齿状，雄虫呈梳齿状；前胸前部细窄而后部宽大，背面后部中央有 2 个长卵形的白色斑纹；小盾片近于长方形，被有白色茸毛；鞘翅的长度稍大于宽度，后半部横列着 2 列白斑；腹部腹面可见 5 节，其两侧有小白斑，腹末

露在鞘翅外，足黄褐色；成虫善飞翔、爬行，并有假死习性、趋光性；成虫可在田间豆荚上或仓库内豆粒上产卵，每雌可产卵20~80粒。卵散产于豆粒表面或嫩豆荚上；一般在仓库内，平均每豆粒产卵3~5粒，在田间平均每荚产卵4~5粒；椭圆形，稍扁平，初为乳白色，后变淡黄色；长约0.54毫米，宽约0.3毫米。幼虫孵化后，从卵壳下蛀入豆粒，或穿透荚皮蛀入豆粒，食胚及胚乳部分，每个籽粒一般有幼虫1~3头；老熟幼虫体长约3.5毫米，乳白色；体形粗肥，两端向腹面弯曲；头小略带黄色，大部分缩入前胸内；胸足退化成小型肉质突起。蛹长3.0~3.5毫米，淡黄色，椭圆形，头向下弯；前胸背中央有1纵沟直达后胸背；后足几乎伸达腹末，腹末肥厚，并显著地向腹面斜削。

绿豆象适宜的温度为24~30℃，当温度低于10℃或高于37℃时，发育不能进行。在适当温度范围内，温度越高，发育越快，反之则发育所需的时间延长；适宜的相对湿度是68%~95%，相对湿度在68%~90%时，生长发育最快，低湿（相对湿度18%以下）和高湿（相对湿度100%）的情况下，发育困难。绿豆象在田间产卵时，对寄主有明显的选择性，以绿豆上落卵量最大，孵化率、幼虫成活率最高，其次为豇豆、菜豆、四季豆等；田间落卵量与生育期关系密切，同一田块，绿豆生长后期，落卵量高于前期；绿豆贮藏期长短对绿豆象的发生危害程度影响较大，一般贮藏期越长，受害越重，且表层落卵量明显高于中层和下层。

（二）四纹豆象

1. 为害症状

四纹豆象（*Callosobruchus maculates*），主要为害豇豆，也为害赤豆、绿豆、鹰嘴豆等，食用豆籽粒被取食后，豆粒被蛀蚀成空壳，既不能食用，也不能作种子，只能用作饲料，大大降低了商品价值，经济损失严重。

2. 发生规律

四纹豆象属鞘翅目（Coleoptera）豆象科（Bruchidae）。原产东亚热带，最早在美国发现，是一种世界性的检疫害虫。四纹豆象广泛分布于我国各地区，最初是由我国港澳游客携带进入我国大陆地区，现在主要分布地区包括广西、广东、福建、湖南、云南、湖北、安徽、江西、河南、山东、浙江和天津等地。在我国的广东、广西等地，一般一年发生可达 11~12 代，浙江、福建一年发生 7~8 代。四纹豆象成虫的年发生代数变化除了受到发生地区的影响外，还与寄主豆类的品种有关。以成虫、幼虫或蛹等虫态在豆粒内越冬，越冬幼虫第二年春天开始羽化。成虫体长 2.5~4.0 毫米，呈扁状的卵形；触角 11 节，略呈锯齿状，雌雄触角无甚区别，着生复眼凹缘口，第一节到第五节黄褐色，其余黑色，或全部黄褐色，由第 4 节向后呈锯齿状；前胸背板圆锥形，褐色，散布稀疏刻点，疏生金黄色毛，后缘中央的瘤状隆起上密生白毛；小盾片方形，上密生白毛；臀板较细长，倾斜，侧圆弧形，露于鞘翅外。成虫因生活环境不同，有两种类型，在田间生活为害的称为活动型（飞翔型），在仓库内生活为害的称为一般型（非飞翔型），两型的色泽和鞘翅斑纹等均有差异；成虫寿命与温度关系密切，其生长发育最适宜温度在30℃左右，大约温度每升高 10℃，成虫寿命几乎缩短一半；成虫羽化后几分钟即可交配、产卵。每头成虫能多次交配。在仓库内，喜欢产在饱满的豆粒表面，每个豆粒产卵 1~3 粒，多至 8 粒；在田间，虫卵散产于老熟且开裂豆荚内的籽粒上，或即将成熟的豆荚外部，它和绿豆象的习性很相似，只不过寄主比较单一。卵椭圆形扁平，长 0.4~0.8 毫米，乳白色。幼虫共 4 龄，孵化后咬破种皮或豆荚进入种子内取食，一般每个豆粒有 1~2 头幼虫，一粒豆子即可完成一生；末龄幼虫体长 3.0~4.6 毫米，淡黄白色，身体肥胖弯曲呈 C 形；头部除黑色上颚外，其余均白色；额中间两侧各有一近于白色的圆点；下唇片两条强骨化臂平直，两臂基部外侧各有一清晰的白色圆斑；前胸有一对薄的淡黄色背板盾；腹部由 10 节组成；气门颇小，环状，微骨化；足 3 节，无爪，呈退化状。蛹长 3.2~5.0 毫米，椭圆形，乳白色或淡黄色，体背细毛；头部弯向胸部，口器在前胸基节间；触角弯向第一、二对胸足后面，伸达鞘翅的 3/4；后足附节露出鞘翅，直达腹部末节基部。对于一般豆类种子，四纹豆象幼虫对其虫食率可达 25%~35%，而对于四纹豆象喜爱寄生的豇豆、绿豆、红小豆、赤豆等品种，造成的虫食率有时高达 80%以上。除食用豆的种类外，温度是影响四纹豆象生长发育的主要因素。每年平均温度最高的 7—9 月，是四纹豆象的盛发期，世代历期最短，羽化成虫最多，造成损失最大。12 月至翌年 4 月，在一年中温度最低，四纹豆象几乎处于越冬滞

育状态，生长发育十分缓慢，为害轻微。

（三）豌豆象

1. 为害症状

豌豆象（*Bruchus pisorum*）属寡食性害虫，主要为害豌豆，也为害扁豆，以成虫取食花瓣、花粉、花蜜，主要以幼虫为害籽粒，把豆粒蛀食一空，直接影响产量、品质和发芽率。并且受害豆荚气味难闻，不能食用。当豌豆开花株率在95%以上时，迁飞到田间产卵，结荚期是豌豆象的产卵高峰期。卵孵化后钻入豆荚，幼虫在豆粒中取食，豌豆收获时，随豆粒带入仓库越冬。

2. 发生规律

豌豆象属鞘翅目（Coleoptera）豆象科（Bruchidae）。一年一代，以成虫在贮藏室缝隙、田间遗株、树皮裂缝、松土内及包装物等处越冬。翌年春飞至春豌豆地取食、交配、产卵。成虫长椭圆形，黑色，体长4~5毫米，宽2.6~2.8毫米；触角基部4节，前、中足胫节、跗节为褐色或浅褐色；头具刻点，背淡褐色毛；前胸背板较宽，刻点密，被有黑色与灰白色毛，后缘中叶有三角形毛斑，前端窄，两侧中间前方各有1个向后指的尖齿；小盾片近方形，后缘凹，被白色毛；鞘翅具10条纵纹，覆褐色毛，沿基部混有白色毛，中部稍后向外缘有白色毛组成的1条斜纹，再后近鞘翅缝有1列间隔的白色毛点；臀板覆深褐色毛，后缘两侧与端部中间两侧有4个黑斑，后缘斑常被鞘翅所覆盖；后足腿节近端处外缘有1个明显的长尖齿。雄虫中足胫节末端有1根尖刺，雌虫则无；成虫需经6~14天取食豌豆花蜜、花粉、花瓣或叶片，进行补充营养后才开始交配、产卵。卵橘红色，较细的一端具2根长约0.5毫米的丝状物，一般散产于豌豆荚两侧，多为植株中部的豆荚上。一般每头雌虫一生可产卵700~1 000粒，卵期5~7天，产卵盛期一般在5月中下旬。幼虫共4龄，孵化后即蛀入豆荚，幼虫期37天左右，体乳白色，头黑色，胸足退化成小突起，无行动能力，胸部气门圆形，位于中胸前缘，1龄幼虫略呈衣鱼形，胸足3对短小无爪，前胸背板具刺；老熟幼虫体长5~6毫米，短而肥胖多皱褶，略弯成C形；老熟时在豆粒内化蛹。化蛹盛期在7月上中旬，蛹期8~9天，此期随收获的豌豆入库，成虫羽化后经数日待体壁变硬后钻出豆粒，飞至越冬场所，或不钻出就在豆粒内越冬。成虫寿命可达

330 天左右，飞翔力强，迁飞距离 3~7 千米，以晴天下午活动最盛。豌豆象发育起点温度为 10℃，发育有效积温为 360℃。

（四）鹰嘴豆象

1. 为害症状

鹰嘴豆象（*Callosobruchus analis*），在“中国进境植物检疫性有害生物名录”之列，是重要的检疫性有害生物。鹰嘴豆象在田间和仓储期间都可发生为害，是鹰嘴豆贮藏期间最严重的虫害。幼虫咬破种皮，进入种子，在其中为害。为害严重时，一粒种子内含有几条幼虫，长成成虫后，咬破种皮爬出。该虫繁殖迅速，繁殖系数大，可将鹰嘴豆种子蛀空，失去种用、食用价值。

2. 发生规律

鹰嘴豆象属鞘翅目（Coleoptera）豆象科（Bruchidae）。传播途径有，无意引进、随入境货物和动植物进入，或主要随寄主的调运远距离传播。寄主有鹰嘴豆、绿豆、眉豆、豇豆、扁豆、蚕豆等。成虫呈褐色，长 2.5~3.5 毫米。虫卵产在种子表面，呈白色，肉眼可见，每粒可有卵 1~3 粒，卵借雌虫排出的黏性分泌物而固定在豆粒表面。幼虫孵化后，向下用上颚咬破卵壳及种皮，蛀入豆粒内，继续为害子叶。30 天左右幼虫老熟，有的在种皮下做一个圆孔，形成略透明圆形状“小窗”，在豆粒内化蛹，部分因豆粒裂开而爬出豆粒化蛹，并带出大量的粉末状排泄物，数天后羽化成成虫。鹰嘴豆象繁殖能力极强，在仓储期间还会发生二次为害，给储存带来巨大损失。

第三节　主要防治方法

食用豆虫害防控的原则，采用农业防治、生物防治、物理防治，辅以选用高效低毒低残留农药进行化学防治相结合。

一、农业防治

综合运用农业技术，改善大豆生长发育的环境，以便减少病虫害的发生与发展。

1. 合理进行轮作倒茬

对于在土壤中越冬的害虫，如豆潜根蝇、二条叶甲、豆黄蓟马等，通过三年轮作即可减轻危害。当前推广的小麦、玉米、食用豆、杂粮等轮作体系，均可达到减轻病虫发生的作用，严禁重茬与迎茬。

2. 清除病株残体

食用豆采收后，要及时清除田间病株残体，带出、深埋或烧掉，或及早翻地，将病残体深埋地下，以破坏或恶化害虫化蛹场所，加速病原菌消亡减轻病情，有助于减少虫源基数和越冬幼虫数。

3. 选用抗病虫品种

结合本地区自然条件及病虫害种类，选用抗病虫、抗逆性强、适应性广、商品性好、产量高的品种，可明显减轻为害。选择无病地块或无病株及虫粒率低的留种，并加强检验检疫。

4. 加强栽培管理

（1）播种。播种期过早或播种过深均可加重根腐病发生，应考虑适期晚播与注意播深。注意墒情，湿度大时，宁可稍晚播而不能顶湿强播、不要在排水不良的低洼地种植。根据品种特点，合理密植。播种深度一般掌握在3～5 厘米。

（2）施肥。要配方施肥，增施有机肥料，尤其要多施腐熟有机肥，合理施用化肥，氮、磷、钾配用比例要适当，避免单纯过多施用氮肥，增施磷钾肥，防止贪青徒长、倒伏以及晚熟，以提高植株抗病虫能力。

（3）中耕。中耕至少要进行 2 次，根腐病重的地块根据苗情及早进行，改善土壤通透性，地温提高，促使新生根大量形成。对连作地块，一定要在 7 月下旬至 8 月上中旬中耕培土一次，可减少成虫出土量或机械杀伤大量的幼虫、蛹、成虫，减轻虫食率。

（4）辅助措施。出苗后及时拔除病株、弱苗、小苗、变异株和过密苗，注意合理密植，加强排涝，适时浇水，及时除草，还要防治蚜虫传播病毒，田间发现病株及时拔除。

（5）及早耕翻。食用豆收获后，要及时耕翻，对于土壤中越冬的害虫，通过耕翻将害虫翻到土表、经过耙、压、捞地、机械损伤、加之日晒、风吹、雨淋、天敌食取，可大大增加害虫的死亡率，有效减轻第二年害虫的发生与为害。

二、物理防治

物理防治是指通过物理方法进行病虫害的防治。主要是利用简单工具和各种物理因素，如光、热、电、温度、湿度和放射能、声波等防治病虫害。物理防治的效果较好，推广使用物理措施时，要综合考虑各种因素，不同食用豆不同虫害，要采取不同的技术。

（1）根据害虫生物学特性，采取黄板诱虫、糖醋液（糖：醋：酒：水=3：4：1：2）诱杀等方法，可诱杀地老虎等害虫的成虫，也可加少量敌百虫诱蛾。特别是黄色粘虫板诱杀，是利用蚜虫对黄色的趋性而设置的一种害虫防治措施，不污染环境，对非目标生物无害或危害很少，黄板诱蚜在生产上应用效果很好。材料成本不高、操作简单，可广为推广使用。

（2）田间安置黑光灯、汞灯等。利用成虫趋光性，于成虫盛发期在田间设置黑光灯诱杀，每50亩设有1盏；或在田间栽插杨柳枝，诱集成虫后人工灭杀。可以通过灯光诱杀、辐射刺激害虫，导致其无法正常发育，影响害虫的生长。主要针对夜间活动的有翅成虫，尤其对金龟子、夜蛾等有效，诱杀面积范围达4公顷。对于螟虫类害虫，可用太阳能频振式杀虫灯诱杀。材料成本最低，适合在大面积食用田间使用。

（3）智能灭虫器，核心部位是防水诱虫灯，主要是利用害虫的趋光性和对光强度变化的敏感性，晚间诱虫灯自动亮灯，在害虫天敌开始活动时自动关灯。特殊的波长不断产生纳米光波共振，瞬间多变的光色能在短时间内将20~30亩大田的雌性和雄性成虫诱惑群聚，使其在飞向光源特定的纳米光波共振圈后会立刻产生眩晕，随后晕厥落入集虫槽内淹死。

（4）防虫网技术，可有效防治斑潜蝇、豆荚螟、豆蚜等生长后期出现的害虫，防虫效果最好，有条件的地区可推广应用。缺点是一次性投入大，且不能控制病害的发生，另外防虫网内高温高湿，更要注意病害的蔓延，配合药剂加强田间管理。

（5）保证合理的密度，使植株间通风透光，防止病虫害滋生。如果播种

太密，不通风透气，不利于开花结荚，病虫害也会严重发生。

（6）及时清除田间杂草等障碍物，对浅层土壤进行耕翻，将土层中的幼虫翻出来杀除。

三、生物防治

生物防治，广义上是指利用自然界中各种有益的生物自身或其代谢产物对虫害进行有效控制的防治技术。严格的生物防治定义则是指利用有益的活体生物本身（如捕食或寄生性昆虫、螨类、线虫、微生物等）来防治病虫害的方法。生物防治是一种持久效应，通过生物间的相互作用来控制病虫为害，其显效不可能像化学农药那么快速、有效，但它们的防效是持久和稳定的。优势是不会对人畜、植物造成伤害，不会对自然环境产生污染，不会产生抗性，而且还可以很好地保护天敌，能对虫害进行长期稳定的防治。因此，科学合理地选择生物防治技术，不仅能够有效避免化学农药带来的环境污染，同时可提升对病虫害的防治效果。生物防治是病虫害综合防治中的重要方法，在病虫害防治策略中具有非常重要的地位。

1. 生物天敌防治技术

通过引入病虫的天敌来进行防治。保护和利用瓢虫、草蛉等天敌，杀灭蚜虫等害虫，同时用生物农药防治病虫害等。但在使用生物防治时，对天敌的引入数量和时间要进行科学合理的控制，否则会起到相反的作用。而且在使用生物防治手段过程中，还要从经济的角度进行考虑，对于引入数量、防治成本、经济收益之间要进行综合的分析，尽可能降低防治成本，实现最大的经济效益和生态效益。

2. 微生物防治技术

微生物防治技术包括细菌防治和真菌防治。

（1）细菌防治技术。一般来说，细菌是随着害虫取食叶片而逐渐进入害虫体内，在害虫体内大量繁殖，形成芽孢产生蛋白质霉素，从而对害虫的肠道进行破坏让其停止取食；此外，害虫体内的细菌还会引发败血症，让害虫较快死亡。现在生产上应用的细菌杀虫剂一般包含青虫菌、杀螟杆菌等，能有效防治蛾类害虫等，且这些细菌杀虫剂在使用过程中也不会对人畜安全造成伤害。

（2）真菌防治技术。在导致昆虫疾病的所有微生物中，真菌约占 50%，因此，在食用豆虫害防治工作中真菌防治技术具有非常重要的作用。一般来说，真菌是借助害虫体壁进入体内，在大规模繁殖之后又通过菌丝的形式穿出体壁，产生孢子，杀死害虫。现阶段，我国使用最多的是白僵菌，其培养成本相对较低，且培养过程中不需要非常复杂的设备仪器，具有大规模推广的可行性。当外部环境条件符合时，散落于害虫身体上的白僵菌分生孢子会长出芽管，通过害虫皮肤进入体内，对其身体组织机能造成破坏，最终杀死害虫。白僵菌大规模流行需要高湿度的环境条件，一般相对湿度要保持在 90%左右，外界温度在 18～25℃时防治效果最佳。此外，还可选择绿僵菌、白僵菌来杀灭地下害虫、选择蚜霉菌来防治蚜虫等。

3. 病毒防治技术

病毒会引发昆虫之间的流行病，从而发挥出防治害虫的效果。病毒防治技术一般选择多角体病毒、颗粒体病毒、细小病毒等，而最常见的是核型多角体病毒，它能够有效防治蛾类、螟类害虫。部分病毒的致病能力极强，可使害虫大规模死亡，即便是有染病不死的幼虫，当其化蛹之后也难以存活，同时，一些能够生长为成虫的害虫体内也会带有病毒，在其产卵过程中会将病毒遗留给下一代。感染病毒死亡的幼虫一般会出现以下两类反应。

（1）食欲降低、动作迟缓、虫体逐渐发软，这类害虫在死亡之前通常会用自己的尾足抓紧枝叶，将其身体倒挂在枝叶上，这类情况一般在感染核型多角体病毒后出现。

（2）虫体生长发育相对缓慢，身体比正常虫体要小得多，死亡后虫体出现收缩，这类现象多见于感染质型多角体病毒的害虫。

4. 性信息素诱杀性诱剂技术

主要包括性诱剂和诱捕器，对斜纹夜蛾、棉铃虫等害虫诱杀效果较好。作为一种无毒无害、灵敏度高的生物防治技术，性信息素诱杀性诱剂技术具有不杀伤天敌、对环境无污染、群集诱捕、无公害的特点，在社会越来越关注环境问题的情况下，国内外开始重视发展和应用这项技术，目前发展到昆虫发生动态监测方面也可以使用性信息素性诱剂技术。在一定区域内，通过

设置性诱剂诱芯诱捕器，在诱捕灭杀目标昆虫的同时，干扰其正常繁殖活动，降低雌虫的有效落卵量，减少子代幼虫发生量。该技术对环境无任何污染、对人体无伤害，能减少农药使用量，甚至可实现完全不使用农药。近年来，化学信息素正与天敌昆虫、微生物制剂和植物源杀虫剂一起逐步成为害虫综合防治的基本技术之一。

5. 生物药剂防治技术

防治蚜虫时，可用27%皂素·烟碱可溶性浓剂2 000倍液进行喷施。对于食心虫，可采用释放赤眼蜂和在田间撒施白僵菌菌土的方法进行防治。

目前，生物防治在病虫害防治中尚存在许多问题，如有害生物预报工作基础薄弱，病虫害防治的测报、检测手段还需进一步提升和完善，新技术的研究与成果推广力度有待加强等。另外，生物防治起效时间缓慢，人们不能充分认识到生物防治病虫害的优越性，大部分农民缺少必要的耐心和生物防治对可持续农业发展的意识，从而选择了见效快的化学药剂，食用豆的防治仍然以化学防治为主，使生物防治手段难以在农村广泛推广。

四、化学防治

食用豆的害虫有20余种，化学防治仍然是当前生产中综合防治食用豆虫害的一个主要手段。

第四节 化学防治技术

下面介绍食用豆几类主要虫害的化学防治方法。

一、刺吸类害虫

（一）蚜虫

可选用10%吡虫啉可湿性粉剂1 500倍液，或4.5%高效氯氰菊酯乳油1 500倍液，或20%啶虫脒乳油2 000~3 000倍液，或50%抗蚜威2 000倍液，或50%溴氰菊酯3 000倍液，或5%除虫菊素乳液800~1 000倍液，或亩旺特2 000倍液，或20%丁硫克百威乳油1 500倍液。进行田间均匀喷雾防治，效果都较好。并根据植株虫害情况，有针对性地对蚜虫聚居的植株或群体，进行重点防治。最佳防治时间为上午 9—11 时，或下午 4 时以后，无风天气，每隔 7～10 天喷一次，连续防治 2～3 次。

保护地食用豆可采用高温闷棚法，如 5—6 月豌豆收获后，将棚密闭 4～5 天，可消灭虫源。

（二）蝽类

为害食用豆的蝽类主要有点蜂缘蝽、斑须蝽、三点盲蝽、稻绿蝽和稻棘缘蝽。

近几年，点蜂缘蝽对食用豆的为害呈逐年加重的趋势。无论是现蕾、开花期，还是初荚期，只要田间发现点蜂缘蝽，就可以用氯虫苯甲酰胺+噻虫嗪、噻虫嗪+高效氯氟氰菊酯，喷雾防治。隔 7～10 天喷 1 次，连续喷 2～3 次。防治效果都很好。

（三）螨类

食用豆上的螨类主要有朱砂叶螨、二斑叶螨、茶黄螨、截形叶螨、豆叶螨等。田间严重发生时，应及时喷施农药，可选用 73%炔螨特乳油 1 000 ～ 2 000 倍液，或 15%哒螨灵 3 000 倍液，或 20%四螨嗪可湿性粉剂 2 000 倍液，或 1%阿维・高氯乳油 1 500 倍液喷雾，或 20%丁氟螨酯悬浮剂 1 500 倍液，或 1. 8%阿维菌素乳油 3 000 倍液，均匀喷雾防治，均可达到理想的防治效果。每隔 7～10 天喷药一次，视情况防治 2～3 次。喷施农药的重点是叶背面，注意轮换用药。

（四）蓟马

主要有端大蓟马、花蓟马等。现蕾至开花期要重点防治，可用 10%吡虫啉可湿性粉剂 2 000～ 3 000 倍液，或 25%噻虫嗪水分散剂 4 000 倍液，或 5%多杀霉素乳油 1 000～ 1 500 倍液，或 25%吡蚜酮 1 500 倍液，或 10%烯啶虫胺水剂 3 000 倍液，或 1. 8%阿维菌素乳油 600 倍液，或 2. 5%溴氰菊酯乳油 1 500～ 2 000 倍液，喷雾进行防治。可交替喷施，视虫情每隔 4～8 天喷药一次，连续防治 2～3 次，效果很好。在早晨开花后至上午 11 时前喷药，重点喷施花器、叶背和嫩梢，花期每隔 5～7 天喷一次，连续防治 3～5 次。

（五）温室白粉虱

可用 25%噻嗪酮乳油 1 000～ 2 000 倍液，或 2. 5%联苯菊酯乳油 3 000 倍

液，或30%吡虫啉可湿性粉剂30克/公顷，或20%啶虫脒乳油2 000倍液，早期喷施1~2次，即可有效控制白粉虱。

二、食叶类害虫

食叶类害虫主要为鳞翅目和鞘翅目叶甲类害虫。鳞翅目害虫主要以幼虫取食叶片，有斜纹夜蛾、甜菜夜蛾、豆银纹夜蛾、银锭夜蛾、豆卜馍夜蛾、红缘灯蛾、豆天蛾、棉大造桥虫。叶甲类害虫主要有双斑萤叶甲、斑鞘豆叶甲、豆芫菁、二条叶甲。

（一）夜蛾类

在夜蛾类幼虫3龄之前，可选用或10%虫螨腈悬浮剂1 500倍液，或15%茚虫威悬浮剂3 500倍液，或5%高效氯氰菊酯2 500倍液，或5%氟虫腈悬浮剂3 000倍，或5%氟铃脲2 500倍液，或5%氟啶脲乳油1 500倍液，或1%阿维菌素乳油2 500倍液，或1.5%甲氨基阿维菌素苯甲酸盐乳油3 000倍液，喷雾防治，要下翻上扣，四面打透，不留死角；对于虫害暴发期，可适当增加施药1~3次，并根据虫害情况加大用药量，以提高防治效果。要在早晨6—8时或傍晚施药防治，以提高防效。对于虫龄4龄以上的老熟幼虫，可清早进行人工捕杀，同时利用趋光性、趋化性，用黑光灯、性诱剂诱杀成虫。

（二）豆天蛾

1~3龄期，可用80%敌百虫可溶性粉剂1 000倍液，或20%氰戊菊酯乳油2 000倍液，或21%氰戊・马拉松乳油2 000~ 3 000倍液，或50%杀螟硫磷乳油1 000倍液，喷雾防治。每隔7~10天喷施一次，轮换用药，喷药宜在下午进行，连续防治2~3次。

（三）大造桥虫

要在低龄幼虫期防治，此时虫口密度小，危害小，且虫的抗药性相对较弱。防治时用45%丙溴・辛硫磷乳油1 000倍液，或20%氰戊菊酯乳油1 500倍液+5.7%甲维盐2 000倍混合液，或40%啶虫・毒死蜱乳油1 500~ 2 000倍液，或80%敌百虫可溶粉剂1 000倍液，或50%辛硫磷乳油1 000~ 1 500倍液，或50%杀螟硫磷乳油1 000倍液，或20%亚胺硫磷乳油3 000倍液，或

5%氟虫腈悬浮剂 1 500 倍液，或 10%吡虫啉可湿性粉剂 2 500 倍液，或 2. 5%高效氯氟氰菊酯、20%氰戊菊酯、2. 5%溴氰菊酯乳油等菊酯类杀虫剂 4 000 ~5 000 倍液等喷杀幼虫，每隔 7~10 用药一次，连续防治 3~5 次。可轮换用药，以延缓抗性的产生。

（四）黑绒金龟子

可选用 50%辛硫磷乳油 1 500 倍液，或 25%喹硫磷乳油 1 500 倍液，或 10%吡虫啉可湿性粉剂 1 500 倍液，或 1. 8%阿维菌素乳油 2 000 倍液，或 5%高效氯氰菊酯 3 000 倍液，喷雾防治，可杀灭成虫。

（五）蟋蟀

可用 40%辛硫磷乳油 3 000 毫升/公顷、对水 30~45 千克，拌细土 375~450 千克制成毒土，均匀撒施于田间。

三、潜叶类害虫

潜叶类害虫主要有美洲斑潜蝇、豆秆黑潜蝇、豌豆潜叶蝇等。

幼虫始发期，叶片上出现虫道时，可选用 10%氯氰菊酯 2 000 倍液+1. 8%阿维菌素可湿性粉剂 3 000 倍液，或 50%辛硫磷 800 倍液，或 20%阿维 · 杀单微乳剂 1 200 倍液，或 25%杀虫双水剂 500 倍液，或 90%杀虫单可溶性粉剂 800 倍液，或 5%氟虫脲乳油 2 000 倍液，或 5%氰戊菊酯乳油 2 000 倍液，或 1. 8%阿维菌素乳油 3 000 倍液，或 0. 2%甲氨基阿维菌素苯甲酸盐 1 500 倍，或 10%吡虫啉可湿性粉剂 1 000 倍，或 10%灭蝇胺悬浮剂 1 500 倍液，喷雾防治。每隔 6~7 天用药一次，视虫情连续防治 2~3 次，同时可兼治夜蛾科害虫的幼虫。食用豆幼苗 2~4 叶为重点防治时期，防治时间掌握在晨露干后至上午 11 时，成虫和老熟幼虫活动频繁并暴露在叶面，防治效果好。也可采用诱蝇纸、毒饵等诱杀成虫。

四、钻蛀类害虫

钻蛀类害虫主要有豆荚螟、豇豆荚螟、棉铃虫等。

（一）螟类

在各代卵孵始盛期，即田间有 1%~2%的植株有卷叶为害时，开始防治。

可选用5%氯虫苯甲酰胺悬浮剂1 000倍液，或1%甲氨基阿维菌素苯甲酸盐3 000倍液，或1.8%阿维菌素乳油2 000倍液，或15%茚虫威悬浮剂1 000~1 500倍液，或2.5%溴氰菊酯乳油3 000倍液，或5%高效氯氟氰菊酯水溶液1 500倍，或50%杀螟硫磷乳剂1 000倍液，或2.5%溴氰菊酯4 000倍液，或20%杀灭菊酯3 000 ~4 000倍液，可25%灭幼脲悬浮剂1 500~ 2 000倍液，或10%氯氰菊酯3 000 ~4 000倍液，采用对花喷雾防治。

药剂防治的策略是“治花不治荚”，即在食用豆始花期开始，每隔7~10天喷蕾、花一次，交替用药，根据虫情连续防治2~3次。对孵化期的幼虫，有很好的防治效果。用药部位主要是花和嫩荚，喷药时间以上午7—9时，花瓣开放时，效果最好。要均匀喷施所有的茎叶、花蕾、花朵和豆荚、以开始有水珠往下滴为宜，即能将产在花蕾、花朵上的卵粒和在豆荚内为害的幼虫杀死灭绝，保护花蕾、花朵和豆荚，使豆荚饱满。在鲜食豆荚采收前10天，停止用药。

（二）棉铃虫

可用2.5%高氯水乳剂1 500倍液，或40%丙溴磷乳油1 000 ~2 000倍液，或2.5%溴氰菊酯乳油3 000倍液叶面喷雾，轮换用药，可有效防治棉铃虫的为害。

五、地下害虫

食用豆的地下害虫主要有蛴螬、地老虎苗期象鼻虫等。

（一）蛴螬

在播种前，可用50%辛硫磷乳油，按药、水、种子量1∶40∶500的比例拌种；也可用3%辛硫磷颗粒剂15.0~22.5千克/公顷，顺根撒施，撒后中耕效果更好；在成虫盛发期，用50%辛硫磷乳油4 000~ 6 000倍液，或90%敌百虫800~ 1 000倍液，喷雾防治，均可取得良好的防治效果。

（二）地老虎

食用豆田间主要有小地老虎、黄地老虎、大地老虎、白边地老虎等10余种。防治关键是把幼虫消灭在3龄前。播种前，结合翻地，撒施辛硫磷颗粒剂15~30千克/公顷。播后苗前，可用2.5%高效氯氰菊酯水乳剂1 500倍液喷雾。出苗后，可用90%敌百虫1 000倍液，或25%氰戊菊酯2 500倍液，或50%辛硫磷乳油1 500倍液，行间根部喷雾或灌根，轮换用药，每株不超过250毫升药液。在小地老虎1~3龄幼虫期，用90%敌百虫可溶粉剂800~1 000倍液，或50%辛硫磷乳油800倍液，或2.5%溴氰菊酯300倍液，喷雾防治。小地老虎1~3龄幼虫期抗性差，且暴露在地面上的植株上，防治效果好。4龄后可采用毒饵诱杀，用90%敌百虫可溶粉剂30倍液拌匀毒饵，加水拌潮为宜，毒饵用量约为30千克/公顷。

（三）苗期象鼻虫

可用80%敌百虫可溶粉剂500倍液，或20%氰戊菊酯乳油450克/公顷，对水450千克，喷雾防治3~4次。

六、仓储害虫

为害食用豆类的仓储害虫主要有四纹豆象、绿豆象、豌豆象和蚕豆象、鹰嘴豆象。化学防治要采取田间防治和仓库内防治相结合的方法。

田间防治，可在食用豆开花至结荚期，用4.5%高效氯氰菊酯乳油1 000~1 500倍液，或1.8%阿维菌素乳油1 000~1 500倍液，或40%辛硫磷乳油1 000~1 300倍液，或2.5%溴氰菊酯乳油2 000倍液，或21%氰戊·马拉松乳油1 000~1 500倍液，喷雾防治，每隔5~6天喷药一次，连续防治2~3次，可取得较好效果。

食用豆收获、脱粒、精选后，籽粒在阳光下暴晒1~2天，立即装袋、贮藏、入库。仓库内防治，可在20~25℃的室温条件下，每立方米用56%磷化铝片剂3克（1片），密闭熏蒸3~4天，均可有效杀死豆象的幼虫、成虫和卵，杀虫效果达100%。或每100千克食用豆用磷化铝6克（2片），室温15~30℃条件下，密闭3~5天。充分放风后，不影响食用及作种用。但必须严格遵守熏蒸的要求和操作规程，避免人畜中毒。

也可用二氧化乙烯或溴代甲烷等药物熏蒸防治，温度在10~20℃条件下，每立方米用溴甲烷30~35克，密闭熏蒸2~3天。在温度28℃时，每立方米用溴甲烷25克或磷化铝1克熏蒸，也可有效杀死鹰嘴豆象。如数量少，还可用开水浸泡25~28秒后，迅速移入冷水中冷却，晾干后备用。

第五章　食用豆草害防除技术

我国地域广阔，由于各地气候和土壤条件差异很大，因而杂草种类繁多，加之各地生态条件复杂，杂草种类的发生与分布也千差万别。全国范围分布的常见杂草有120种，地区性分布的常见杂草有135种。在长期自然选择和人为选择的过程中，农田杂草形成了很多能与作物进行竞争和抗拒人类干预的各种属性。绝大部分杂草的结实能力，高于作物几倍甚至几十倍，而且杂草大多数具有休眠特性，繁殖和传播方式也多种多样，导致杂草难以彻底根除，对农作物造成的危害急剧上升。据调查，2004年我国农田杂草造成危害面积达4 164万公顷，其中草害严重的耕地面积达927万公顷，产量损失175亿千克，每年因杂草危害造成的减产和投入杂草防除的各项费用损失可达到120亿元。杂草防除一直是农业生产中亟待解决的关键问题。

食用豆田水肥较为肥沃，易于杂草生长繁殖，田间杂草种类繁多且难以彻底清除。随着我国农业种植制度及种植结构的改变，在耕作、施肥、除草剂等多种因素的影响下，食用豆田间杂草群落不断演化，杂草种群也发生较大的变化。由原本禾本科杂草和阔叶类杂草构成的群落危害，慢慢地变成了以阔叶类杂草为主、禾本科杂草为辅的群落结构，阔叶类杂草数量急剧增多，如鸭跖草、刺儿菜、苣荬菜等，同时难治性禾本科杂草和阔叶杂草的数量也增多。而且由于多年使用同一类型除草剂，随着杂草抗药性的不断增加，致使少量杂草转变为优势种群，恶性杂草数量逐渐增加。这些杂草与食用豆竞争肥、水、光、空间等元素，严重抑制食用豆的生长发育，降低了食用豆的产量与品质。食用豆田间杂草的有效防除对增加食用豆产量和质量、推动食用豆产业的发展具有重要意义。

第一节　食用豆杂草种类

食用豆田间杂草很多，主要杂草种类还是以禾本科杂草和阔叶类杂草为主，主要有稗草、野燕麦、马唐、狗尾草、金狗尾草、野糜子、芦苇、藜、蓼、龙葵、苍耳、铁苋菜、马齿苋、反枝苋、香薷、苘麻、鸭跖草等。不同食用豆如小豆、绿豆、蚕豆、豌豆、芸豆、鹰嘴豆、豇豆等田间杂草的种类略有不同。

一、禾本科杂草

（一）小豆田杂草种类

主要有稗草、野燕麦、马唐、升马唐、止血马唐、狗尾草、金狗尾草、大狗尾草、牛筋草、看麦娘、千金子、多花千金子、丛生千金子、虮子草、画眉草、臂形草、雀麦、毛雀麦、旱雀麦、龙爪茅、秋稷、芒稷、特克萨斯稗、毛线稗、大麦属、黑麦属、多花黑麦草、毒草、狗牙根、稷属、早熟禾、狗牙根、双穗雀稗、野高粱、假高粱、繭草、芦苇、野黍、洋野黍、黍、红稻、罗氏草、多枝乱子草、蒺藜草、剪股颖、虎尾草、自生玉米、白茅、匍匐冰草等，一年生和多年生禾本科杂草。

（二）绿豆田杂草种类

主要有稗草、野燕麦、马唐、狗尾草、金狗尾草、牛筋草、看麦娘、千金子、画眉草、雀麦、大麦属杂草、黑麦属杂草、稷属杂草、早熟禾、狗牙根、双穗雀稗、假高粱、芦苇、野黍、白茅、匍匐冰草、鸭舌草、早熟禾等，一年生和多年生禾本科杂草。

（三）蚕豆田杂草种类

主要有棒头草、野燕麦、稗草、马唐、狗牙根、狗尾草、金狗尾草、牛筋草、看麦娘、千金子、画眉草、雀麦、大麦属杂草、黑麦属杂草、稷属杂草、早熟禾、双穗雀稗、假高粱、芦苇、野黍、白茅、匍匐冰草等，一年生和多年生禾本科杂草。

（四）豌豆田杂草种类

主要有野燕麦、稗草、马唐、狗牙根、茵草、千金子、狗尾草、金狗尾

草、牛筋草、看麦娘、画眉草、雀麦、大麦属杂草、黑麦属杂草、稷属杂草、早熟禾、双穗雀稗、假高粱、芦苇、野黍、白茅、匍匐冰草等一年生和多年生禾本科杂草。

（五）芸豆田杂草种类

主要有稗草、马唐、牛筋草、剪股颖、棒头草、硬草、千金子、野燕麦、狗尾草、金狗尾草、大画眉草、早熟禾、雀麦、双穗雀稗、大麦属、黑麦属、毒麦、稷属、秋稷、毛线稷、特克萨斯稷、宽叶臂形草、钝叶臂形草、蒺藜草、酸草、苏丹草、看麦娘、多花黑麦草、野黍、匍匐冰草、偃麦草、假高粱、芦苇、狗牙根、白茅、龙爪茅、虮子草、红稻、罗氏草、野高粱、芒稗、多枝乱子草、自生玉米等一年生和多年生禾本科杂草。

（六）豇豆田杂草种类

主要有稗、野燕麦、马唐、升马唐、甜根子草、狗尾草、金狗尾草、牛筋草、看麦草、千金子、画眉草、雀麦、大麦属杂草、黑麦属杂草、稷属杂草、早熟禾、狗牙根、双穗雀稗、圆果雀稗、长芒稗、假高粱、芦苇、野黍、白茅、匍匐冰草等一年生和多年生禾本科杂草。

（七）鹰嘴豆田杂草种类

主要有野黍、碱草、稗草、马唐、牛筋草、千金子、野燕麦、狗尾草、画眉草、早熟禾、雀麦、稷属、臂形草、蒺藜草、酸草、苏丹草、看麦娘、假高粱、芦苇、狗牙根、白茅、龙爪茅、芒稗、多枝乱子草、自生玉米等一年生和多年生禾本科杂草。

二、阔叶类杂草

（一）小豆田杂草种类

主要有龙葵、酸膜叶蓼、柳叶次蓼、节蓼、萹蓄、铁苋菜、马齿苋、反枝苋、凹头苋、刺苋、鸭跖草、水棘针、香薷、苘麻、豚草、鬼针草、蓼、苍耳、曼陀罗、粟米草、裂叶牵牛、圆叶牵牛、卷茎蓼、灰绿藜、苦苣菜、狼把草、苣荬菜、刺儿菜、大刺儿菜、问荆等一年生和多年生阔叶类杂草。

（二）绿豆田杂草种类

主要有龙葵、酸模叶蓼、柳叶刺蓼、节蓼、萹蓄、铁苋菜、马齿苋、反枝苋、凹头苋、刺苋、鸭跖草、水棘针、香薷、香附子、车前、苘麻、豚草、鬼针草、藜、苍耳、曼陀罗、粟米草、裂叶牵牛、圆叶牵牛、卷茎蓼、狼把草、青葙、旱莲草、小旋花、苣荬菜、野西瓜苗、繁缕、猪殃殃、大巢菜、毛茛、问荆、地肤等一年生和多年生阔叶类杂草。

（三）蚕豆田杂草种类

主要有酸膜叶蓼、柳叶叶蓼、齿果酸模、萹蓄、香薷、灰藜、反枝苋、刺苋、鸭跖草、水棘针、苘麻、铁苋菜、马齿苋、刺儿菜、苦苣菜、豚草、鬼针草、苍耳、曼陀罗、繁缕、茴茴蒜、荠菜、碎米荠、泥胡菜、猪殃殃、卷耳、婆婆纳、蒲公英、平车前、鼠鞠草、草木樨、空心莲子草等一年生和多年生阔叶类杂草。

（四）豌豆田杂草种类

主要有通泉草、水苦荬、雀舌草、酸膜叶蓼、柳叶叶蓼、萹蓄、藜、反枝苋、刺苋、鸭跖草、水棘针、苘麻、铁苋菜、马齿苋、豚草、鬼针草、苍耳、曼陀罗、牛繁缕、荠菜、碎米荠、稻槎菜、卷耳、一年蓬、鼠鞠草、猪殃殃、小藜、葎草等一年生和多年生阔叶类杂草。

（五）芸豆田杂草种类

主要有马齿苋、猪毛菜、荠菜、藜、苣荬菜、芥菜、萹蓄、繁缕、菟丝子、苘麻、狼把草、鬼针草、铁苋菜、反枝苋、凹头苋、刺苋、豚草、芸薹属、田旋花、决明、青葙、小藜、蒿属、刺儿菜、大蓟、春蓼、柳叶刺蓼、酸模叶蓼、节蓼、卷茎蓼、红蓼、鸭跖草、曼陀罗、辣子草、裂叶牵牛、轮生粟米草、刺黄花稔、野芥、猪殃殃、酸浆属、苍耳、水棘针、香薷、龙葵、高田菁、车轴草属、欧荨麻、自生油菜、鳢肠、野西瓜苗、野萝卜、向日葵、遏蓝菜等一年生和多年生阔叶类杂草。

（六）豇豆田杂草种类

主要有龙葵、酸膜叶蓼、柳叶次蓼、萹蓄、铁苋菜、马齿苋、反枝苋、刺苋、鸭跖草、水棘针、苘麻、豚草、鬼针草、小藜、苍耳、曼陀罗等一年生和多年生阔叶类杂草。

（七）鹰嘴豆田杂草种类

主要有刺儿菜、四棱草、兰花菜、葎草、苣荬菜、问荆、苍耳、香薷、

苋菜、铁苋菜、马齿苋、反枝苋、刺苋、鸭跖草、打碗花、龙葵、香附子、野西瓜苗等一年生和多年生阔叶类杂草。

第二节　常见杂草识别

一、禾本科杂草

（一）稗草

（1）特征特性。学名 *Echinochloa crusgalli*（L.）Beauv.，别名稗子、野稗、芒早稗、水田草、水稗草等。属禾本科一年生草本植物。秆丛生，基部膝曲或直立，株高 40~130 厘米。叶鞘光滑，无叶舌、叶耳；叶片条形，中脉灰白色，无毛。圆锥形总状花序，较开展，直立或微弯，常具斜上或贴生分枝；小穗含 2 花，密集于穗轴的一侧，卵圆形，长约 5 毫米，有硬疣毛；颖有 3~5 脉；第一外稃有 5~7 脉，先端常有 0.5~3 厘米长的芒；第二外稃先端有尖头，粗糙，边缘卷起内稃。颖果卵形，米黄色。幼苗胚芽鞘膜质，长 0.6~0.8 厘米；第一叶条形，长 1~2 厘米，自第二叶始渐长，全体光滑无毛。

（2）发生特点。稗草种子在春季气温达 10℃以上时，就开始萌发，最适发芽温度为 25~35℃，10℃以下、45℃以上不能发芽，土壤湿润，无水层时，发芽率最高。土深 8 厘米以上的稗籽不发芽，可进行二次休眠，埋入土壤深层未发芽的种子，可存活 10 年以上。稗草对土壤含水量要求不高，耐湿能力极强。稗草在作物的整个生长期均可出苗。在旱作土层中出苗深度为 0~9 厘米，0~3 厘米出苗率较高。东北、华北稗草于 4 月下旬开始出苗，生长到 8 月中旬，生育期 76~130 天。在食用豆田间，正常出苗的植株，一般 7 月上旬抽穗开花，8 月初种子即可成熟。稗草的生命力和繁殖力极强，不仅正常生长的植株大量结籽，就是前期、中期地上部分被割去之后，还可萌发新蘖，即便植株长的很小也能抽穗结实。同一穗上的颖果成熟时期极不一致，边成熟边脱落，本能地协调时差，使后代得以较多的生存机会。可借风力、水流传播，也可随收获的食用豆混入种子中带走，还可经草食作物吞入排出而转移。

（3）主要分布。稗草是世界性杂草，适应性极强，潮湿和干旱条件下均能正常生长。在我国各地均有分布，北方发生密度尤其大，是食用豆田发生最普遍、危害最重的杂草之一。

（二）狗尾草

（1）特征特性。学名 *Setaria viridis*（L.）Beauv.，别名谷莠子、莠、绿狗尾草。一年生草本，株高 20~100 厘米。秆疏丛生，直立或基部膝曲上升，基部偶有分枝。叶鞘较松弛光滑，鞘口有柔毛；叶舌退化成一圈 1~2 毫米长的柔毛，叶片条状披针形，顶端渐尖，基部圆形，长 6~20 厘米，宽 2~18 毫米。圆锥花序紧密，呈圆柱状，长 2~10 厘米，直立或微弯曲；刚毛绿色或变紫色；小穗椭圆形，长 2~2.5 毫米，2 至数枚簇生，成熟后与刚毛分离而脱落；第 1 颖卵形，约为小穗的 1/3 长，第 2 颖与小穗近等长；第 1 外稃与小穗等长，具 5~7 脉，内稃狭窄。谷粒椭圆形，先端钝，具细点状皱纹。幼苗鲜绿色，基部紫红色，除叶鞘边缘具长柔毛外，其他部位无毛；第 1 叶长 8~10 毫米，自第 2 叶渐长。

（2）发生特点。狗尾草种子发芽适宜温度为 15~30℃，在 10℃时也能发芽，但出苗缓慢，且出苗率低。适宜的出苗深度为 2~5 厘米，埋在深层未发芽的种子可存活 10~15 年。对土壤水分和地力要求不高，相当耐旱耐瘠。狗尾草在我国中北部，4—5 月初出苗，5 月中、下旬形成高峰，以后随降水和灌水还会出现 1~2 个小峰。早苗 6 月初抽穗开花；7—9 月颖果陆续成熟，并脱离刚毛落地或混杂于收获物中，可借风力、流水和动物传播扩散。种子经冬眠后萌发。狗尾草还是水稻细菌性褐斑病及粒黑穗病的寄主，对食用豆类均有危害。

（3）主要分布。常野生于荒野、林中、沟谷、田间及道路，是常见杂草，广泛分布于全国各地。

（三）金狗尾草

（1）特征特性。学名 *S. glauca*（L.）Beauv，别名金色狗尾草。一年生草本，成株高 20~90 厘米，茎秆直立或基部倾斜。叶鞘光滑无毛。叶片两面光滑，基部疏生白色长毛。圆锥花序紧密，通常直立，刚毛金黄色或稍带褐

色。每小穗有一枚颖果，外颖长为小穗的1/3~1/2，内颖长约为小穗的2/3。颖果椭圆形，背部隆起，黄绿至黑褐色，有明显的横纹。幼苗胚芽鞘顶端紫红色，叶片绿色，基部有稀疏长纤毛，叶鞘黄绿色，无毛。叶舌为长约1毫米的一圈柔毛。

（2）发生特点。金狗尾草在东北生长期为5—9月，在南方多发生于秋季旱作地，并于6—9月开花结实。

（3）主要分布。金狗尾草在我国南北各省都有分布，常与绿狗尾草混合发生危害。

（四）马唐

（1）特征特性。学名 *Digitaria sanguinalis*（L.）Scop，别名抓地草、须草。一年生草本，成株高40~100厘米。茎秆基部展开或倾斜，丛生，着地后节部易生根，或具分枝，光滑无毛。叶鞘松弛包茎，大都短于节间，疏生疣基软毛。叶舌膜质，先端钝圆，叶片条状披针形，两面疏生软毛或无毛。总状花序3~10枚，指状排列或下部近于轮生；小穗披针形，通常孪生，一有柄，一近无柄；第1颖微小，第2颖长约为小穗的一半或稍短，边缘有纤毛；第1外稃与小穗等长，具5~7脉，脉间距离不均，无毛；第2外稃边缘膜质，覆盖内稃。颖果椭圆形，有光泽。幼苗暗绿色，全体被毛，第1叶6~8毫米，常带暗紫色，自第2叶渐长。5~6叶开始分蘖，分蘖数常因环境差异而不等。马唐种子发芽适宜温度为25~35℃，因此多在初夏发生。适宜的出苗深度为1~6厘米，以1~3厘米发芽率最高。

（2）发生特点。马唐在华北地区4月末至5月初出苗，5—6月出现第1个高峰，以后随降雨，灌水或进入雨季还要出现1~2个出苗高峰，6—11月抽穗、开花、结实。在东北，马唐的发生期稍晚，是进入雨季后田间发生的主要杂草之一，早期出苗的植株于7月抽穗开花，8—10月颖果陆续成熟，成熟随即脱落，可借风、水流和动物传播。

（3）主要分布。马唐主要危害食用豆类，在全国各地均有分布，是南方各地秋熟旱作物田的恶性杂草之一。发生数量、分布范围在旱地杂草中均居首位。马唐也是棉实夜蛾、稻飞虱的寄主植物，并能感染粟瘟病、麦雪病和菌核病，成为病原菌的中间寄主。

（五）野燕麦

（1）特征特性。学名 *Avena fatua* L.，别名燕麦草、铃铛麦、香麦、马麦。一年生或越年生草本，成株高30~150厘米。茎直立，光滑，具2~4节，叶鞘松弛，光滑或基部被柔毛；叶舌透明膜质；叶片宽条形。花序圆锥状开展呈塔形，分枝轮生；小穗含2~3花，疏生，柄细长而弯曲下垂；两颖近等长，具9脉，外稃质地坚硬，下部散生硬毛，有芒从稃体中部稍下处伸出，芒长2~4厘米并膝曲、扭转，内稃较短狭。颖果长圆形，被淡棕色柔毛，腹面具纵沟。幼苗叶片初出时卷成筒状，展开后为宽条形，稍向后扭曲，叶片两面疏生短柔毛，叶缘有倒生短毛。

（2）发生特点。野燕麦种子发芽与本身的休眠特性、外界温度、土壤湿度及在土壤中分布的深浅有关。由于种子具有“再休眠”特性，故第一年在田间的发芽率一般不超过50%，其余在以后的3~4年中陆续出土。种子发芽的适宜温度为15~20℃，低于10℃，或高于25℃都不利于萌发。气温到40℃时基本不萌发；适宜的含水量为17%~20%，并需从中吸收水分达到种子量的70%才能发芽，若土壤含水量在15%以下或50%以上均不利于萌发；适宜的土层深度为1.5~12厘米，在20厘米以上土层中的种子出苗甚少。我国因各地的气候差异，野燕麦的发生期极不整齐，可分为春发型和冬发型。野燕麦的繁殖力很强，结籽多，分蘖也多。一般每株能结籽410~530粒，最多达1 250~2 600粒，每株可分蘖15~25个，最多达64个。而且其种子的传播也表现出许多适应生存的本能，除了具有稗籽传播的特点外，还可借助外稃上长芒的吸水与脱水而形成的伸曲作用移动到土壤缝隙中。

（3）主要分布。野燕麦在我国广泛分布与为害于东北、华北、西北及河南、安徽、江苏、湖北、福建、西藏等地。野燕麦的适应性比较强，在不同类型的土壤中均能生长，所以在旱地发生面积较大。主要危害的作物除食用豆外，还有小麦、甜菜、亚麻、马铃薯、油菜等。

（六）牛筋草

（1）特征特性。学名 *Eleusine indica*（L.）Gaertn.，别名蟋蟀草、野鸡爪、老驴拽、千千踏。一年生草本，成株高15~90厘米。植株丛生，基部倾斜向四周开展。须根较细而稠密，为深根性，不易整株拔起。叶鞘压扁而具

脊，鞘口具柔毛；叶舌短，叶片条形。花序穗状，呈指状排列于秆顶，有时其中 1 枚或 2 枚单生于花序的下方；小穗含 3~6 花，成双行密集于穗轴的一侧，颖和稃均无芒，第 1 颖短于第 2 颖，第 1 外稃具 3 脉，有脊，脊上具狭翅，内稃短于外稃，脊上具小纤毛。颖果长卵形。幼苗淡绿色，无毛或鞘口疏生长柔毛；第 1 叶短而略宽，长 7~8 毫米，自第 2 叶渐长，中脉明显。

（2）发生特点。牛筋草种子发芽适宜温度为 20~40℃，土壤含水量为 10%~40%，出苗适宜深度为 0~1 厘米，埋深 3 厘米以上则不发芽，同时要求有光照条件。在我国中、北部地区，5 月初出苗，并很快形成第 1 次高峰，而后于 9 月初出现第 2 次出苗高峰。颖果于 7—10 月陆续成熟，边成熟边脱落，并随水流、风力和动物传播。种子经冬季休眠后萌发。

（3）主要分布。牛筋草分布与危害广布全国各地。喜生于较湿润的农田中，因此在黄河流域和长江流域及其以南地区发生多，是秋熟旱作物田危害较重的恶性杂草。

（七）野黍

（1）特征特性。学名 *Eriochloa villosa*（Thunb.）Kunth.，别名拉拉草、唤猪草。一年生草本，成株高 30~70 厘米，茎基部常膝曲，丛生或基部斜伸，茎秆直立。叶鞘疏松抱茎，比节间短，无毛或被微毛，节具髭毛。口缘密被软毛，叶舌为长约 1 毫米的柔毛；总状花序，分枝少数，小穗具短梗，排列于分枝的一侧，穗轴和分枝密生白色细软毛。小穗含 1 朵两性小花，卵形单生，成 2 行排列于穗轴的一侧，长 4.5~5 毫米。每小穗有颖果 1 枚，第一颖缺，第二颖和第一外稃膜质，与小穗等长，无芒。颖果卵状椭圆形，长约 5 毫米，黄绿色，表面有细条纹。谷粒以腹面对向穗轴，基部具珠状基盘。幼苗胚芽鞘膜质，浅褐色，长约 2 毫米。第一片叶椭圆形，长约 1.7 厘米，宽 0.5 厘米，先端急尖，叶缘有睫毛，无叶舌，叶鞘淡红色。第二至第三片叶叶片宽披针形，背面及叶鞘密被白色柔毛。分蘖数常因环境差异而不等。

（2）发生特点。野黍喜生中性或微酸性土壤，在东北生长期 5—9 月，颖果随成熟随脱落，可借风、水流和动物传播。种子繁殖，种子发芽比较喜温，晚春出苗，盛夏抽穗开花，入秋成熟。

（3）主要分布。野黍在东北、华北、华东、华中、西南、华南等地区均有分布。主要危害旱田作物，也可危害蔬菜和果树。近年来，东北食用豆野黍的危害呈加重趋势，其原因是目前食用豆用于防除禾本科杂草的除草剂都不能有效防除野黍，在其他杂草被防除以后，给野黍的生长繁殖留下了更有利的空间，生长更旺盛，危害也逐年加重。

（八）芦苇

（1）特征特性。学名 *Phragmites communis* Trin.，别名苇子、芦。多年生草本，成株高 1～3 米，具长而粗壮的地下匍匐根状茎，植株高大，茎秆直立，茎节明显，节下常生有白粉。叶鞘圆筒形，叶舌环状有短毛。叶长 15～45 厘米，宽 1.0～3.5 厘米，叶片表面粗涩，质地坚韧，无毛或具细毛；叶片长线形或长披针形，排列成两行。圆锥花序顶生，粗大而疏散，分枝多而稠密，稍下垂，淡灰色至褐色，下部枝腋间具白柔毛；花序长 10～40 厘米，每小穗含 4～7 朵小花，第一小花常为雄性，具丝状长柔毛，其余小花为两性；小穗第一颖短小，颖具 3 脉，第二颖稍长为 6～11 毫米；第二外稃先端长而渐尖，基盘具 6～12 毫米长的丝状柔毛；内稃长约 4 毫米，脊背粗糙。颖果长椭圆形，长约 2 毫米，暗灰色。幼苗胚芽鞘约 3 毫米长。初生叶狭披针形，无毛，叶舌膜质。

（2）发生特点。芦苇在东北生长期为 4—9 月，夏秋开花。芦苇适应性强，喜生于水湿地或浅水中，也可生于旱地。

（3）主要分布。全国各地均有分布，旱田作物主要危害食用豆类、玉米、小麦等，对水稻的危害也很大。

（九）看麦娘

（1）特征特性。学名 *Alopecurus aequalis* Sobol.，别名褐蕊看麦娘、麦娘娘、棒槌草、牛头猛、山高粱、道旁谷。越年生草本，成株高 15～40 厘米。秆少数丛生，细瘦，光滑，节部常膝曲。叶鞘光滑，通常短于节间；叶舌薄膜质，长 2～5 毫米；叶片条形，近直立，长 5～10 厘米，宽 2～6 厘米。圆锥花序狭圆柱形，淡绿色或灰绿色，长 2～7 厘米，宽 3～6 毫米；小穗椭圆形或卵状椭圆形，长 2～3 毫米，小穗含 1 朵花，密集于穗轴上。两颖同形，颖膜质，近等长，基部合生，具 3 脉，脊上生纤毛，侧脉下部具短毛；外稃膜

质，先端钝，等长或稍长于颖，下部边缘相连合，芒长2~3毫米，约于稃体下部1/4处伸出，隐藏或外露，无内稃；花药橙黄色，长0.5~0.8毫米。颖果长椭圆形，暗灰色，长约1毫米。幼苗第一叶条形，先端钝，长10~15毫米，宽0.5毫米，绿色，无毛。第二至第三叶条形，先端锐尖，叶鞘膜质。

（2）发生特点。看麦娘花果期5—7月。喜湿润环境，种子发芽最低温度为5℃，最适15~20℃，高于25℃多数不能发芽。繁殖力强，在少光的情况下也不影响开花结实。生长旺盛，分蘖力强。

（3）主要分布。适生于潮湿地方及田边。在长江以南地区和华北地区危害稻茬麦、油菜等作物。近年来在食用豆田危害有逐年加重的趋势。

（十）千金子

（1）特征特性。学名 *Leptochloa chinensis*（L.）Ness.，别名小巴豆、绣花草、续随子。一年生草本，成株高30~90厘米。秆丛生，上部直立，基部膝曲，具3~6节，光滑无毛。叶鞘大多短于节间，无毛；叶舌膜质，长1~2毫米，多撕裂，具小纤毛；叶片条状披针形，无毛，常卷折。圆锥花序长10~30厘米。小穗多带紫色，长2~4毫米，含3~7朵小花，成2行着生于穗轴的一侧；颖具1脉，长1~1.8毫米，第二颖稍短于第一外稃；外稃具3脉，无毛或下部被微毛。颖果长圆形，长约1毫米幼苗淡绿色，第一叶长2.0~2.5毫米，椭圆形，有明显的叶脉，第二叶长5~6毫米；7~8叶出现分蘖和匍匐茎及不定根。

（2）发生特点。种子繁殖，苗期5—6月，花果期8—11月。适生于水边湿地、湿润地区的旱作地及地边。

（3）主要分布。在我国多分布于华东、华中、华南、西南及陕西等地，为食用豆产区主要危害杂草，也危害水稻、棉花等多种作物。

（十一）画眉草

（1）特征特性。学名 *Eragrostis pilosa*（L.）Beauv.，别名星星草、蚊子草。一年生草本。须根系，茎直立或斜向上，成株秆丛生，直立或基部膝曲上升，成株高15~60厘米。叶片长5~20厘米，宽1.5~3厘米，扁平或内卷，上面粗糙，下面光滑。第一片真叶线形，长1厘米，宽0.8毫米，先端钝尖，叶缘具细齿，直出平行脉5条；第二片和第三叶真叶线状披针形，直出平行脉 7 条。叶鞘疏松裹茎，长于或短于节间，扁压，鞘口有长柔毛；叶舌为 1 圈纤毛，长约 0.5 毫米，叶片线形扁平或内卷，长 6~20 厘米，宽 2~3 毫米，无毛。圆锥花序较开展，长 10~25 厘米，分枝单生、簇生或轮生，腋间有长柔毛，小穗长 3~10 毫米，有 4~14 小花，成熟后暗绿色或带紫色，颖膜质，披针形，第一颖无脉；第二颖具 1 脉；第一外稃广卵形，长约 2 毫米，具 3 脉，内稃长约 1.5 毫米，稍作弓形弯曲，脊上有纤毛，迟落或宿存。雄蕊 3，花药长约 0.3 毫米。颖果长圆形，长约 0.8 毫米。

（2）发生特点。花果期 8—11 月。画眉草依靠种子繁殖，种子很小但数量多，靠风传播。

（3）主要分布。该杂草喜光、耐旱，适应性强，广泛分布于全国各地，常生于耕地、田边、路旁和荒芜田、野草地等湿润肥沃的土壤上，为秋收豆类、玉米、高粱、谷子田等常见杂草，发生量较小，危害轻。

（十二）臂形草

（1）特征特性。学名 *Brachiaria decumbens* Stapf.，别名旗草。一年生草本，成株高 30~40 厘米。秆纤细，基部倾斜，节上生根，多分枝，节带具白柔毛。叶鞘无毛或鞘缘疏生疣毛；叶舌退化呈一圈白色茸毛；叶片线状披针形，扁平，内卷，长 1.5~10.5 厘米，宽 3~6 毫米，边缘齿状粗糙，密生脱落性细毛。圆锥花序由 4~5 枚总状花序组成，总状花序长 5~12 厘米；穗轴被纤毛，棱边粗糙；小穗卵形，长约 2 毫米，被纤毛，具长约 0.2 毫米的柄；第一颖长 0.2~0.3 毫米，膜质，无毛，顶端下凹；第二颖与小穗等长，具 5 脉，第一外稃与第二颖同形，具 5 脉，内稃狭窄；第二外稃长圆形，坚硬，光滑，长约 1.5 毫米，边缘稍内卷，包着同质的内稃。叶片线状披针形，边缘齿状粗糙，长 1~4 厘米，宽 3~10 毫米，总状花序直立而贴生于主轴一侧，或有时斜生，花序长 1~3 厘米。谷粒椭圆形，长约 2 毫米。

（2）发生特点。臂形草每年 6 月开始抽穗扬花，花期可延续至 11 月，其间种子陆续成熟，成熟的种子极易脱落。喜温暖潮湿气候，可忍受 4~5 个月的旱季，不耐涝，不耐寒，最适生长温度为 30~35℃，多生长在轮作田、多年生作物田和水湿环境，危害轻。

（3）主要分布。在我国主要分布于陕西、甘肃、安徽、浙江、江西、福

建等地。

（十三）雀麦

（1）特征特性。学名 *Bromus japonicas* Houtt.，别名火燕麦、浆麦草、野子麦。一年生草本植物。秆直立，高40~90厘米，叶鞘闭合，被柔毛；叶舌先端近圆形；叶片两面生柔毛。圆锥花序疏展，向下弯垂；小穗黄绿色；颖近等长，脊粗糙，边缘膜质，第一颖长5~7毫米，有3~5条脉，第二颖7~9毫米，有7~9条脉；外稃椭圆形，边缘宽膜质，有7~9条脉，顶端有2个微小齿裂，基下约2毫米处生芒，芒长5~10毫米，芒自先端下部伸出，基部稍扁平，成熟后外弯；内稃较窄，短于外稃，脊上疏生刺毛。花药长1毫米。颖果长7~8毫米，果压扁，长椭圆形，长6~7毫米。

（2）发生特点。雀麦的分蘖力、繁殖力及再生力强。在江淮流域，秋季出苗，入冬休眠，翌春2月下旬返青，冬前和冬后都可分蘖，3月下旬拔节，4月下旬至5月上旬抽穗开花，5月下旬至6月上旬颖果成熟。生育期210天左右，比小麦生育期略短，种子繁殖。

（3）主要分布。分布于中等湿润地区，生长于山坡、荒野及路旁，在我国长江、黄河流域均有分布。雀麦适应性强，耐寒、抗霜冻，是危害我国豆类、小麦、蔬菜等作物重要的恶性杂草之一。

（十四）早熟禾

（1）特征特性。学名 *Poa annua* L.，别名稍草、小青草、小鸡草、冷草、绒球草。一年生或冬性禾草。秆直立或倾斜，质软，高6~30厘米，全体平滑无毛。叶鞘稍压扁，中部以下闭合；叶舌圆头；叶片扁平或对折，质地柔软，常有横脉纹，顶端急尖呈船形，边缘微粗糙。圆锥花序宽卵形，开展；小穗卵形，绿色；花药黄色。颖质薄，有宽膜质边缘，顶端钝，第一颖具1条脉，第二颖具3条脉；外稃呈卵圆形，顶端钝，有宽膜质的边缘及顶端，5条脉，脊和边脉中部以下具长柔毛，脉间无毛或基部具柔毛，基盘不具绵毛，第一外稃长3~4毫米；内稃与之等长或稍短，脊上具长柔毛；颖果褐色，近纺锤形。

（2）发生特点。早熟禾喜光，耐阴性、耐旱性强，抗热性差，对土壤要求不严，耐瘠薄，但不耐水湿。一般4—5月为花期，6—7月为果期。

（3）主要分布。主要分布于长江流域各省的低湿地，危害豆类、油菜、蔬菜、棉花等作物。

（十五）偃麦草

（1）特征特性。学名 *Elytrigia repens*（L.）Nevski.，别名速生草、匍匐冰草。多年生长根茎疏丛上繁草本。秆直立丛生，高 40~80 厘米。叶呈条形，扁平，长 10~20 厘米，宽约 2 毫米。穗状花序直立，较疏松，长 10~18 厘米；小穗排列于穗轴的两侧，长 1.2~1.8 厘米；节长约 1 厘米，脱落于颖之下；颖与外稃先端钝尖或具短尖头，外稃基部有短小基盘，第一外稃长约 12 毫米；内稃短于外稃，脊生纤毛；子房上端有毛。

（2）发生特点。偃麦草花期约在 6 月下旬，8 月上旬种子成熟。偃麦草根茎侵占性强，再生速度也较快，在比较湿润的地方能很快地蔓生于地表，逐渐扩展。

（3）主要分布。偃麦草主要分布在我国西藏、青海、甘肃 3 省区，东北三省以及内蒙古亦有分布。在荒地水分条件较好的地方广为生长。土壤多为深厚的壤质黑土、草甸土，并能忍受轻度的盐渍化土壤。危害棉花、豆类、小麦等作物。

二、阔叶类杂草

（一）鸭跖草

（1）特征特性。学名 *Commelina communis* L.，别名蓝花菜、碧竹子、竹叶草、耳环草。一年生草本，成株高 30~50 厘米。茎披散多分枝，基部枝匍匐，节上生根，上部枝直立或斜升。叶互生，披针形或卵状披针形，表面光滑无毛，有光泽，基部下延成鞘，有紫红色条纹。总包片佛焰苞状，有长柄，与叶对生，卵状心形，稍弯曲，顶端急尖，边缘常有硬毛，边缘对合折叠，基部不相连。花序聚伞形，有花数朵，略伸出佛焰苞外；花瓣 3 枚，其中 2 枚较大，深蓝色，1 枚较小，浅蓝色，有长爪。蒴果椭圆形，2 室，有种子 4 粒，种子表面凹凸不平，土褐色或深褐色。幼苗有子叶 1 片。子叶鞘与种子之间有一条白色子叶连结。第一片叶椭圆形，有光泽，长 1.5~2 厘米，宽 0.7~0.8 厘米，先端锐尖，基部有鞘抱茎，叶鞘口有毛；第二至第四片叶

为披针形；后生叶长圆状披针形。

（2）发生特点。鸭跖草为晚春性杂草，雨季蔓延迅速。在东北地区，鸭跖草入夏开花，8—9 月果实成熟，种子随熟随落。生育期 60～80 天。在华北地区 4—5 月出苗，花果期 6—10 月。鸭跖草种子的适宜发芽温度为 15～20℃，适宜出苗深度为 2～6 厘米，种子在土壤中可以存活 5 年以上。鸭跖草植株抗逆性强，7～10 叶的植株晾晒 5～7 天后移栽，存活率可达 50%～100%。

（3）主要分布。鸭跖草以东北和华北地区发生普遍，危害严重。喜生于湿润土壤。在旱作物田、果园及苗圃常见，不仅危害大豆，也危害玉米、小麦等各种旱作物及果树、苗木等，往往形成单一群落或散生。

（二）香薷

（1）特征特性。学名 *Elsholtzia ciliate*（Thunb.）Hyland.，别名野苏子、臭荆芥、野苏麻、水荆芥。一年生草本，成株高 30～50 厘米，具有特殊香味。茎四棱形直立，上部分枝，有倒向疏柔毛。叶具柄对生，叶片椭圆状披针形，边缘具钝齿，两面均有毛，背面密生橙色腺点。花序轮伞形，由多花偏向一侧组成顶生假穗状；苞片宽卵圆形，先端针芒状，具睫毛；花萼钟状，具 5 齿；花冠淡紫色，略成唇形，上唇直立，先端微凹，下唇 3 裂，中裂片半圆形。小坚果长圆形或倒卵形，黄褐色，光滑，长约 1 毫米。幼苗子叶近圆形，上、下胚轴发达，初生叶 2 片，卵形，边缘有齿。

（2）发生特点。香薷种子在北方 5—6 月出苗，7—8 月开花，8—9 月果实成熟。在南方地区，花期 7—9 月，10 月果实成熟。

（3）主要分布。香薷在东北及西北部分地区对旱地农田有较重的危害。香薷喜生于较湿阴的农田中。危害作物有食用豆类、禾谷类、薯类、甜菜、蔬菜等作物。

（三）水棘针

（1）特征特性。学名 *Amethystea caerulea* L.，别名土荆齐、蓝萼草、细叶山紫苏。一年生草本，成株高 30～100 厘米，茎基部有时木质化。茎直立，四棱形，分枝呈圆锥形，被疏微柔毛。叶对生，具柄，柄上有狭翅；叶片 3 深裂，稀 5 裂或不裂，裂片披针形，边缘有齿，两面无毛。花序小聚伞形，排列成疏松的圆锥形；花萼钟状，具5齿；花冠淡蓝色或淡紫色，唇形，2裂，下唇3裂，下唇中裂片最大。小坚果倒卵状三棱形，具网纹，果脐大。幼苗子叶阔卵形，长5.5毫米，宽5毫米，先端钝圆，叶基圆形，具短柄，上、下胚轴均很发达，具短柔毛，初生叶对生，卵形，先端锐尖，叶基阔楔形，叶缘具粗锯齿，具短柄；后生叶为3全裂，其他与初生叶相似。

（2）发生特点。水棘针在我国北方5—6月出苗，7—8月果实成熟。在南方，花期为8—9月，果期9—10月。种子边成熟边脱落，需经休眠后才能萌发。

（3）主要分布。水棘针分布于我国东北、华北、西北及安徽、湖北等地，尤其黑龙江发生较重，生于湿润农田。危害豆类及薯类、瓜类等作物，为南方秋作物田常见杂草。

（四）反枝苋

（1）特征特性。学名 *Amaranthus retroflexus* L.，别名野苋菜、苋菜、西风谷、人苋菜、苋。一年生草本，成株高20~120厘米。茎直立，粗壮，上部分枝，绿色，有时有淡红色条纹，稍显钝棱，密生短柔毛。叶具长柄互生，叶片菱状卵形，先端微凸或微凹，具小芒尖，边缘略显波状，叶脉突出，两面和边缘具有柔毛，叶片灰绿色。花序圆锥状顶生或腋生，花簇多刺毛；苞叶和小苞叶干膜质；花被白色，被片5枚，各有1条淡绿色中脉。胞果扁球形，包裹在宿存的花被内，开裂；种子倒卵形至圆形，略扁，黑色，有光泽。幼苗下胚轴发达，紫红色，上胚轴有毛；子叶长椭圆形；初生叶1片，卵形。

（2）发生特点。生物学特性种子繁殖。反枝苋种子发芽适宜温度为15~30℃，适宜出苗深度在5厘米以内。在我国中北部地区，4—5月出苗，7—9月开花结果，7月以后种子渐次成熟落地或借助外力传播扩散。

（3）主要分布。反枝苋分布于东北、华北、西北、华东、华中及贵州、云南等地。喜生于湿润农田中，亦耐干旱，适应性强。主要危害作物除豆类外，还有棉花、花生、玉米、瓜类、薯类、蔬菜、果树等。

（五）马齿苋

（1）特征特性。学名 *Portulaca oleracea* L.，别名马齿菜、马蛇子菜、马

菜。一年生肉质草本，全体光滑无毛。茎自基部分枝，平卧或先端斜上。叶互生或假对生，柄极短或近无柄；叶片倒卵形或楔状长圆形，全缘。花 3~5 朵簇生枝顶，无梗；苞片 4~5 枚膜质，萼片 2 枚；花瓣黄色，5 枚。蒴果圆锥形，盖裂；种子肾状扁卵形，黑褐色，有小疣状突起。幼苗紫红色，下胚轴较发达，子叶长圆形；初生叶 2 片，倒卵形，全缘。全株无毛。马齿苋种子发芽的适宜温度为 20~30℃，属喜温植物。适宜出苗深度在 3 厘米以内。马齿苋生命力极强，被铲掉的植株暴晒数日不死，植株断体在一定条件下可生根成活。

（2）发生特点。马齿苋发生时期较长，春夏均有幼苗发生。在我国中北部地区，5 月出现第 1 次出苗高峰，8—9 月出现第 2 次出苗高峰，5—9 月陆续开花，6 月果实开始渐次成熟散落。平均每株可产种子 14 400 粒以上。

（3）主要分布。马齿苋广布全国，生于较肥沃湿润的农田，尤以菜园发生较多，主要危害蔬菜、棉花、豆类、甜菜、果树等。

（六）苍耳

（1）特征特性。学名 *Xanthium sibiricum* Patrin.，别名苍子、老苍子、虱麻头、青棘子。一年生草本，成株高 30~150 厘米。茎直立，粗壮，茎上部分枝，有钝棱及长条状斑点。叶互生，具长柄，叶片三角状卵形或心形，先端锐尖或稍钝，基部近心形或戟形，叶缘有 3~5 浅裂及不规则的粗锯齿，叶片和叶柄密被白色短毛。头状花序腋生或顶生，花单性；雌雄同株；雄花序球形，淡黄绿色，密生柔毛，集生于花轴顶端，花管状，黄色；雌花 1~2 朵着生于下部，椭圆形，外层总苞片小，披针形；内层总苞片结合成囊状，外生钩状刺和短毛，先端具两喙，内含 2 花，无花瓣，花柱分枝丝状。瘦果包于坚硬的总苞中，种子长椭圆形，种皮深灰色膜质。幼苗粗壮，子叶出土，下胚轴发达，紫红色；子叶 2 片，阔披针形，肉质肥厚，长 2~4 厘米，光滑无毛，基部抱茎；初生叶 2 片，卵形，先端钝，基部楔形，叶缘有细锯齿，具柄，叶片及叶柄均密被白色茸毛，基出 3 脉明显。

（2）发生特点。苍耳种子生活力强，发芽适宜温度为 15~20℃，适宜出苗深度为 3~5 厘米，最深限于 13 厘米。在我国中北部地区，4—5 月出苗，7—9 月开花结果，8—9 月果实渐次成熟，随熟随落，种子落入土中或以钩刺附着于其他物体传播。种子经越冬休眠后萌发。

（3）主要分布。苍耳分布全国各地，主要危害豆类、玉米、谷子、马铃薯等旱田作物，在田间多为单生，在果园、荒地多成群生长，局部地区危害较重。也是棉蚜、棉铃虫、向日葵菌核病的寄主。

（七）刺儿菜

（1）特征特性。学名 *Cirsium segetum* Bge.，别名小蓟、刺菜。多年生草本，地下有直根，并具有水平生长产生不定芽的根状茎。成株高 20～50 厘米。茎直立，幼茎被白色蛛丝状毛，有棱。单叶互生，无柄，缘具刺状齿，基生叶叶片较大，并早落；下部和中部叶椭圆状披针形，两面被白色蛛丝状毛，幼叶尤为明显，中上部叶有时羽状浅裂。雌雄异株，头状花序单生于茎顶，花单性；雄花序较小，总苞长约 18 毫米，花冠长 17～20 毫米；雌花序较大，总苞长约 23 毫米，花冠长约 26 毫米；总苞钟形，苞片多层，外层甚短，先端均有刺；花冠筒状，淡粉色或紫红色。瘦果长椭圆形或长卵形，略扁，表面浅黄色至褐色，羽状冠毛污白色。

（2）发生特点。幼苗子叶出土，子叶阔椭圆形，稍歪斜，全缘，基部楔形。下胚轴发达，上胚轴不发育。初生叶 1 片，椭圆形，缘具齿状刺毛。刺儿菜以根芽繁殖为主，种子繁殖为辅。根芽在生长季节内随时都可萌发，而且地上部分被除掉或根茎被切断，则能再生新株。刺儿菜在我国中北部地区，最早可于 3—4 月出苗，5—9 月开花结果，6—10 月果实渐次成熟，种子借风力飞散。实生苗当年只进行营养生长，翌年才能抽茎开花。

（3）主要分布。刺儿菜主要分布在北方，危害食用豆类及玉米、小麦、棉花等多种旱田作物，是难以防除的恶性杂草之一。此外，也是棉蚜、地老虎、麦圆蜘蛛和烟草线虫、根瘤病、向日葵菌核病的寄主。

（八）苣荬菜

（1）特征特性。学名 *Sonchus brachyotus* DC.，别名甜苣菜、曲荬菜。多年生草本，具地下横走根状茎，成株高 30～100 厘米，全体含乳汁。茎直立，上部分枝或不分枝。基生叶栖生、有柄；茎生叶互生、无柄，基部抱茎；叶片长圆状披针形或宽披针形，边缘有稀疏缺刻或羽状浅裂，缺刻或裂片上有尖齿，两面无毛，绿色或蓝绿色，幼时常带紫红色，中脉白色，宽而明显。

头状花序顶生，花序梗与总苞均被白色绵毛；总苞钟形，苞片2~4层，外层短于内层，舌状花鲜黄色。瘦果长四棱形，弯或直，4条纵棱明显，每面还有2条纵向棱线，浅棕黄色，无光泽，两端均为截形，冠毛白色，易脱落。

（2）发生特点。幼苗子叶出土，子叶阔卵形，绿色；先端微凹，全缘，基部圆形，具短柄，下胚轴很发达，上胚轴亦发达，带紫红色。初生叶1片，阔卵形，缘有疏细齿，具长柄。无毛，紫红色。第一后生叶与初生叶相似，第二、第三后生叶为倒卵形，缘具刺状齿，两面密布串珠毛。苣荬菜以根茎繁殖为主，种子也能繁殖。根茎多分布在5~20厘米的土层中，最深可达80厘米，质脆易断，每个有根芽的断体都能发出新植株，耕作或除草更能促进其萌发。在我国中北部地区，4—5月出苗，6—10月开花结果，7月以后果实渐次成熟。种子随风飞散，秋季或经越冬萌发。实生苗当年只进行营养生长，第二至第三年抽茎开花。

（3）主要分布。苣荬菜在北方某些地区发生量大，危害严重。常以优势种群单生或混生于农田和荒野，为区域性的恶性杂草之一。危害豆类及玉米、小麦、谷子、棉花、油菜、甜菜、蔬菜等作物。此外，也是蚜虫的越冬寄主。

（九）鳢肠

（1）特征特性。学名 *Eclipta prostrata*（L.）L.，别名旱莲草、墨旱莲、墨草。一年生草本，高15~60厘米。茎直立或匍匐，自基部或上部分枝，绿色或红褐色，被伏毛。茎、叶折断后有墨水样汁液。叶对生，无柄或基部叶有柄，被粗伏毛；叶片长披针形、椭圆状披针形或条状披针形，全缘或有细锯齿。花序头状，腋生或顶生；总苞片2轮，5~6枚，有毛，宿存；托叶披针形或刚毛状；边花白色，舌状，全缘或2裂；心花淡黄色，筒状，4裂。舌状花的瘦果四棱形，筒状花的瘦果三棱形，表面都有瘤状突起，无冠毛。鳢肠在长江流域，5—6月出苗，7—10月开花、结果，8月果实渐次成熟。种子经越冬休眠后萌发。

（2）发生特点。鳢肠喜湿耐旱，抗盐耐瘠和耐阴。在潮湿的环境里被锄移位后，能重新生出不定根而恢复生长，故称之为“还魂草”，并能在含盐量达0.45%的中重盐碱地上生长。鳢肠具有惊人的繁殖力，1株可结籽1.2

万粒。这些种子或就近落地入土，或借助外力向远处传播。

（3）主要分布。鳢肠广布于我国中南部。生于低洼湿润地带和水田中，除危害食用豆外，还危害棉花、瓜类、蔬菜、甜菜、小麦、玉米和水稻等作物。

（十）藜

（1）特征特性。学名 *Chenopodium serotinum* L.，别名灰菜、落藜。一年生草本。成株株高 30~120 厘米，茎直立粗壮，有棱和纵条纹，多分枝，上升或开展。叶互生，有长柄；基部叶片较大，上部叶片较窄，全缘或有微齿，叶背均有灰绿色粉粒。圆锥状花序，有多数花簇聚合而成；花两性，花被黄绿色或绿色，被片 5 枚。胞果完全包于被内或顶端稍露；种子双凸镜形，深褐色或黑色，有光泽。

（2）发生特点。藜种子发芽的最低温度为 10℃，最适温度为 20~30℃，最高温度 40℃，适宜出苗深度在 4 厘米以内。在华北与东北地区，3—5 月出苗，6—10 月开花、结果，随后果实渐次成熟，种子落地或借外力传播。

（3）主要分布。除西藏外，藜在全国各地均有分布。主要危害豆类、小麦、棉花、薯类、蔬菜等旱作物及果树，常形成单一群落，也是棉铃虫和地老虎的寄主。

（十一）卷茎蓼

（1）特征特性。学名 *Polygonum convolvulus* L.，别名荞麦蔓。一年生蔓性草本。长 1 米以上。茎缠绕，细弱，有不明显的条棱，粗糙或疏生柔毛。叶具长柄，互生；叶片卵形，先端渐长，斜截形，先端尖或钝圆。疏散穗状花序；花少数，簇生于叶腋，花梗较短；花被淡绿色，5 深裂。瘦果卵形，有 3 棱，黑褐色。

（2）发生特点。卷茎蓼种子春季萌发，发芽适宜温度为 15~20℃，适宜出苗深度在 6 厘米以内。埋入深土层的未发芽种子可存活 5~6 年。种子常混于收获物中传播，经越冬休眠后萌发。

（3）主要分布。卷茎蓼在秦岭、淮河以北地区都有分布，为东北、西北、华北北部地区农田主要杂草之一，为害豆类、麦类、玉米等作物。缠绕植物，影响光照，也易使作物倒伏，造成减产，发生量大，为害严重。

（十二）问荆

（1）特征特性。学名 *Equisetum arvense* Linn.，别名节（接）骨草、笔头草、土麻黄、马草、马虎刚。多年生草本。具发达根茎，根茎长而横走，入土深 1~2 米，并常具小球茎，地上茎直立，软草质，二型；营养茎在孢子茎枯萎后在同一根茎上生出，高 15~60 厘米，有轮生分枝，单一或再生，中实绿色，具棱脊 6~15 条，表面粗糙。叶退化成鞘，鞘齿披针形，黑褐色，边缘灰白色，厚革质，不脱落。孢子茎早春萌发，高 3~5 厘米，肉质粗壮，单一，笔直生长，浅褐色或黄白色，具棕褐色膜质筒状叶鞘。

（2）发生特点。问荆以根茎繁殖为主，孢子也能繁殖。在我国北方，4— 5 月生出孢子茎，孢子成熟后迅速随风飞散，不久孢子茎枯死；5 月中下旬生出营养茎，9 月营养茎死亡。

（3）主要分布。问荆广泛分布于我国东北、华北、西北、西南及浙江、山东、江苏、安徽等地。因其根茎甚为发达，蔓延迅速，难以防除。某些地区的豆类、小麦、棉花、玉米、马铃薯、甜菜、亚麻等作物受害较重。

（十三）苘麻

（1）特征特性。学名 *Abutilon theophrasti* Medicus.，别名青麻、白麻。一年生草本。成株高 1~2 米。茎直立，圆柱形。叶互生，具长柄，叶片圆心形，掌状叶脉 3~7 条。花具梗，单生于叶腋，花萼杯状，5 裂，花瓣鲜黄色，5 枚。蒴果半球形，分果瓣 15~20 个，具喙，轮状排列，有粗毛，先端有长芒。种子肾状，有瘤状突起，灰褐色。

（2）发生特点。苘麻在我国中北部，4—5 月出苗，6—8 月开花，果期 8—9 月，晚秋全株死亡。

（3）主要分布。苘麻除西藏外，全国各地均有分布，常见于路旁、荒地和田野间，危害豆类及棉花、禾谷类、瓜类、油菜、甜菜、蔬菜等作物。

（十四）铁苋菜

（1）特征特性。学名 *Acalypha australis* L.，别名海蚌含珠、叶里藏珠。一年生草本，成株高 30~60 厘米。茎直立，有分枝。单叶互生，具长柄，叶片长卵形或卵状披针形，茎与叶上均被柔毛。穗状花序，腋生，花单性，雌雄同株且同序；雌花位于花序下部，雄花花序较短，位于雌花序上部。蒴果钝三角形，有毛，种子倒卵形，常有白膜质状蜡层。

（2）发生特点。铁苋菜喜湿，地温稳定在10~16℃时萌发出土。在我国中北部，4—5月出苗，6—7月也常有出苗高峰，7—8月陆续开花结果，8—9月果实渐次成熟。种子边熟边落，可借风力、流水向外传播，亦可混杂于收获物中扩散，经冬季休眠后再萌发。

（3）主要分布。除新疆外，铁苋菜分布几乎遍及全国。在豆类、棉花、甘薯、玉米、蔬菜田为害较重，局部地区为优势种群，是秋熟旱作物田主要杂草。

（十五）田旋花

（1）特征特性。学名 *Convolvulus arvensis* L.，别名中国旋花、箭叶旋花。多年生草本。具直根和根状茎，直根入土较深，达30~100厘米，根状茎横走。茎蔓状，缠绕或匍匐生长。叶互生，有柄。花1~3朵腋生，花梗细长，苞片2枚，狭小，远离花萼；萼片5枚，倒卵圆形，边缘膜质；花冠粉红色，漏斗状，顶端5浅裂。蒴果球形或圆锥形；种子4枚，三棱状卵圆形，黑褐色，无毛。

（2）发生特点。秋季近地面处的田旋花根茎产生越冬芽，翌年长出新植株，萌生苗与实生苗相似，但比实生苗萌发早，铲断的具节的地下茎亦能发生新株。在我国中北部地区，田旋花根芽3—4月出苗，种子4—5月出苗，5—8月陆续现蕾开花，6月以后果实渐次成熟，9—10月地上茎叶枯死。种子多混杂于收获物中传播。

（3）主要分布。田旋花分布在东北、华北、西北及四川、西藏等地，其他热带和亚热带地区也有分布。为旱作物地常见杂草，常成片生长。主要危害豆类、小麦、棉花、玉米、蔬菜等，近年来华北、西北地区危害较严重，已成为难防除的杂草之一。

（十六）打碗花

（1）特征特性。学名 *Calystegia hederacea* Wall.，别名小旋花。多年生草本。具地下横走根状茎。茎蔓状，多自基部分枝，缠绕或平卧，长30~100厘米，有细棱，无毛。叶互生，具长柄；基部叶片长圆状心形，全缘。花单生于叶腋；苞片2枚，宽卵形，包住花萼，宿存；萼片5枚，长圆形；花冠

粉红色，漏斗状。蒴果卵圆形；种子倒卵形，黑褐色。实生苗子叶方形，先端微凹，有柄；初生叶1片，宽卵形，有柄。

（2）发生特点。打碗花根状茎多集中于耕作层中。在我国中北部，根芽3月开始出土，春苗和秋苗分别于4—5月和9—10月生长繁殖最快，6月开花结实。春苗茎叶炎夏干枯，秋苗茎叶入冬枯死。

（3）主要分布。打碗花广布全国各地。生于湿润的农田、荒地或田边、路旁，危害大豆和花生，禾谷类、薯类、棉花、甜菜、蔬菜等作物也受害。

（十七）龙葵

（1）特征特性。学名 *Solanum nigrum* L.，别名野海椒、野茄秧、老鸦眼子、苦葵、黑星星、黑油油。一年生草本。高30~100厘米，茎直立，多分枝，无毛。叶互生，具长柄；叶片卵形，全缘或有不规则的波状粗齿，两面光滑或有疏短柔毛。花序具伞形短蝎尾状，腋外生，有花4~10朵，花梗下垂；花萼杯状，5裂；花冠白色，辐射状排列，5裂，裂片卵状三角形。浆果球形，成熟时黑紫色；种子近卵形，扁平。

（2）发生特点。龙葵种子发芽最低温度为14℃，最适温度为19℃，最高温度22℃。出土早晚和土壤含水量有关，通常在3~7厘米土层中的种子出苗最早最多，在0~3厘米土层中的出苗次之，在7~10厘米土层中的出苗最晚、最少。在我国北方，4—6月出苗，7—9月现蕾、开花、结果。当年种子一般不萌发，经越冬休眠后才发芽出苗。

（3）主要分布。龙葵全国各地均有分布，在东北地区发生较重。常散生于肥沃、湿润的农田、菜、荒地及宅地等处。因单株投影面积较大，易使棉花、花生、豆类、薯类、瓜类、蔬菜等矮棵作物遭受危害。

（十八）香附子

（1）特征特性。学名 *Cyperus rotundus* L.，别名莎草、香头草、旱三棱、回头青。多年生草本。具地下横走根茎，顶端膨大成块茎，有香味，高20~95厘米。秆散生，直立，锐三棱形。叶基生，短于秆。叶鞘基部棕色。苞片叶状，3~5枚，下部2~3枚长于花序，小穗条形，具6~26朵花，穗轴有白色透明的翅；鳞片卵形或宽卵形，背面中间绿色，两侧紫红色。小坚果三棱状长圆形，暗褐色，具细点。

（2）发生特点。香附子较耐热而不耐寒，冬天在-5℃下开始死亡。块茎在土壤中的分布深度因土壤条件而异，通常有一半以上集中于10厘米以上的土层中，个别的可深达30～50厘米，但在10厘米以下，随深度的增加而发芽率和繁殖系数锐减。香附子较为喜光，遮阴能明显影响块茎的形成。

（3）主要分布。香附子为世界性杂草。在我国主要分布于中南、华东、西南热带和亚热带地区，河北、山西、陕西、甘肃等地也有。喜湿润环境，常生于荒地、路边或农田。危害多种旱田作物、果树及水稻等。

第三节　田间杂草主要防除方法

食用豆田间水肥条件好，杂草发生量大，杂草除与食用豆争肥、争水、争光，直接危害食用豆外，还是多种病虫害的中间媒介和寄主，可加重食用豆病虫害的发生和为害，影响食用豆的生长，降低品质和产量，可导致食用豆减产12.7%～60.0%。对杂草丛生的草地，必须采取措施加以消灭，以保持优良食用豆的种类成分。食用豆田间杂草种类很多，各种杂草都有独特的生物学特性，且这些杂草又受作物耕作制度和栽培措施以及环境条件的影响，致使每种杂草的发生、消长规律都是不同的，种植大面积的食用豆，单靠人工防除杂草不仅费工费时而且效果较差。通常人类利用农业、生物、物理、化学等多种方法试图控制杂草，减少杂草所造成的危害，从而达到作物增产增收的目的。通常采用的杂草防除方法有农业防除、生物防除、物理防除和化学防除。

一、农业防除

农业防除指通过采取农田耕作和其他人工方法达到消灭杂草的农艺技术措施。杂草的农业防除是通过合理安排农艺措施，改变草地生态环境，以便抑制杂草的发育或发生，从而达到降低或防止杂草危害的目的。它是一种应用最早的除草方法。食用豆田杂草的农业防除，主要包括以下几个方面的内容。

（一）防止杂草进入田间

（1）清选种子源。通过建立杂草种子检疫制度将一些地区性杂草或恶性

杂草如菟丝子、野燕麦等列为杂草检疫对象，并采取措施控制和消灭在感染区内，严防向非感染区传播蔓延。调运农产品和各种种子，及其包装、运输工具，都要经过严格检疫，严禁混进检疫性杂草种子。

（2）精选种子和播种材料。清除播种材料中混杂的杂草种子，同时对播种材料去杂、去劣和进行一定的分级。作物生长型的不同可对杂草种类组成产生影响。在杂草治理中必须考虑作物品种的特征，首先选择适应当地生产条件的良种，从而保证食用豆类出苗整齐、健壮、生长一致，有利于作物在田间占领优势，对杂草产生抑制作用。

（3）腐熟肥料，合理施肥。许多杂草种子随草料进入家畜消化道后仍保持发芽力，有时还能提高发芽率，因此，农田施用的厩肥或堆肥，必须充分腐熟。施用充分腐熟粪肥或堆肥，既可预防杂草种子传播蔓延，又能提高土壤肥力。另外，利用混有杂草种子的农副产品作饲料，最好经过粉碎或蒸煮。另外，施肥量大时多年生杂草的竞争优势大于一年生杂草，例如在高氮（每公顷 376 千克和 752 千克）下多年生杂草稗草数量多，低氮（每公顷 188 千克）下一年生杂草狗尾草和马唐数量多，因此要根据杂草种类合理施肥，控制杂草数量。

（4）清除杂草源。铲除田边杂草以及在杂草开花前消除田间杂草，截断一部分杂草的种子来源，可以大大减少田间杂草种子库的基数，控制杂草种群的发展；有些杂草种子如稗草、狗尾草和马唐等种子小而轻，并带有油质，散落在灌溉渠道中，随水会漂浮蔓延；有些田间拔除的杂草被抛在渠道里或渠边，草籽落入渠中，一旦放水灌溉，大量草籽将流入田间而造成危害。因此，利用和管好水源，在渠道中设置收集网可清除水中杂草种子，消灭多种杂草，都对防止杂草进入食用豆田有一定的作用。

（二）合理安排种植制度

实行轮作倒茬，适当调整播种和收获时间、采用窄行播种、合理的保护播种和混播组合等种植形式，可以剧烈改变杂草的生态环境，从而中断某些杂草种子传播或抑制某些杂草发生。同时又可自然地更换除草剂，避免由于在同一田块长期使用同类除草剂，造成降解除草剂的生物富化，而使除草剂用量增加，效果降低，也可避免杂草产生抗药性。轮作是防除食用豆田伴生型杂草和寄生型杂草的有效措施。

许多杂草，都有伴随着一种或几种作物生长在田间。其生育习性、发生季节、对环境条件的要求，均与伴生作物相似。例如，豌豆田中的龙葵；烟草、向日葵；大豆田中的菟丝子等，在连作情况下，势必造成草害猖獗。如果实行适当的轮作倒茬，由于田间作物种类的变化，造成生态环境的变化，其耕作管理措施也不相同，使一些杂草不仅失去了伴生或寄生的生活条件，同时受到不同耕作措施的影响，从而起到抑制或杀伤某些杂草的目的。例如，密植作物和中耕作物轮作，除食用豆田杂草效果都相当显著。

选择轮作模式的要求：吸收营养不同、根系深浅不同的作物互相轮作；互不传染病虫草害的不同科作物互相轮作；适当配合禾本科作物轮作，豆科、禾本科作物轮作后，能改进土壤结构；注意不同作物对土壤酸碱度的需要；考虑前茬作物对杂草的抑制。食用豆田轮作模式为：①在旱作条件下，最常见的轮作顺序是：食用豆—谷子—小麦；食用豆—油菜—小麦；食用豆— 马铃薯—油菜。②在灌溉条件下，最常见的轮作顺序是：食用豆—小麦— 谷子；食用豆—高粱—小麦；食用豆—小麦—油菜。试验证明，保护性耕作大豆田通过农业轮作措施，杂草防除率达 30. 1%。

适当调整作物播种、收获时间和株行距，不仅打乱了杂草的发生时期，又影响了杂草的正常开花结实，因而有较好的除草作用。试验证明，通过适时早播促进食用豆早发早封垄，使食用豆苗形成群体优势，杂草得不到充足的光照和时间，就难以生长，进而控制杂草生长危害；春播作物晚播或早秋作物早播，可以增强作物对杂草的竞争能力；大垄密植和垄三栽培等方式合理控制播种密度不仅可以提高产量，而且能增强食用豆对杂草的竞争力，达到“以苗压草”的目的。宽行食用豆阔叶杂草减少，禾本科杂草趋向增加。窄行食用豆相反，因为阔叶杂草光竞争优势大，可抵得过窄行食用豆的光竞争优势，因此窄行食用豆光竞争能力比宽行种植的大，从而影响杂草组成。此外，实行间、混作或套作，不仅可以充分利用地力，由于增加了农田的覆盖程度和覆盖时间，能抑制食用豆田杂草生长，减轻危害。

（三）运用合理的耕作措施

合理的土壤耕作，不仅可以改善耕层的理化特性，为农作物生育创造良好的土壤条件。而且各种土壤耕作措施，都能直接消灭杂草幼苗、植株或地下繁殖器官，破坏杂草的侵染循环系统，改变杂草种子在耕层中的垂直分布状况，诱导或打破土中杂草种子的休眠，从而影响杂草种子在下茬或来年的发生种类和数量。因此，合理运用土壤耕作措施，可以发挥很大的除草效果。常用的土壤耕作除草措施有以下几个方面。

（1）早期整地诱发杂草及除草。播种前将食用豆田表层土壤松动，改善表土墒情，促进表土杂草早期萌发，起到诱发杂草、松土、保水的作用，便于提高播前除草效果。随后用中耕机或耙，全面耕耙表土，用以消灭早期萌发出土的杂草幼苗。通过耙地、耘地让已经出苗的杂草脱离土壤，从而致使杂草无法通过根部吸收养分最终死亡，可以有效地降低杂草株数，直接消灭杂草幼苗。

（2）苗期耙草。在播种以后，食用豆出苗以前或出苗初期，选择伤苗率最低时期，用轻型钉齿耙耙地，可以杀伤大部分播后萌发或出苗的杂草。一般苗耙的行走方向，应与播种行向垂直，或成一定交角，绝对不能与播种行向平行，耙深应小于播种深度，以免伤苗率过高。

（3）中耕除草。中耕是防除宽行距作物田间杂草的一项重要措施。中耕可降低一年生和二年生杂草与作物的竞争能力，抑制其开花、结籽。对多年生杂草，中耕可阻止其地上部分生长、抑制光合作用积累有机营养并使其在多次萌芽中迅速耗尽地下器官的养分。在中耕作物生育期间，适时进行多次中耕，不仅可以铲除株行间的多种杂草，而且由于中耕改善了土壤条件，同时把上层0~10厘米土层中杂草种子翻上来，让其发芽出土。这样便可大量消耗耕层土壤中的杂草种子，逐步降低杂草发生基数，减轻后茬杂草危害。生育后期的中耕结合适当的培土，对防除苗期杂草有良好效果。

小豆全生育期要进行中耕2~3次。小豆苗出齐后，应结合间苗、定苗，进行第一次中耕、除草、松土，以利于根系和根瘤的生长。此时因苗小，要少放土，防止压苗。幼苗期间，中耕要浅，有利于提高地温。另外，小豆出苗后遇雨，应及时中耕除草，破除板结。封垄前，结合培土、除草，可再一次进行中耕，也可使用化学药物除草。一般在开花前5~7叶期进行中耕，能有效防止或减轻小豆倒伏，控制杂草，增加土壤通透性，促进根系生长和根瘤形成，覆盖肥料，增加肥效等。

在绿豆生长初期，行间、株间易生长杂草，雨后土壤易板结。因此，及时中耕除草非常必要。中耕应掌握根间浅、行间深的原则，防止切根、伤根，保证根系良好发育。一般在绿豆长到 10 厘米左右时，进行一次中耕除草。这时中耕也可增加土壤的通气性，防止脱氮现象，促进新根大量发生，提高吸收能力，增加分蘖。绿豆开花后枝叶茂盛，可以封垄覆盖杂草，无须再中耕除草。中耕不仅能消灭杂草，还可破除土壤板结，疏松土壤，减少蒸发，提高地温，促进根瘤活动，是绿豆增产的一项措施。绿豆在生长初期，田间易生杂草，从出苗至开花封行前，应进行三次中耕。在第一片复叶展开时，结合间苗进行第一次浅耕，同时除草，松土；在第二复叶展开后，结合定苗进行第二次中耕，同时进行蹲苗，去除田间杂草；现蕾前结合第三次中耕进行培土，预防中后期倒伏，也是提高产量的重要措施。中耕深度应掌握浅—深—浅的原则。

在豌豆出苗后至封垄前，可用 5%精禾草克乳油 750 毫升/公顷，或 10. 8%高效盖草能乳油 300～750 毫升/公顷对水 750 千克，或 480 克/升灭草松水剂 1 500～ 3 000 毫升/公顷，行间喷雾，均可达到理想效果。豌豆生长后期已经封垄，此时如果有杂草，可以人工拔除，以免杂草丛生，植株受阴蔽，影响产量，延迟成熟。豌豆出苗后到植株封垄前，一般要中耕 2～3 次，结合中耕，去除田间杂草，以确保豌豆苗期正常生长。中耕深度应掌握先浅后深的原则，一般在苗高 5～7 厘米时，进行第一次中耕，同时去除田间杂草。株高 15～20 厘米时，进行第二次中耕，并结合培土，起到增根和抗倒伏作用。秋播豌豆一般在越冬前，进行第二次中耕。第三次中耕可根据豌豆生长情况灵活掌握，一般应在植株叶片卷须互相缠绕前完成，茎叶茂盛时，注意不要损伤植株。

芸豆在整个生育期间要进行 2～3 次中耕除草。当芸豆长出 3～4 片复叶中耕锄草松土，耕深 5～6 厘米；复叶 5～6 片时第 2 次中耕，耕深 8～10 厘米。幼苗期进行中耕除草，既可以防止土壤水分蒸发，又可以防止杂草与幼苗争肥、争光。中耕除草一定要在芸豆开花前结束，这样避免损伤花荚。

豇豆从出苗至开花需中耕除草 2～4 次，一般每隔 8～10 天中耕一次，至

伸蔓后停止。由于种植豇豆的行距较大，生长初期行间易生长杂草，雨后地表容易板结，因此，要及时中耕除草，松土保墒，这样既对蹲苗促根有一定的促进作用，使根系良好发育生长，又可及时避免争抢养分，减少病虫源。

鹰嘴豆全生育期一般中耕2次，分别在播后30天和60天，结合除草、施肥同时进行，既可疏松土表，增加土壤通透性，又可提高地温，并有保墒作用。第一次中耕除草，中耕深度为8~10厘米；第二次中耕除草，可同时追施尿素150千克/公顷，或用磷酸二氢钾叶面肥，再灌溉一次。鹰嘴豆迅速生长的冠层能有效控制后期杂草的生长。

（4）深耕除草。深耕是防除多年生杂草如问荆、苣荬菜、刺儿菜、田旋花、芦苇、小叶樟等杂草的重要手段。通过深翻耕层，可以直接破坏杂草地下繁殖器官。在一熟地区，作物收获后气温尚高，抓紧时机进行深耕，既可翻埋尚未结实成熟的春性杂草，又可诱发土中混杂的杂草种子，除草效果显著。特别是休闲地或生荒地，伏天进行2~3次耕翻，不仅可以改善土壤理化状况，同时反复多次地杀伤杂草的营养器官，并将各次诱发的杂草消灭在开花结实之前，对于防除食用豆类农田杂草，均有很好的效果。秋冬季对土壤进行深翻，会将底层一些多年生杂草的地下块茎、地下根茎翻到地表，使其风干、冻死，或将其耙出田间。

（5）作物残茬管理。少耕和免耕的必然结果将增加土表的作物残茬，从而影响土表附近水分和温度，进一步影响杂草群落组成。作物残茬为杂草种子发芽和定植提供了不同于传统耕作的环境。残茬还为大而轻的种子提供了存留条件，使这类杂草基数增多，裸地则与此相反，种皮有黏液的种子在裸地易于保留，因而使这类杂草在裸地上数量增多。留茬越高，杂草防除率越低。因此，减少作物残茬量，有利于抑制杂草种子萌发。

（6）作物秸秆覆盖。同一田块在同一年内种植两种以上作物（套作或复种）时，明显影响杂草群落的组成。土地被作物长期覆盖，杂草生长机会少，下茬作物又占据了生境。当秸秆覆盖量足以抑制杂草出苗、生长，甚至附着在秸秆上而无法落地发芽时，杂草发生及危害减弱，应用作物覆盖方法是长期治理杂草的可行办法之一。食用豆田作物秸秆覆盖范围一般在0%~70%，秸秆覆盖率越高，杂草发生率越低。

(7) 迟播诱发。是利用农作物的生物学特性和杂草的生长特点，有组织、有计划地推迟农作物的播种期，使杂草提前出土，防除杂草后再进行播种的方法。利用这种方法，可直观地防除针对性杂草，收到良好的除草效果。

(四) 加强食用豆新品种的研究

(1) 加强与杂草竞争性强的食用豆新品种的研究。食用豆品种间对杂草的抑制能力和耐受杂草危害的能力存在差异，加大与杂草竞争性强的食用豆品种的研究，选育出与杂草竞争性强的食用豆新品种，利用作物本身的竞争能力防除食用豆田杂草是最经济、最环保的除草措施。

(2) 加强抗除草剂转基因食用豆品种的引进和研究。应用抗除草剂转基因品种是提高保护性耕作杂草防除效率，促进保护性耕作发展的一项有效措施。通过基因工程培育出抗除草剂品种，不但可以降低化学除草剂的施用量，减少环境污染，而且给轮作或间作中作物的选择以更大的灵活性。转基因技术的大规模利用可以显著降低农业生产成本，提高农业生产效率，大大提高食用豆农田杂草防除效果。因此加强抗除草剂转基因食用豆品种的引进和研究十分必要。但同时也要对转基因品种的安全性进行研究。

(五) 合理运用农田排灌措施

农田进行合理的灌水，排水晒田，也是消灭杂草的重要措施。如对芦苇等多年生杂草危害严重的旱地，在休闲伏耕之后立即灌水，可使被切断的地下茎淹水窒息而死。西北地区在春麦成熟前 7 天左右有灌“麦黄水”的习惯，这不仅可以预防干热风危害，防止青干、增加千粒重，而且可以大量诱发早期脱落田间的杂草种子，以便在收获后进行灭茬或秋翻中将其消灭，有利于降低翌年萌发杂草的基数，因而也是一项重要的除草措施。

二、生物防除

杂草的生物防除是指利用杂草的天敌，如植食性动物、昆虫、病原微生物等天敌及植物异株克生性将杂草种群密度压低到经济允许损失程度以下，在自然状态下，通过生态学途径对杂草种群进行控制。凡是利用生物学方法控制杂草的危害，均属于杂草生物防除的范围。利用生物除草，方法简便，

特别是对某些外来恶性杂草的控制效果显著，既可减少除草剂对环境的污染，又有利于自然界的生态平衡，近年来已日益引起各国的重视。杂草的生物防除主要包括以植食性动物除草、以昆虫除草、以病原微生物除草、以植物除草等。

（一）以动物除草

利用动物防除杂草的例子比较多，家畜家禽防除杂草已取得成效。如稻田放鸭，鸭群可吃掉部分杂草的草芽；利用鹅在向日葵田、烟草田中取食寄生性杂草列当。近年来利用鹅的选择性食性防除棉花、草莓，薄荷，烟草和其他作物田内杂草的做法已相当普遍。据中国农业大学试验，1 只鹅能消灭 1 公顷地中的列当。也有用猪在冬天稻田中放牧，挖吃土中的水莎草、鸢草等地下球茎、块茎等的做法，均有一定效果。长期以来已知牲畜的放牧能有效地控制植物的生长，据报道羊群放牧可以减少田旋花、艾菊属植物及咖啡田中的杂草。加利福尼亚采用焚火与山羊放牧相配合的方法以控制放牧地的一些木本的灌木。

在食用豆田中待植株生长较高时，可放鹅、鸭进田食禾本科杂草。

（二）以昆虫除草

利用昆虫防除杂草已有较多成功研究。如阿根廷螟蛾可防除仙人掌、美国四重叶甲虫可取食克拉马斯草，霜霉病菌可显著抑制藜的生长，跳甲可防除喜旱莲子菜，豚草条纹叶甲、豚草夜蛾、豚草卷蛾及豚草实蝇等防除豚草，象皮虫防除矢车菊，尖翅小卷蛾可防除香附子、扁秆藨草、稻田三棱草，褐小黄叶甲可防除蓼科杂草，鳞翅目昆虫防除马樱丹，斑水螟防除眼子菜看麦娘、泽泻，植食性果蝇防除列当，尖翅筒喙象防除黄花蒿，稗草螟防除稗草，角胫叶虫甲防除扁蓄，象鼻虫可有效防除蒺藜，金花虫、朱砂蛾防除千里光，盾负泥虫防除鸭趾草、酸模叶甲防除大型羊蹄草等都是用昆虫防除杂草的方法。

植食性昆虫防除杂草有不污染环境、不破坏生态平衡、选择性强、效力持久、经济效益高等优点。但也有其局限件，如除草效果易受气候和环境条件等因素的影响，除草谱窄、见效慢、只适宜特定农田中杂草等。利用昆虫防除杂草应注意植食性昆虫的引入可能会对一系列其他种类植物乃至整个生物群落产生影响，必须对引进昆虫造成副作用的可能性作出评价。从原产地侵害杂草的所有天敌中选出最有前途的植食性昆虫，从中择取一种甚至几种，以期最终确定它们对重要经济作物的安全程度。一般认为钻根虫、蛀茎虫、食果实与果内种子的昆虫比食叶昆虫更具有专一性。

用昆虫防除杂草要达到完全消灭杂草是不可能的。昆虫侵袭已成灾害的杂草并迅速繁殖，直到许多杂草植株被破坏以致食物供应变成对昆虫的限制，因而昆虫数目减少，当昆虫数目极少时，杂草的生长又重回升，随着虫口密度相应地增加，杂草的数置再行减少，这样“波动”可能发生几次，伴之以杂草群体的“峰顶”不断地降低，直至达到一种稳定的平衡，使这一杂草的数量减少到具有经济重要性的水平以下，从而达到控制的目的。

（三）以病原微生物除草

利用真菌、细菌和病毒等微生物防除杂草，具有对环境负面效应小，对目标杂草选择性高，易于控制及安全性高等优势，具有广阔的应用前景。国际上已对50种杂草的100多种病原微生物进行了研究报道，并有许多成功先例。

国外报道从加拿大安大略湖蒲公英上分离到的草茎点霉SYAU-06菌株对蒲公英具有生防潜力，该菌株粗毒素可应用在食用豆田、花生田防除鸭跖草、藜、反枝苋等杂草。从马唐罹病植株上分离到的中隔弯孢菌株对4叶期以下的马唐有极强的致病作用，室内控制效果可达100%，田间控制达75%以上，该菌对食用豆田马唐草等有极强的控制作用。生防菌画眉草弯孢霉菌株QZ-2000生物活性物质为长孺孢素，在500克/毫升浓度下，可防除小藜、马唐、萹蓄、茼草、藜和看麦娘等恶性杂草，长孺孢素作为食用豆和棉花田苗后生物源除草剂有一定的开发潜力。

国外的研究发现，寄生性的锈病与白粉病，能抑制难以祛除的苣荬菜、红矢车菊、田旋花。野生锈病菌可使大蓟的全叶变形，最后停止生长，致使80%的杂草植株死亡。美国密执安州大学在23个土壤试样中，分离出一些微生物，能强烈抑制稗草、独行菜的生长。某些微生物产生的抗生素，如球孢类链霉菌产生的杀虫素，也可用于杀灭杂草。决明链格孢分生孢子制成的可湿性粉剂（CASST），可防除决明子等豆科杂草。锦葵盘长孢状刺盘孢的孢

子悬浮剂 Biomal，可用于防除圆叶锦葵。用百日草链格孢和圆盘孢的孢子可防除苍耳和刺苍耳等。从紫茎泽兰分离到链格孢一菌株，可防除紫茎泽兰等。据专家估计，21 世纪真菌除草剂将可控制 30 多种杂草。1963 年，山东省农业科学院植物保护研究所研制的“鲁保一号”，对食用豆田的菟丝子等均可侵染致病，20 世纪 60 年代中后期，在江苏、山东、陕西、安徽、宁夏等 20 多个省份推广面积达 60 万公顷，防效稳定性在 85%以上，取得了巨大的经济效益，现已筛选出了遗传性稳定、产孢量大、致病力强的 S22 单孢变异株系。1979 年新疆哈密植物保护工作站研制的生防制剂防菌 F798 对瓜列当防除效果达 95%以上。云南省农业科学院利用拉宾黑粉菌防除旱田杂草马唐，可有效控制马唐大量发生。

目前微生物除草技术尚只适于选择性的防除某些杂草，对环境条件的要求比化学除草剂更苛刻；防除效果相对较低，见效较慢；工厂化大规模生产的技术条件不成熟等。但以上已应用于生产的微生物除草剂品种的实际经验无疑肯定了微生物除草剂的应用具有很大的潜力。

（四）以植物除草

利用植物的异株克生特性，防除杂草。异株克生是植物（供体）释放化学物质对其他植物（受体）产生的毒害作用，亦即一种植物对另一种植物萌发、生长及发育所产生的有害影响。异株克生是自然界和农业生态系统中普遍发生的现象，它在植物或杂草群落形成、演替以及同种的互相作用中起着重要作用。

许多植物含有抑制种子发芽的物质，广泛分布在果皮、果肉、种皮、胚、叶、鳞茎与根内，这些物质如芥子油中含有异硫氰酸盐的衍生物，扁桃苷、有机酸（咖啡酸、阿魏酸等）、醛类（安息香醛、肉桂醛等）、植物碱（古柯碱、小蘖碱、毒扁豆碱等）、不饱和的内酯（香豆索、白头翁素等）、芳香油类以及从含氮化合物水解释放出来的氨等。含有这些物质的植物残株回到土壤，显然提供植物毒素的来源。例如某些黄瓜品种可抑制白芥和黍草的生长，用稻草覆盖越冬农田可减少看麦娘危害等。黑麦、高粱、小麦、燕麦之残体能有效地抑制一些杂草的生长。高粱根系分泌物可使苘麻、反枝苋、稗草、马唐和马尾草的生长量下降。小麦植株、根系、颖壳、秸秆各部分都含有抑制白茅生长的植化物质，在长有大量白茅的食用豆田，通过种植小麦1~2年，就可将白茅消灭98%以上。利用植物防除杂草，免用或少用除草剂是有可能的。

生物治草的优点是没有污染，对人畜环境安全，并且可在较长的时间内起作用。但生物防治特别是把昆虫、微生物作为作用物时，不易将杂草有效地控制在生态经济阈值以下，且生物治草的对象比较单一，应用上有较大局限性。生物作用物和目标杂草间的数量消长常常成波浪形发展。在选择生物作用物的作用期时，应与杂草的生长期同步。

三、物理防除

利用物理因子和机械作用对杂草的生长、发育、繁殖等进行干扰，减轻或避免其对作物的危害，称为物理机械防除。物理因子包括温度、光、电、放射能、激光等，机械作用包括人工去除、利用简单的器械装置进行阻隔等。

（一）利用温度除草

不同种类有害生物均有各自适应的温度范围，可利用自然的不利温度或人为调节温度，使之不利于杂草的生长、发育和繁殖，直至导致死亡，以达到防除目的。如对食用豆种子采取温汤浸种或干热处理，可杀死多种种传病原物及害虫。在食用豆生长期，高温可抑制一些不耐高温的杂草萌发和生长。电热温床育苗在床面无苗时，可将床温调高，杀死其中的杂草。

（二）火焰除草

用放火烧荒的方法清除杂草，可用于撂荒地除草。也可用火焰发射器或蒸汽防除路旁杂草。近代的火焰除草采用火焰发射器，用作选择性或非选择性消灭杂草。通过火焰使杂草细胞原生质凝固，造成其死亡。火焰除草还可用来消灭局部感染的杂草，如菟丝子等。在作物播种前，可在拖拉机上安装火焰喷射器，进行全面除草后再播种作物。火焰除草防除一年生杂草的效果优于多年生杂草，但往往导致土壤中腐殖质含量下降，以及作物生育期土壤中养分含量下降。因此，火焰除草目前应用并不普遍，作为一种特殊的除草方法，在特殊的条件下采用。

（三）蒸汽除草

在有条件的情况下，可在田边地头用高压蒸汽锅炉提供蒸汽，经输汽管将高压蒸汽导入经覆盖的田中，用高压蒸汽可杀死表土层中的杂草种子及多年生杂草的地下繁殖器官。

（四）电力除草

电力除草是利用杂草在不同生育期对电磁能的不同感应特性，用高频电磁能进行杂草防除。植物对电流的敏感程度取决于植物所含纤维和木质素的多少，高压电流可通过植物组织并引起分子水平上生物化学和结构的变化，极大地损伤杂草，而对农作物则无害。美国 Lasco 公司曾设计了一种防除作物田阔叶杂草的电力放电系统，其电力约 50 千瓦。此放电系统的一端通过犁刀与土壤接触，另一端通过操作器与高于作物的杂草接触，当杂草接触放电系统后，电流通过杂草的茎、叶引起细胞壁灼伤，并在数日内迅速干枯。这种电力装置作业适用于防除甜菜、食用豆类等矮秆作物田中的反枝苋、藜、苘麻、野向日葵等，但只能杀死高于作物的杂草植株，而不能使全株死亡。据在棉田和甜菜田中的试验，97%~99%的杂草均可被除掉。电流防除杂草操作难、具有一定危险性和价格昂贵等缺点，有待于在食用豆田做进一步研究。

（五）微波除草

微波除草也是利用电磁能可使一些分子振动而生热，使暴露于高能量密集微波下的生物体受损伤或死亡。据测定波长为 12 厘米的微波辐射，在很短的时间内会穿透并加热，土壤深度可达 10~12 厘米，所用能量为 6 千瓦。微波对不同植物的种子发芽率影响不同，而幼苗对微波的反应比种子更敏感些，不同吸水状态反应也有差别，吸胀种子比未吸胀种子敏感些。微波可优先处理堆肥、厩肥、园艺土壤、试验用土壤等。

（六）覆盖除草

利用覆盖、遮光、窒息等原理，如塑料薄膜覆盖、秸秆覆盖种植、铺纸种稻等方法进行除草。目前覆盖物防除杂草主要是通过覆盖防止光的透入，抑制光合作用，造成杂草幼苗残损并防止其再生和喜光性杂草种子的萌发，一般用于食用豆行间及豆田周围。所用材料有秸秆、青草与干草、有机肥料、稻草等，覆盖厚度以不透光为宜，防除多年生杂草覆盖厚度比防除一年生杂草厚。采用塑料薄膜覆盖，不仅增温保水，而且借助于膜内高温可发挥除草作用，是一种重要的增产措施。

（七）光化学除草

利用光化学除草剂，该除草剂遇到阳光能自动产生化学反应，从而高效地把杂草杀死，但不损害农作物。

（八）滚压除草

对早春已发芽出苗的杂草，可采用重量为100~150千克的轻滚筒轴进行交叉滚压消灭杂草幼苗，每隔2~3周滚压1次。

（九）人工辅助防除杂草

农田杂草防除最传统的方式就是人工锄草，但在除草剂应用技术日臻成熟的今天，虽然人工锄草已不再是主要的和唯一的杂草防除手段，但人工辅助防除杂草仍是不可或缺的技术措施。食用豆田难防的恶性杂草的防除，化学除草效果差时田间残存杂草的防除，施药不均匀时田间剩余杂草的防除，食用豆生长后期田间大草的清除等，均离不开人工辅助除草。

（十）机械除草

机械除草用工少、不污染环境，仍然是我国防除杂草的重要方法。目前机械化除草已由单一的中耕除草发展成为春秋季深松除草、播前封闭除草、苗间除草、行间中耕除草等一整套农机与农艺紧密结合的系统灭草措施。机械化除草要根据草情、苗情、气候和土壤条件，抓住杂草萌芽，出土和生长脆弱的幼芽阶段，运用强大的机械力量，因壤制宜、连续不断地切断地下根茎或营养繁殖器官，截断营养来源，使其延缓出土或减弱生长势，甚至窒息而死。食用豆田常用的除草机械有深（浅）松机、深（浅）松联合整地机、深松灭茬旋耕联合整地机、精量旋播机、少耕机、中耕机等。

机械作业条件：农田地表有残茬覆盖，一般留茬高10厘米左右。浅松除草时，0~5厘米耕层中的壤土土壤容重每立方厘米小于1.2克，黏土土壤容重每立方厘米小于1.4克，0~10厘米耕层中的土壤含水量必须大于10%，除草在播前进行，最好与播种连续作业，严防松后跑墒，结合播种，先旋后播同时进行。中耕除草时，苗期田间主要杂草第一次出苗高峰期过后，豆田

幼苗不易被土埋时，及早晴天进行。深松除草的适宜期选择在秋季。合理密植疏播，种植行距30厘米，并设固定作业道，以便机械作业。

机械作业技术要求：浅松、浅旋除草深度应为5~6厘米，地要平整，不拖堆，不出沟，同一地块的高度差不超过3~4厘米。中耕除草，松土深度3~4厘米，要求伤苗率小于1%，除草保持在两行苗中间，偏离中心不大于3厘米，不铲苗、压苗、伤苗。杂草长到10~15厘米，选用深松中耕机（用小芯铧）除草；杂草长到15~20厘米时，选用深松中耕机（用大芯铧）除草。机械深松除草，深松间隔40厘米，深度25~30厘米。深松后地表平坦、松碎，不得有重松或漏松，无隔墙或隔墙小于5厘米。

四、化学防除

化学防除就是利用化学除草剂来防除杂草。在目前农业机械化程度不高的情况下，使用化学除草剂除草，可以节省大量人力，减轻劳动强度，有利于劳动力的调剂。采用化学除草还能解决农业机械作业中使用机械难以清除的农田杂草。所以发展化学除草应作为农业生产中的一项重要措施。

我国化学除草剂起步于20世纪50年代中期，食用豆田除草剂起步则稍晚一些，于20世纪70年代开始使用，但是效果不理想。90年代末以来，除草剂复配制剂的出现，一般是通过不同杀草谱除草剂品种之间的复配或者根据不同作用特点除草剂之间的复配，他们的复配弥补了原本单一除草剂杀草谱窄、防除不彻底的缺点，提高了防除效果，降低了用量和成本，并且在一定程度上增加了安全性，缓解了抗药性杂草的发生。

食用豆田杂草发生时期较长，化学除草引起杂草群落改变加快，阔叶杂草和难治杂草为害加重，目前农民使用化学药剂除草技术还处在一个较低的水平，所以食用豆田除草剂的选择应把安全放在第一位，包括对后作的安全，混剂复配要合理，不可低估增效剂的作用。食用豆田化学除草按施用方法可分为土壤处理和茎叶处理，多采用播后苗前的土壤处理和茎叶处理。

（一）食用豆田除草剂应用原则

除草剂使用不当往往会使农作物发生药害，使其焦枯黄化、停止生长，甚至会使植株枯死。因此在进行化学防除时如何正确地选择适合的除草剂，掌握安全的使用方法，是保障除草防效和农作物安全的关键。由于食用豆对除草剂较为敏感，许多除草剂都可能影响出苗，甚至出苗后逐渐死亡。因此，在使用过程中，应根据各种除草剂的使用说明掌握它们的施用对象、施用时期、施用方法、施用剂量及其安全注意事项等，选择使用对食用豆安全、除草效果好的除草剂。应严格遵守操作规程，坚持标准化作业，才能达到良好的除草效果，并且防止药害发生。

（1）坚持以土壤处理为主，茎叶处理为辅的原则。食用豆土壤处理同茎叶处理相比较，药效稳定、成本略低、药害轻、综合效益好。

（2）抓住食用豆田除草的关键期。茎叶处理施药的关键期是食用豆田杂草由营养生长期逐步转向生殖生长期。土壤处理施药的关键期应在杂草萌发之前。

（3）坚持除草剂混合使用。食用豆田杂草多为禾本科与阔叶草混合发生，因此不论是土壤处理还是茎叶处理，使用的除草剂都应采用两类或两类以上防除禾本科杂草与防除阔叶杂草的除草剂现混现用（有些已经制成混剂）。

（4）坚持以草定药定量原则。食用豆田杂草种类及分布情况在不同地区、不同地块有着较大差异。应根据食用豆田杂草的发生发展规律及群落组成与演替，合理选择除草剂品种及剂量。

（5）坚持标准化喷药作业。施药器械的优劣直接关系到除草剂田间分布的均匀度。现在农户自己组装与小四轮配套的悬挂式喷雾机，药箱一般无搅拌装置、无压力表，喷嘴流量不均匀，滴漏严重，影响防除效果，并易产生药害。作业时，不可重喷漏喷，重喷药量加倍导致药害，漏喷引起草荒。严禁在田间停车，尤其是地头地尾转弯地带，否则药剂滴漏及起车换挡时喷量加大容易导致药害。

（6）坚持安全使用除草剂。喷洒食用豆除草剂时，应考虑对周围其他种植作物的影响，喷洒茎叶处理除草剂应更加谨慎作业。

（7）合理使用长效除草剂。对下茬作物造成药害的长效除草剂，如赛克、广灭灵、普施特、豆磺隆等在土壤中长期残留，对下茬敏感作物造成药害，轻者抑制生长、减产，重者死亡、绝产。此类除草剂应谨慎使用、限量使用。

（8）使用除草剂喷雾助剂。在喷洒茎叶处理除草剂时加入植物油型除草剂喷雾助剂可克服高温、干旱等不良环境影响，获得稳定的药效。在喷洒土壤处理除草剂时加入植物油型除草剂喷雾助剂可减少易挥发的除草剂的损失，延长混土作业时间。此外，还具有提高药效、降低用药量、降低成本、耐雨水冲刷等优点。

（二）除草剂的选择性原理

除草剂的选择性是指某些植物对它敏感，而另一些植物对它有耐药性。使用除草剂能杀死杂草而作物安全，主要原因是除草剂具有选择性。对除草剂反应快的，易被杀死的植物称敏感植物；对除草剂反应速度慢，忍耐力强不易被除草剂杀死的植物为抗性植物。除草剂的选择性是相对的，用量过大也会导致农作物生理变化，甚至死亡。有的除草剂选择性不强，可利用除草剂的某些特点，或利用农作物和杂草之间的差别，如形态、生理、生化、生长时期不同等特点达到选择性除草目的。除草剂的选择性可分为以下几种。

（1）形态选择。形态选择指根据植物的形态差异所产生的选择性。表现为根系分布的深浅、生长点位置、种子的大小、叶的性质等。禾本科植物生长点被多层叶包裹，叶片直立、狭窄，叶表面有较厚的蜡质层，喷洒在叶面的药剂易于滚落，不利于药剂的吸收和渗入。双子叶植物的顶芽和腋芽上有裸露的生长点容易接触药剂而受害。另外双子叶植物叶面角质层蜡质层较少，有大而光滑的叶片，展开为水平状，能容纳较多的除草剂，易受害。多年生植物的根系庞大且分布较深，一年生植物根浅、根少，易直接接触药剂而受害。种子大小不同，其储藏的物质也不同，发芽时吸水不同也可影响对除草剂的吸收。利用种子大小的差异来进行土壤处理，可消灭小粒种杂草。

植物输导组织结构的差异，可引起不同植物对一些激素型除草剂的不同反应。双子叶植物的形成层，位于茎及根内木质部和韧皮部之间的分生组织细胞带，对激素型除草剂敏感。如 2，4-D 等激素型除草剂经维管束系统到达形成层时，能刺激形成层细胞加速分裂，形成瘤状突起，破坏和堵塞韧皮部，阻止养分的运输而使植物死亡。禾本科植物的维管束，呈星散状排列，没有明显的形成层，因而对 2，4-D 等激素型除草剂不敏感。

（2）生理生化选择。生理生化选择包括生理学上的吸附量和转移量的差异，也包括生物物理过程，如细胞组分、吸附除草剂的过程和细胞膜的稳定性差异等。除草剂生理生化选择更重要的一点是利用除草剂在杂草和作物体内代谢作用的不同来达到灭草保作物的目的。

不同植物对药剂的吸收和传导有很大差异，吸收和传导除草剂量越多的植物越易被杀死。如2，4-D、二甲四氯等除草剂，能被双子叶植物很快吸收，并向植株各部位转送，造成中毒死亡，而禾本科植物就很少吸收和传导此类除草剂。就同一种植物而言，幼小、生长快的比叶龄大、生长慢的植株对除草剂更敏感。例如使用禾草丹除草剂，稗草在幼龄期吸收药剂快，并迅速传向全株，但随着稗草苗龄增大，抗药力显著增强。

除草剂进入不同植物体内后可能发生不同的生化反应，包括解毒作用和活化作用。①解毒作用：某些农作物能将除草剂分解成无毒物质而不受害，而杂草缺乏这种解毒能力则中毒死亡。如把敌稗喷到水稻和稗草叶片上后，由于水稻体内含有一种芳基酰胺水解酶，可将敌稗水解为无毒化合物，而稗草没有这种芳基酰胺水解酶，便中毒死亡。棉花株内有脱甲基的氧化酶，可分解敌草隆，因而棉田使用敌草隆是安全的。②活化作用：某些除草剂本身对植物并无毒害，但在有的植物体内会发生活化反应，将无毒物转化为有毒物而中毒，没有这种能力的植物就不会中毒。如防除小麦田野燕麦用的新燕灵在野燕麦体内分解率高，因而受害，但在小麦体内分解率低，其分解物还能很快与糖轭合而对小麦安全。

（3）位差选择。土壤处理用的除草剂，主要通过杂草的根系或萌发的幼芽吸收而杀死杂草，但是根系在土壤中分布的深浅有差异，播种的深度和种子发芽的位置也不一样，可利用除草剂药层与作物根系（或种子）分布位置的“错位”而与杂草种子分布上的“同位”来达到灭草保苗的目的。如利谷隆在大豆播后苗前进行土壤处理，要适当增加大豆播种深度来保证大豆的安全，如果大豆播种太浅或药后遇到暴雨，因药剂淋溶而与大豆种子接触，由于位差选择被破坏而使大豆受害；氟乐灵在棉花播种前混入土中3~5厘米，棉花种子分布在药层以下，出苗时子叶顶出通过药层，而根系下扎，因此对棉花安全；溶解度小而吸附性强的甲草胺、敌草隆、利谷隆等除草剂，易吸附地表而形成药膜层，杀死表土层 0~2 厘米处的小粒种子杂草。而对玉米、棉花、大豆等农作物安全，原因是这些农作物播种深度在 5 厘米左右，根系分布也深。

（4）时差选择。时差选择是指利用杂草出苗和农作物播种、出苗时间的差异防除杂草，达到灭草保苗目的。如玉米田采用免耕覆盖播种，在玉米出苗前，选用草甘膦或百草枯对前茬残留的杂草进行灭生性处理，可有效地防除多种杂草。有的广谱性除草剂，药效迅速，残效期短，在生产中常利用这些特性，在农作物播种前，将地面所有的杂草杀死，等药效降解后再进行播种。如五氯酚钠用于稻田除草，在整好的水稻秧田按用量撒施，可清除田间杂草，5~7 天后药效消失再进行播种，既可杀死杂草，又可保证对水稻安全。

（5）局部选择。指利用恰当的技术给予某些除草剂以选择性，如玉米、果园等作物生长中后期进行行间除草，可选用百草枯或草甘膦进行定向喷雾。

除草剂的选择性是相对的、有条件的，任何一种药剂，过量使用或使用不当都可能对作物造成药害；同样，除草剂的药效也是指在一定条件下的药效，药效与药害都是以一定的条件为转移的。

（三）土壤处理

土壤处理是把除草剂施在土壤表面，施用时间多在播前或播后种子出芽前。土壤处理按用药时间分为秋季土壤处理、播前土壤处理及播后苗前土壤处理。秋施除草剂是防除第二年春季杂草的有效措施，比春季施药安全，秋施药是最有效的防除措施。食用豆多数使用播后苗前土壤处理。

（1）坚持高标准整地。田间有大土块及秸秆影响除草剂均匀分布，造成漏喷，降低药效以至无效。施药前必须认真整地，达到无秸秆，直径大于 5 厘米的大土块少于 5 个/平方米，切不可将施药后的混土耙地代替施药前的整地。不同整地条件下土壤处理除草剂的防效有着明显差异。秋翻秋整地可以保持土壤水分含量，具有明显的保墒作用，从而提高土壤处理除草剂的药效。

（2）坚持混土施药后要及时混土。土壤处理时除草剂通过两种方式达到杂草吸收层，即杂草萌发、吸收水分和养分的土层。一是靠雨水或灌溉将药剂带入土层；二是靠机械混土。春季比较干旱，春旱时有发生，通过浅混土或蒙头土可避免除草剂挥发、光解、风蚀损失，并增加与杂草接触机会，保证药效。机械混土方法有：秋施药或播前施药，施药后用双列圆盘耙交叉耙地一遍，耙深10~15厘米，车速每小时6千米以上。播后苗前施药，施药后用起垄机沿垄沟覆盖一层薄土，2~3厘米厚，然后镇压。

（3）施药时期。秋施药时间最好在10月中下旬5℃以下至封冻前。对播后苗前处理而言，最好播后立即施药，一般在播后3天内施药。因苗前除草剂多数对杂草幼芽有效，施药过晚，杂草大，降低除草效果。春季升温快，前期持续高温，部分杂草如稗草提早萌发，导致依靠胚芽鞘吸收的除草剂-乙草胺类药效大为降低。

（4）除草剂品种及用药量。食用豆田土壤处理安全性好的除草剂有速收、宝收、广灭灵、都尔、普乐宝等。其中，速收在播后苗前施药后必须混土2厘米。广灭灵施药后必须混土，否则将影响药效，其用药量应控制在0.7千克/公顷以下，用药量高易对后茬作物产生药害。宝收安全性好，在食用豆拱土后2片复叶前仍可施用，对后茬作物小麦、大麦、玉米安全。此外，嗪草酮对后作作物安全性好、成本低、杀草谱广，但在有机质含量低于2%的沙土地、壤质土，土壤pH值大于或等于7.5及前茬玉米田用过阿特拉津的地块，药害重不宜使用，低洼地施药更为严重，用低剂量并与其他除草剂混配提高对食用豆的安全性。

（5）因地制宜使用土壤处理除草剂。在使用土壤处理除草剂之前应测定土壤质地、有机质含量、pH值、水分等，科学计算使用剂量。土壤中有机质和黏土颗粒有极大的表面积，能吸附除草剂而影响除草效果，有机质含量2.5%~5%时，田间除草剂的有效量主要受黏土颗粒的影响，不同土壤质地黏土颗粒含量不同，沙土<壤土<黏土，除草剂用量须随着黏土颗粒的增加而增加；土壤有机质低于2.5%或在5%~10%时，除草剂的有效量直接受有机质含量影响，除草剂用量须随着有机质含量的增加而增加。

（四）茎叶处理

茎叶处理是把除草剂直接喷到杂草茎叶上，利用杂草的茎叶吸收和传导

来消灭杂草。这种施药方法药剂不仅能接触到杂草，也同时接触到作物，因而对除草剂的选择性要求很高。使用选择性除草剂在杂草最敏感时期采用喷雾方法进行。当前，食用豆田苗后茎叶处理作为苗前土壤处理的辅助措施多用于田间整地不良，无法使用土壤处理的地块，以及因干旱造成土壤处理防效低、草荒严重的地块。影响茎叶处理除草剂防效及安全性的因素很多，主要因素有杂草、施药时期、大豆生育阶段、气候条件（包括温度、光照、湿度、雾、露、降雨、风速）等。

（1）茎叶处理除草剂的药效与杂草的叶龄及株高关系密切，一般杂草在幼龄阶段，根系少、次生根尚未充分发育，抗药性差，对药剂敏感。随着植株发育，对除草剂的抗性增强，因而药效降低，须适当增加用药量。

（2）茎叶处理能够避开土壤质地、土壤 pH 值、土壤有机质含量、土壤温湿度等对药效的影响。但茎叶处理除草剂一般持效期都比较短，且没有土壤活性，只能杀死已出苗的杂草，不能防除施药以后出苗的杂草，如果田间杂草基数较大，可能面临再次发生草荒的危险。因此，施药时期是一个关键问题，施药过早，大部分杂草尚未出土，难以收到较好的防除效果；施药过晚，作物和杂草都已长到一定高度，相互遮蔽，不仅杂草抗药能力增强，而且作物的枝叶会阻碍药液雾滴均匀黏着于杂草植株上，得不到理想的防除效果，不能有效地防除杂草。理想的施药时期应掌握在食用豆 1~2 片复叶期，杂草萌发出苗高峰期以后，大部分禾本科杂草 2~4 叶期，阔叶杂草株高 3~5 厘米时施药，能够保证除草效果。食用豆不同生育阶段对除草剂的耐受能力也不同，食用豆植株太小时，耐药能力较弱，大多数除草剂都可能对食用豆幼苗造成药害；食用豆植株太大时，施用一些触杀性除草剂，如二苯醚类除草剂氟磺胺草醚、三氟羧草醚等，会使所有已长出的叶片产生触杀性药害斑，而且药害斑可能连成片，最终整个叶片枯萎死亡。接触药液的叶片越多，损失将越大。所以选择好茎叶处理的适宜时期很重要，是既能取得良好的除草剂效果，又对作物安全的关键和前提。

（3）气候对茎叶处理的影响。气候条件对茎叶处理有显著影响，影响杂草对除草剂的吸收、传导与代谢。①温度。随着温度的升高，茎叶处理的药效越来越显著，但温度超过 27℃时苯达松、虎威、杂草焚药害严重，应停止施药；温度过低，除草剂在食用豆植株内代谢缓慢，也易产生药害，一般温度低于15℃，应停止施用茎叶处理剂。②光照。光照影响杂草光合作用、蒸腾作用、气孔开放及光合产物的形成，充足的光照有利于增加茎叶处理除草剂的药效发挥。③湿度。随着相对湿度的增加，茎叶处理除草剂的防效随之增加。当相对湿度低于65%时，防效低，禁止喷洒茎叶处理除草剂；在高湿度条件下防效显著，但雾或露水大时药滴易从杂草叶面滴落降低防效，此时，不可施用茎叶处理除草剂。④降雨。降雨会使茎叶处理除草剂从叶面冲洗掉，降低有效剂量，从而降低防效。各种茎叶处理除草剂被杂草吸收的速度不同，施药后要求降雨间隔时间也不同。如拿扑净、稳杀得等吸收速度快，施药后要求2~3个小时无雨，才有效；苯达松、杂草焚、虎威等施药后6~8个小时不降雨，才有药效。⑤风。风可使茎叶处理除草剂雾滴飘移和挥发损失，降低药效，同时，除草剂挥发和飘移到相邻近的敏感作物上容易导致药害的发生。因此，禁止在大风天作业，一般喷洒时风速每秒不超过5米。

（4）喷液量。喷液量的正确与否直接影响茎叶喷雾的效果。由于喷雾机具及喷嘴构造与特性不同，采用的喷液量差异较大。生产中常用喷雾器的喷液量为：人工背负式喷雾器250~300升/公顷，拖拉机牵引喷雾器150~250升/公顷，飞机航空喷雾50~100升/公顷。

（5）喷雾方法。第一种生产上常用的是全面喷雾，即全田不分杂草多少，依次全面处理。采用这种喷药方法时，应注意防止重喷与漏喷；第二种方法是苗带喷药，这种方法可节省用药量1/3~1/2。行间杂草可通过机械中耕防除；第三种是行间定向喷药，行间喷药也可节省用药量，对作物有药害的药剂可采用这种方法，以减轻对作物的药害。

在以上防除技术当中，因为化学除草用途广、效果好，使用方便、投资少、成本低、省工省时，具有一定的选择性和对环境的适应性，所以到目前为止较为大众所接受的杂草防除技术仍然以化学防除为主。

第四节　化学防除技术

食用豆的种子发芽时，子叶的出土方式有两种，分别是子叶出土类型和

子叶留土类型。子叶出土类型：食用豆种子发芽时，下胚轴延长，出苗时子叶出土。如绿豆、豇豆、普通菜豆、利马豆、藕豆、刀豆、瓜尔豆、黑吉豆、乌头叶菜豆等，是子叶出土类型。子叶留土类型：食用豆种子发芽时，下胚轴不延长，出苗时子叶不出土。如蚕豆、豌豆、小豆、鹰嘴豆、小扁豆、饭豆、多花菜豆、木豆、四棱豆、山黧豆、藜豆等，是子叶留土类型。小豆、蚕豆、豌豆、鹰嘴豆等食用豆类，虽然属于豆科作物，但是两片子叶出苗时不出土，所以苗前封闭的除草剂如乙草胺、咪草烟、精异丙甲草胺等都不安全。如果遇到低温天气，更容易出现药害，导致出苗晚，抑制食用豆生长，重者死苗绝产，甚至直接不出苗，因此，建议苗前尽可能不要封闭除草。但是食用豆大面积种植时，化学除草既省工又省力，可以选择使用对食用豆幼苗影响小的除草剂。

一、播后苗前除草

食用豆苗期生长量小，生长初期，行株间易发生杂草，容易受杂草为害，苗期阶段必须保持田间无杂草。为了防止杂草影响食用豆苗期的生长，在播种后出苗前，常利用化学除草剂进行土壤封闭处理，以出苗前 2 天施用效果最佳。由于苗前除草剂对出苗有一定的影响，因此不提倡使用。但在生产上大面积种植，田间杂草较多时，为了降低成本，可使用除草剂。

（一）防除禾本科杂草常用的除草剂

（1）乙草胺系列。主要有 50%乙草胺乳油、90%乙草胺乳油（高倍得或禾耐斯）、99%乙草胺乳油（99 红或滨农 99）、99.9%乙草胺乳油（新剑或飞牛）等。

（2）异丙甲草胺系列。主要有 72%异丙甲草胺乳油（都尔、新尔或金超尔）、96%精异丙甲草胺乳油（金都尔或召禾）等。

（3）异丙草胺系列。主要有 50%异丙草胺乳油（普乐宝或乐丰宝）等。

（4）咪唑乙烟酸系列。主要有 5%咪草烟水剂（豆草除）、10%咪草烟水剂（豆维）、15%咪草烟水剂（合丰）、16%咪草烟水剂、75%咪草烟可湿性粉剂等。

（5）异噁草酮系列。主要有 48%异噁草酮乳油（广灭灵、豆好或耕田易）、36%耕田易乳油。

（二）防除阔叶类杂草常用的除草剂

（1）氯嘧磺隆系列。主要有20%氯嘧磺隆可溶性粉剂（豆磺隆）、20%氯嘧磺隆可湿性粉剂、50%氯嘧磺隆可溶性粉剂、10%氯嘧磺隆可湿性粉剂等。

（2）噻吩磺隆系列。主要有75%噻吩磺隆干悬浮剂（宝收）、10%噻吩磺隆可湿性粉剂、15%噻吩磺隆可湿性粉剂、25%噻吩磺隆可湿性粉剂、75%噻吩磺隆可湿性粉剂等。

（3）唑嘧磺草胺。主要是80%阔叶清水分散粒剂。

（4）2，4-D丁酯系列。主要有72% 2，4-D丁酯乳油、90% 2，4-D丁酯乳油、99.9% 2，4-D丁酯乳油等。

（5）嗪草酮。主要是70%嗪草酮可湿性粉剂。

（6）丙炔草胺。主要是50%速收可湿性粉剂。

播后苗前喷施除草剂时要注意，墒情好的情况下，可适当减少用药量；墒情差的情况下，应适当增加用药量；当墒情太差时，不宜使用封闭药，可采用出苗后对杂草进行处理。另外，墒情差时可适当增加水量，墒情好时可适当减少水量。

（三）几种主要食用豆的杂草防除

1. 绿豆

绿豆播种时间不同，杂草发生程度及种类有一些差异。表现为春播田杂草发生程度较轻，杂草与作物同时出土，但发生时期较长，至绿豆封垄前杂草达到出苗高峰，绿豆封垄后发生量减少。春播绿豆田阔叶杂草密度相对较大，以藜、蓼、苋科杂草较多。夏播绿豆由于播种时高温、多雨，杂草发生及生长迅速，往往先于绿豆出土，在作物播种后至封垄前大量发生，绿豆封垄后由于作物叶片遮阴，杂草发生量减少。绿豆播种后苗前土壤可施用的除草剂种类有二甲戊灵、仲丁灵、乙草胺、甲草胺、异丙甲草胺、异丙草胺、氰草津、敌草胺、嗪草酮、嗯草酮、唑嘧磺草胺等。

（1）二甲戊灵。每亩施用33%二甲戊灵乳油150~300毫升（有效量49.5~99克）可有效防除绿豆田稗草、马唐、狗尾草、牛筋草、早熟禾等禾

本科杂草及藜、反枝苋等阔叶杂草，但需注意的是当用药后降雨或土壤水分过大或土壤有机质含量低时，绿豆出苗弱，不宜使用此类除草剂，应改为茎叶除草剂。

（2）仲丁灵。每亩施用48%地乐胺乳油150~250毫升（有效量72~120克）对稗草、牛筋草、马唐、狗尾草等大部分一年生禾本科杂草及藜、反枝苋等阔叶杂草，对菟丝子有较好的防效，须注意的是地乐胺用药后一般要混土深度3~5厘米。

（3）乙草胺。每亩施用50%乙草胺乳油120~200毫升（有效量60~100克）可防除稗草、狗尾草、马唐、牛筋草、稷、看麦娘、早熟禾、千金子、硬草、野燕麦、金狗尾草、棒头草等一年生禾本科杂草和一些小粒种子的阔叶杂草，如藜、反枝苋等，需注意的是绿豆品种之间对乙草胺的敏感性不同，在新品种上施用，应先进行小面积试验再推广。

（4）甲草胺。每亩施用43%拉索乳油150~300毫升（有效量65~130克）可防除马唐、千金子、稗草、蟋蟀草、藜、反枝苋等杂草，对铁苋菜、苘麻、蓼科杂草及多年生杂草防效差，需注意的是当用药后降雨或土壤水分过大或土壤有机质含量低时，绿豆出苗弱，不宜使用此类除草剂，应改为茎叶除草剂。

（5）异丙甲草胺。每亩施用72%都尔乳油150~200毫升（有效量108~144克）可防除一年生禾本科杂草，如稗、绿狗尾草、毒麦等，对藜等小粒种子的阔叶杂草及菟丝子也有一定的防效，须注意的是异丙甲草胺对绿豆的安全性较差，因此生产中不可随意增加用药量，另外用药后田间积水或大水漫灌，异丙甲草胺会对绿豆产生药害，影响出苗及早期生长，要注意豆田及时排水。

（6）异丙草胺。每亩施用72%普乐宝乳油100~300毫升（有效量72~216克）可防除稗草、狗尾草、牛筋草、马唐、画眉草、早熟禾等禾本科杂草和藜、反枝苋、马齿苋、龙葵、鬼针草、猪毛菜、香薷、水棘针等阔叶杂草，对鸭跖草、苘麻、铁苋菜、卷茎蓼等防效较差，需注意的是当用药后降雨或土壤水分过大或土壤有机质含量低时，绿豆出苗弱，不宜使用此类除草剂，应改为茎叶除草剂。

（7）氰草津。每亩施用80%百得斯可湿性粉剂100～125克（有效量80～100克）可防除牛筋草、稗草、狗尾草、马齿苋、反枝苋、苘麻、龙葵、酸浆、酸模叶蓼、柳叶刺蓼、猪毛菜等杂草，对马唐，铁苋菜等防效稍差，须注意的是有机质含量低（<1%）的沙土或沙壤土上不宜使用氰草津，以免绿豆出现药害。

（8）敌草胺。每亩施用50%大惠利可湿性粉剂100～150克（有效量50～75克）可防除一年生禾本科杂草如稗草、马唐、狗尾草、野燕麦、千金子、看麦娘、早熟禾、双穗雀稗等及一些阔叶杂草如藜、猪殃殃、萹蓄、繁缕、马齿苋、野苋、苣荬菜等，需注意的是敌草胺对已出土杂草效果差，应在杂草出土前施药，另外春夏日照长，敌草胺光解较多，用量应高于秋冬季。

（9）嗪草酮。每亩施用70%塞克可湿性粉剂25～50克（有效量17.5～35克），可防除早熟禾、看麦娘、反枝苋、鬼针草、狼把草、藜、小藜、锦葵、萹蓄、酸膜叶蓼、马齿苋等。对鸭跖草、狗尾草、稗草、苘麻、卷茎蓼、苍耳等有一定控制作用，需注意的是嗪草酮在绿豆田施药量每亩不能超过50克，以免造成作物药害，另外在碱性土壤和降雨多、气温高的地区应慎用。

（10）噁草酮。每亩施用12.5%噁草酮乳油200～300毫升（有效量25～37.5克）可防除稗、狗尾草、马唐、牛筋草、虎尾草、千金子、看麦娘、雀稗、苋、藜、铁苋菜、马齿苋等多种一年生禾本科杂草和阔叶杂草，须注意的是无灌溉条件的地区，施药后应混土，不可随意增加用药量，以免绿豆受害

（11）唑嘧磺草胺。每亩施用80%阔草清水分散粒剂3～5克（有效量2.4～4克），加水40～50升，均匀喷雾，用于防除绿豆田的藜、反枝苋、凹头苋、铁苋菜、苘麻、酸膜叶蓼、苍耳、柳叶刺蓼、龙葵、苣荬菜、繁缕、猪殃殃、毛茛、问荆、地肤、鸭跖草等阔叶杂草，对禾本科杂草防效差。须注意的是绿豆田施用阔草清应在播种后立即施药，绿豆出苗后禁止使用阔草清，以免产生药害，另外该药剂是超高效除草剂，单位面积用药量很低，因而用药量要准确，最好先配制母液，再加水稀释，并做到喷洒均匀。

2. 小豆

小豆播种期不同，杂草发生程度及种类有差异。在春播田，阔叶杂草密度大，杂草与作物同时出土，但发生时期较长，作物封垄后由于叶片遮阴，杂草发生量小；夏播小豆，以禾本科杂草为主，由于作物播种时高温、多雨，杂草出苗快，往往先于小豆出土、生长迅速，在作物播种后至封垄前发生量较大，小豆封垄后由于作物遮阴，杂草发生量减少。小豆播种后苗前土壤可施用的除草剂种类氟乐灵、二甲戊灵、仲丁灵、异丙甲草胺、敌草胺、异丙隆、嗪草酮、唑嘧磺草胺。

（1）氟乐灵。每亩48%氟乐灵乳油100~150毫升（有效量48~72克）播前混土处理，可防除小豆田稗草、野燕麦、狗尾草、马唐、牛筋草、千金子、碱茅及部分小粒种子的阔叶杂草如马齿苋、反枝苋等，对铁苋菜、苘麻、苍耳、鸭跖草及多年生杂草防效差。需注意的是小豆对氟乐灵敏感，不可随意增加用药量，在低温以及用药后降雨或土壤水分过大或土壤有机质含量低的沙质土或播种过深作物出苗弱时，小豆易受药害，此时应尽置不用土壤处理剂，改为苗后茎叶处理剂。

（2）二甲戊灵。33%施田补乳油150~300毫升（有效量49.5~99克）播后苗前土壤处理。可防除小豆田稗草、马唐、狗尾草、牛筋草、早熟禾等禾本科杂草及藜、反枝苋等阔叶杂草，对野黍、落粒高粱、小麦自生苗、铁苋菜、苘麻防效较差。需注意的是小豆对二甲戊灵敏感，不可随意增加用药量，遇到低温或用药后降雨或土壤水分过大或土壤有机质含量低的沙质土或播种过深作物出苗弱时，小豆易受药害，此时应尽置不用土壤处理剂，改为苗后茎叶处理剂。

（3）仲丁灵。48%地乐胺乳油150~250毫升（有效量72~120克）播后苗前混土处理，混土深度3~5厘米。可防除小豆田稗草、牛筋草、马唐、狗尾草等大部分一年生禾本科杂草及藜、反枝苋等阔叶杂草，对菟丝子也有较好的防效。需注意的是地乐胺在小豆田不可超量使用，以免对小豆产生药害，另外用药后降雨或土壤水分过大或土壤有机质含量低的沙质土或播种过深作物出苗弱时，小豆易受药害，此时应尽置不用土壤处理剂，改为苗后茎叶处理剂。

（4）异丙甲草胺。96%异丙甲草胺 110~160 毫升（有效量 108~144 克）一年生禾本科杂草，如稗、绿狗尾草、毒麦等，对藜等小粒种子的阔叶杂草及菟丝子也有一定的防效。需注意的是异丙甲草胺对小豆的安全性较差，因此不可随意增加用药量，且用药后田间积水或大水漫灌，异丙甲草胺会对小豆产生药害，影响出苗及早期生长，需及时排水防涝。

（5）敌草胺。50%大惠利可湿性粉剂 100~150 克（有效量 50~75 克）可防除小豆田稗草、马唐、狗尾草、野燕麦、千金子、看麦娘、早熟禾、雀稗、黍草等一年生禾本科杂草及某些阔叶杂草如藜、猪殃殃、萹蓄、繁缕、马齿苋、野苋、苣荬菜等。需注意的是土壤黏性重时，敌草胺用量应高于沙质土，春夏日照长，大惠利光解较多，用量应高于秋冬季，另外，用药后降雨或土壤水分过大或土壤有机质含量低的沙质土或播种过深作物出苗弱时，小豆易受药害，此时应尽量不用土壤处理剂，改为苗后茎叶处理剂。

（6）异丙隆。50%异丙隆可湿性粉剂 120~150 克（有效量 60~80 克）可防除看麦娘、野燕麦、早熟禾、碎米芥、雀舌草、藜、繁缕等一年生禾本科杂草和阔叶杂草。需注意的是土壤有机质含量低的沙质土地应使用低剂量，超量使用会造成豆田药害，用药后降雨或土壤水分过大或土壤有机质含量低的沙质土或播种过深作物出苗弱时，小豆易受药害，此时应尽量不用土壤处理剂，改为苗后茎叶处理剂。

（7）嗪草酮。70%塞克可湿性粉剂 25~50 克（有效量 17.5~35 克）可防除小豆田早熟禾、看麦娘、反枝苋、鬼针草、狼把草、藜、小藜、锦葵、萹蓄、酸膜叶蓼、马齿苋等。需注意的是，嗪草酮在小豆田施药量每亩不能超过 50 克，以免造成作物药害，另外，土壤有机质含量低于 2%、土壤 pH 值 7.5 以上的碱性土壤和降雨多、气温高的地区塞克津应慎用。

（8）唑嘧磺草胺。80%阔草清水分散粒剂 3~5 克（有效量 2.4~4 克）藜、反枝苋、凹头苋、铁苋菜、苘麻、酸膜叶蓼、苍耳、柳叶刺蓼、龙葵、苣荬菜、繁缕、猪殃殃、毛茛、问荆、地肤、鸭跖草等阔叶杂草。需要注意的是小豆田施用阔草清应在播种后立即施药，小豆出苗后禁止使用阔草清，以免产生药害，另外该药剂是超高效除草剂，单位面积用药量很低，因而用药量要准确，最好先配制母液，再加水稀释，并做到喷洒均匀。

3. 蚕豆

不同茬口的蚕豆田里的杂草，以阔叶杂草为优势种群，出草量占总出草量的98.5%。主要恶性杂草有猪殃殃、婆婆纳、卷耳、繁缕、刺儿菜、蒲公英、荠菜以及早熟禾等。其中，发生量最大的为猪殃殃和婆婆纳。杂草常年在10月下旬至第二年3月下旬出土，期间共有3个出草高峰，分别出现在10月底至11月下旬、12月下旬至1月中旬和3月中下旬。第一出草高峰是主峰，出草量大，对蚕豆危害重；第三出草高峰出草数量虽大，但对蚕豆的抑制危害较轻。蚕豆田苗前常用除草剂有二硝基苯胺类、三氮苯类、酰胺类等。

（1）二硝基苯胺类。此类除草剂低毒，用于蚕豆田的有氟乐灵、除草通、地乐胺等，是土壤处理剂，在蚕豆播种前或播后苗前，每亩蚕豆地施用48%地乐胺乳油150毫升、48%氟乐灵100毫升或33%除草通乳油75~100倍对水喷雾或蚕豆播种盖严后喷药，可防除一年生禾本科杂草，对藜、马齿苋、扁蓄、繁缕等一年生小粒种阔叶杂草也有效。需注意的氟乐灵为48%乳油，易于挥发、光解，通过土中微生物和化学分解而逐渐消失，以施入土中最初几个小时损失最快，故天干时施后应立即混土，镇压保墒。48%地乐胺乳油一般也应混土3~5厘米，冷凉气候或药后洪水可不混土。

（2）三氮苯类。氮苯类除草剂为光合作用抑制剂，使植物失绿。有些阔叶杂草有时叶上有不规则坏死斑点，后全株死亡。三氮苯类除草剂的选择性主要是位差和生物化学选择。其杀草谱广，对大多数一年生阔叶杂草、禾本科杂草防效好。不同品种在土中持效期相差大。扑草净水溶性较低，药后被土粒吸附在0.5厘米表土形成药层，使杂草萌发出土接触药剂，持效期20~70天，产品为50%可湿剂，每亩蚕豆地用50%扑草净100g，用于防除蚕豆田一年生阔叶、禾本科杂草及莎草。需注意的是有机质低的沙质土不宜使用。除草剂土壤处理应地表无大土块，土壤潮湿杂草出苗迅速、整齐，喷雾均匀、周到才能获得良好防效。

（3）酰胺类。酰胺类除草剂中，含量50%乙草胺、72%异丙甲草胺乳油、50%大惠利可湿粉剂等土壤处理剂用于蚕豆田，具有较强的选择性和较高的除草活性，其活性乙草胺>都尔>大惠利。能防除一年生禾本科杂草及部分小粒种的阔叶杂草。酰胺类除草剂抑制发芽种子酶的活性，抑制营养物质输送，从而抑制幼芽和根的生长。杂草发芽出土前或刚出土即中毒死亡。该类药剂在作物播种前或播后苗前使用。33.3%施田补 75~100 毫升、72%杜尔 100 毫升、50%乙草胺 100 毫升、24%果尔 20~30 毫升，任选一种对水 50~75 千克喷施，防除蚕豆田未出土的杂草。几种除草剂对禾本科杂草防效都好。对阔叶杂草，施田补防效优于杜尔等药剂。需注意的是该类药剂在土中通过微生物降解消失，天干时施后应立即混土，镇压保墒。

4. 豇豆

由于豇豆为爬架生长，且种植密度较稀，给杂草的生长提供了很大的空间。加之豇豆田一般肥力较高，杂草生长迅速，危害非常严重，对豇豆产量影响很大。化学除草可有效解决豇豆草害问题，保证豇豆正常生长，同时大大节省用工，减轻劳动强度，经济和社会效益明显，已逐步成为杂草防除的主要办法。在豇豆田，每公顷施用 33%二甲戊灵乳油 2 250~ 4 500 毫升、48%氟乐灵乳油 1 500~ 2 250 毫升、48%仲丁灵乳油 2 250~ 3 750 毫升、43%甲草胺乳油 2 250~ 4 500 毫升、50%乙草胺乳油 1 800~ 3 000 毫升、72%异丙甲草胺乳油 2 250~ 3 000 毫升、72%异丙草胺乳油 2 250~ 4 500 毫升、50%敌草胺可湿性粉剂 1 500~ 2 250 g、80%氰草津可湿性粉剂 1 500~ 1 875 g、70%嗪草酮可湿性粉剂 375~750g、75%异丙隆可湿性粉剂 1 200~ 1 500 g，对水 600~750 升，在豇豆播种后苗前进行土壤处理，可有效防除豇豆田阔叶类杂草和多年生禾本科杂草。

在豇豆播种后至出苗前可选用 33%二甲戊乐灵（施田补）、72%异丙甲草胺（都尔）、50%敌草胺（大惠利）对水喷雾，防除杂草。另外在豇豆出土前 3 天抢时施用百草枯粉剂，但这种方法对技术要求很高，慎用。百草枯属中等毒性除草剂，使用时需注意安全操作，加强个人防护，应用定向喷雾进行施药，防止雾粒飘移引起药害，且百草枯不能与带阳离子的农药混用。由于豇豆对乙草胺极度敏感，豇豆整个生育期禁用乙草胺。

5. 豌豆

播种豌豆后一周左右，田间就有繁缕、荠菜等阔叶杂草开始陆续出苗。随着时间的推移，杂草发生量逐渐呈上升趋势，直至豌豆播种后 1 个月左

右，发生量达到峰值，随后由于杂草种间的竞争，发生量出现下降趋势。由此可见，豌豆播种后的第一周是使用芽前除草剂控制杂草出苗的关键时期。豌豆播后苗前每公顷使用33%二甲戊灵 2 250~ 3 000 毫升、96%精异丙甲草胺 1 125~ 1 500 毫升、24%乙氧氟草醚 750 毫升和 50%敌草胺 WDG 1 500~ 2 250 毫升，豌豆生长期使用 480 克/升灭草松 500~ 3 000 毫升，可以有效防除田间杂草的为害，且对豌豆出苗和生长无不良影响。也可在播后苗前，用33%二甲戊灵 2 250~ 3 000 毫升/公顷，或 96%精异丙甲草胺 2 250~ 3 000 毫升/公顷，或 24%乙氧氟草醚 750 毫升/公顷，地面均匀喷雾，可有效控制一年生杂草的为害。豌豆播种期间，若遇干旱或对土壤过分干燥的田块，播前可先灌一次跑马水，再整地播种，保持土壤捏之能成团、触之能散的湿度，这样秋豌豆播后利于出苗，也有利于提高除草效果。

6. 芸豆

芸豆栽培多为大粒种子直播，并且播种较深，从播种至出苗一般有 5~7 天的时间，比较适合施用芽前土壤封闭性除草剂。可以选用的除草剂品种和施药方法如下：33%二甲戊灵乳油，以 100~150 毫升/亩（1 亩≈667 平方米。下同），对水 40 升均匀喷施，或 50%乙草胺乳油 100~200 毫升/亩，或72%异丙甲草胺乳油 150~200 毫升/亩，对水 40 升均匀喷施，或 48%氟乐灵，土壤有机质 3%以下，每公顷用量 900~ 1 650 毫升；有机质 3%~5%，每公顷用量 1 650~ 2 100 毫升；有机质 5%~10%，每公顷用量 2 100~ 2 500 毫升。播前土壤施药，可以有效防除多种一年生禾本科杂草和部分阔叶杂草。对于覆膜田、低温高湿条件下应适当降低药量。药量过大、田间过湿，特别是遇到持续低温多雨的条件，菜苗可能会出现暂时的矮化，多数能恢复正常生长。但严重时，会出现真叶畸形卷缩和死苗现象。

为了进一步提高除草效果和对作物的安全性，特别是为了防除铁苋、马齿苋等部分阔叶杂草时，也可用 33%二甲戊灵乳油 75~100 毫升/亩，或 50%乙草胺乳油 75~100 毫升/亩，或 72%异丙甲草胺乳油 100~150 毫升/亩，加上 50%扑草净可湿性粉剂 50~75 克/亩或 24%氧氟醚乳油 10~150 毫升/亩，或 25%噁草酮乳油 75~100 毫升/亩，对水 40 升均匀喷施，可以有效防除多种一年生禾本科杂草和阔叶杂草。

7. 鹰嘴豆

鹰嘴豆播后出苗前，每亩用80毫升45%豆草畏乳油、或60~80毫升50%禾宝乳油、或4克50%速收可湿性粉剂加50%乙草胺乳油（或加72%都尔乳油100毫升、或加48%拉索乳油100毫升、或加5%普杀特水剂60毫升），对水后均匀喷雾地表，可有效防除藜、蓼、苋、龙葵、泽漆、青葙、马齿苋、苍耳、鳢肠、铁苋菜、萹蓄、地锦、鸭跖草、马唐、牛筋草、稗草、狗尾草、千金子、画眉草等40余种一年生阔叶杂草和禾本科杂草，而且对较难防除的恶性杂草苘麻、曼陀罗及多年生杂草莎草和田旋花等，也有较好的防除效果。施药后不再中耕松土，以免破坏药膜层，影响除草效果。

此外，96%金都尔乳油700~800毫升/公顷，对水450千克；或20%豆科威650~ 1 000克，对水450~600千克；或喷施50%扑草净750~ 1 200克/公顷，地面均匀喷雾，都有明显的除草和增产效果。如果播种时田间杂草基数过大，可用12.5%拿捕净1 250~ 1 500毫升/公顷，或25%虎威1 000~ 1 500毫升/公顷混合液喷雾，可杀灭鹰嘴豆田间的各类杂草。

二、苗期除草

由于食用豆苗期生长慢，封垄较慢，所以苗期应注意控制杂草。食用豆苗期及苗后防除禾本科杂草常用除草剂种类有：①精喹禾灵系列：5%精喹乳油、8.8%精喹乳油、10.8%精喹乳油、10%精喹乳油；②烯禾啶系列：12.5%烯禾啶乳油（拿捕净）、25%烯禾啶乳油（倍加净）；③精吡氟禾草灵系列：15%精稳杀得（杀草得）；④精噁唑禾草灵系列：6.9%精噁唑禾草灵（威霸）；⑤高效氟吡甲禾灵系列：10.8%高效盖草能乳油；⑥烯草酮系列：12%烯草酮乳油（收乐通）、24%烯草酮乳油；⑦吡喃草酮：10%快捕净乳油。

（一）防除阔叶类杂草常用的除草剂

（1）氟磺胺草醚系列。主要有25%氟磺胺草醚水剂、12.5%氟磺胺草醚乳油、48%氟磺胺草醚水剂、70%氟磺胺草醚可溶性粉剂等。

（2）灭草松系列。主要有48%苯达松水剂、48%灭草松水剂等。

（3）异噁草松系列。主要是48%异噁草松乳油（广灭灵、豆好或耕

田易）。

（4）咪唑乙烟酸系列。主要有5%咪草烟水剂（豆草除）、10%咪草烟水剂（豆维）、15%咪草烟水剂、16%咪草烟水剂、75%咪草烟可湿性粉剂等。

（5）三氟羧草醚。主要是21.4%杂草焚水剂。

（6）乙羧氟草醚。主要是5%乙羧氟草醚水剂。

（7）地乐胺。主要是48%仲丁灵乳油。

（8）乳氟禾草灵。主要是24%克阔乐乳油。

（9）氯嘧磺隆系列。主要有20%氯嘧磺隆可溶性粉剂（豆磺隆）、氯嘧磺隆可湿性粉剂等。

（10）氟烯草酸。主要有10%利收乳油。

而一些早春杂草特别是鸭跖草、藜等，在食用豆2片复叶的时候就已超过4叶期，因鸭跖草超过3叶期很难防除，所以食用豆苗后除草是个难题。建议使用比较安全的氟磺胺草醚加烯禾啶（或烯草酮），但是对鸭跖草以及后期的大龄刺儿菜、苣荬菜、问荆等恶性杂草的防效比较差。另外氟磺胺草醚的用量，建议25%制剂不要超过1 500毫升/公顷。而其他的苗后除草剂如灭草松、三氟羧草醚、异恶草松、乙羧氟草醚都不安全，精喹禾灵有时也会造成严重黄叶，因此，要进行行间喷施，尽量不要喷施在食用豆的生长点上。

（二）几种主要食用豆的杂草防除

1. 绿豆

夏播绿豆田以禾本科杂草为主。绿豆植株较矮，与杂草竞争力差，尤其是出苗后的一个月内，如果杂草控制不及时，容易发生草荒，造成绿豆大幅度的减产。因此绿豆苗期是控制杂草的关键时期。化学除草施药早，控草及时，杂草对绿豆生长的影响小，可以起到事半功倍的效果。绿豆苗期主要化学除草剂如下。

（1）氟磺胺草醚。主要防除绿豆田间的阔叶杂草。在绿豆1~2片复叶期，阔叶杂草2~4叶期，可喷施25%氟磺胺草醚0.9~1.05升/公顷防除。

（2）灭草松（苯达松、排草丹）。用于绿豆田防除阔叶杂草。绿豆苗后1~2片复叶，阔叶杂草在5~10厘米高时，进行叶面喷雾，用48%灭草松

3.0升/公顷。

（3）烯禾啶（12.5%拿捕净乳油100~133毫升，有效含量13.3~26.7克）。在绿豆封垄前，绿豆2片复叶期茎叶均匀喷雾处理，可防除稗草、野燕麦、狗尾草、马唐、牛筋草、看麦娘等一年生禾本科杂草，适当提高药剂用量也可防除白茅、匍匐冰草、狗牙根等。

（4）精吡氟禾草灵（15%精稳杀得乳油50~100毫升，有效含量7.5~15克）、精氟吡甲禾灵（10.8%高效盖草能乳油25~40毫升，有效含量2.7~4.32克）和精喹禾灵（5%精禾草克50~100毫升，有效含量2.5~5克）。在封垄前对绿豆茎叶处理，可防除一年生禾本科杂草，如野燕麦、稗草、狗尾草、马唐、牛筋草、看麦娘等，提高剂量时，对多年生杂草，如芦苇、狗牙根等也有效。

（5）精噁唑禾草灵（6.9%骠马水乳剂40.7~58毫升，有效含量2.8~4克）。在绿豆封垄前、禾本科杂草3叶期前茎叶处理，可防除看麦娘、野燕麦、硬草、稗草、狗尾草、菵草等一年生和多年生禾本科杂草。

（6）烯草酮（24%烯草酮乳油30~40毫升，有效含量3.6~4.8克）。在绿豆封垄前茎叶处理，可防除稗草、野燕麦、狗尾草、马唐、早熟禾、看麦娘、牛筋草、臂形草等一年生禾本科杂草以及狗牙根、芦苇等多年生禾本科杂草。

2. 小豆

小豆植株高度比较低，在与杂草生长竞争中不占优势。如果杂草控制不及时，非常容易发生草荒，因此小豆苗期是控制杂草的关键时期。小豆苗期主要化学除草剂如下。

（1）精吡氟禾草灵（15%精稳杀得乳油50~100毫升，有效含量7.5~15克）、精氟吡甲禾灵（10.8%高效盖草能乳油25~40毫升，有效含量2.7~4.32克）、精喹禾灵（5%精禾草克50~100毫升，有效含量2.5~5克），可防除小豆田一年生禾本科杂草，如野燕麦、稗草、狗尾草、马唐、牛筋草、看麦娘等，提高剂量时，对多年生杂草，如芦苇、狗牙根等也有效。

（2）精噁唑禾草灵：6.9%骠马水乳剂40.7~58毫升，有效含量2.8~4克，在小豆封垄前、禾本科杂草3叶期前对小豆进行茎叶处理，可防除小豆

田看麦娘、野燕麦、硬草、稗草、狗尾草、莳草等一年生和多年生禾本科杂草。

（3）烯禾啶：12.5%拿捕净乳油100~133毫升（有效含量13.3~26.7克），在小豆封垄前进行茎叶处理，可有效防除稗草、野燕麦、狗尾草、马唐、牛筋草、看麦娘等一年生禾本科杂草，适当提高药剂用量也可防除白茅、匍匐冰草、狗牙根等。但紫羊茅、早熟禾等抗药性较强。

（4）烯草酮（12%收乐通乳油30~40毫升，有效含量3.6~4.8克），在小豆封垄前进行茎叶处理，可有效防除小豆田稗草、野燕麦、狗尾草、马唐、早熟禾、看麦娘、牛筋草、臂形草等一年生禾本科杂草以及狗牙根、芦苇等多年生禾本科杂草。

3. 蚕豆

蚕豆出苗后，选择内吸传导型除草剂禾草克、盖草能等，对蚕豆等阔叶植物安全的除草剂，可在蚕豆田禾本科杂草3~5叶期每亩地用12.5%盖草能、10.8%高效盖草能25~35毫升；35%稳杀得、15%精稳杀得50~60毫升；10%禾草克、5%精禾草克50~100毫升，6.9%威霸、8.08%威霸乳油40~60毫升；20%拿捕净乳油、12.5%拿捕净机油乳油60~100毫升对水60~75千克均匀喷雾，可以有效防除一年生和多年生禾本科杂草。药要喷透，使所有杂草都沾附药液。除生育期外，嫩绿杂草比长得老的杂草防除用药量低。草龄大、草密的田块，可以适当加大用药量和用水量，温度低时也应适当加大用药量。

防除阔叶杂草，可以在杂草2~4叶期，每亩用虎威（25%氟磺胺草醚水剂）40毫升或苯达松（48%灭草松水剂）50~100毫升，加水30千克喷雾。可以有效防除苘麻、铁苋菜、反枝苋、刺苋、豚草、田旋花、荠菜、青葙、藜、小藜、刺儿菜、大蓟、酸模叶蓼、萹蓄、鸭跖草、牵牛花、马齿苋、猪殃殃、苍耳、龙葵、鳢肠以及芸薹属、蒿属、酸浆属等阔叶杂草。对几乎所有双子叶作物安全，用量增倍也无害。

此外，田埂及沟渠边多为多年生杂草。以双穗雀稗等禾草为主的，可用高效盖草能等芳氧苯氧基丙酸类除草剂每亩地200~300毫升防除；阔草为主的可用20%使它隆每亩地50毫升防除；空心莲子草等多年生阔草为主，或阔草、禾草、莎草混合发生的，可用10%草甘膦2 000毫升或草甘膦1 500~2 000毫升加20%使它隆40~50毫升防除。需杂草生长旺盛期施药，加洗衣粉等表面活性剂增加黏着性，风小时施药，避免药液溅到蚕豆上。用过除草剂的喷雾器要立即清洗干净，以免喷其他作物、其他药剂时出现药害。

4. 豇豆

春播豇豆，一般杂草较少；夏季气温高，雨水多，杂草生长速度快；秋季前期气温高，雨量充沛，杂草生长快。若不及时清除杂草，极易形成草荒，致使杂草与豇豆争水争肥，影响豇豆的正常生长和开花结荚。因此，豇豆苗期必须及时进行除草，在清洁田园的同时，还可减少病虫为害。

豇豆属于豆科（阔叶）蔬菜。若在豇豆生长期间防除禾本科杂草，可在禾本科杂草3~5叶期，每公顷用45%精奎禾灵（精禾草克）可湿性粉剂300毫升，或20%烯禾啶乳油1 500~2 000毫升，或15%精吡氟禾草灵（精稳杀得）乳油750~900毫升，或10.8%高效氟吡甲禾灵（高效盖草能）乳油450~750毫升，11.2%烯草酮乳油450~600毫升、15%吡氟禾草灵乳油750~1 500毫升、5%粘禾灵乳油750~1 500毫升，对水40~50千克，在豇豆苗后封垄前，杂草基本出全苗后进行茎叶处理，可防除豇豆田禾本科杂草，对豇豆安全。氟磺胺草醚是一种具有高度选择性的豆科作物田苗后除草剂，能有效地防除豇豆田阔叶杂草和香附子，对禾本科杂草也有一定防效。若防除阔叶型杂草，在豇豆苗后1~3片复叶，杂草1~3叶期时，用25%氟磺胺草醚水剂750~1 500毫升/公顷、对水750千克，或48%苯达松1 500~3 000毫升/公顷、对水45千克，或40%灭草松乳油900~1 800毫升/公顷、对水750千克，行间均匀喷雾杂草茎叶，可有效去除田间杂草。为了防止药液飘移，可在喷头上加装防护罩。该药不具内吸传导性能，即使少量药液喷施到豇豆叶上，也仅仅产生局部坏死斑点，不会影响整株豇豆的正常生长。

5. 豌豆

由于豌豆苗期生长缓慢，易发生草荒，使幼苗受到杂草为害，所以应及早除草。也可在苗高5~7厘米时，结合中耕，去除田间杂草，还有利于松土保墒，提高地温，很快形成冠层，抑制杂草，从而促进幼苗生长。对于矮生、半矮生型品种，由于其植株矮小，更易发生草荒而导致减产。每亩地使

用量90%禾耐斯为60毫升或50%乙草胺100毫升以及24%乙氧氟草醚15毫升对豌豆田禾本科杂草有显著防效，对阔叶杂草也有较好的效果，一次使用后一般即能控制秋豌豆全生育期的杂草危害，且使用安全。

也可在豌豆1~3片复叶期，杂草2~4叶期，大多数杂草出齐苗时，用75%噻磺隆干悬浮剂（阔叶散、宝收）0.7~0.86g/亩，对水30千克喷洒杂草叶面，可以有效防除酸模叶蓼、卷茎蓼、反枝苋、刺苋、藜、小藜、地肤、荠菜、香薷、马齿苋、播娘蒿、苍耳、苘麻、婆婆纳、猪殃殃、繁缕、葎草、米瓦罐等阔叶杂草，对苣荬菜、刺儿菜、大蓟、田旋花等多年生杂草也有一定的抑制作用。土壤水分、空气湿度和气温较高时，有利于杂草对噻磺隆的吸收传导；长期干旱、低温和空气湿度低于65%时，不宜施用此药。喷药时间一般在上午9时以前或下午3时以后。施药后2小时内不能降雨。田间排水不良、积水或遇低温，影响豌豆生长，不宜施用此药。此外，要严格把握用药量，喷洒均一。

6. 芸豆

芸豆苗期及苗后除草剂主要为茎叶处理，可使用的除草剂种类有：①高效盖草能：使用时期在芸豆苗后，禾本科杂草3~5叶期。用药量为防除一年生禾本科杂草3~4叶期，用10.8%高效盖草能0.375~0.45升/公顷；4~5叶期，用0.45~0.525毫升/公顷；5叶期以上，用药量适当酌加。防除多年生禾本科杂草，杂草3~5叶期，用0.6~0.9升/公顷。②氟磺胺草醚：使用时期在芸豆苗后，杂草2~4叶期。用药量为用25%虎威1.0~1.5升/公顷。③精 禾草克：使用时期在芸豆苗后，禾本科杂草3~5叶期。用药量为一年生禾本科杂草3~5叶期，用5%精禾草克0.75~0.9升/公顷，防除金狗尾草、野黍用0.9~1.0升/公顷。杂草叶龄小、生长茂盛、水分条件好时用低药量，杂草大及在干旱条件下用高药量。④精稳杀得：使用时期在芸豆苗后，禾本科杂草3~5叶期。用药量为防除2~3叶期一年生禾本科杂草，用15%精稳杀得0.5~0.75升/公顷；防除4~5叶期用0.75~1.0升/公顷；防除5~6叶期，用1.0~1.2升/公顷。杂草叶龄小用低药量，叶龄大用高药量；在水分条件好的情况下用低药量，在干旱条件下用高药量。苗后除草剂施药时药液中加入喷液量0.5%~1%植物油型喷雾助剂药笑宝，具有增效作用，可减少 30%～50%除草剂用药量，对作物安全。

7. 鹰嘴豆

鹰嘴豆苗期生长量小，易受到杂草的危害。如果在播种的 70 天内能保持田间无杂草，其后迅速生长的冠层能有效控制后期杂草的生长。播后 30 天、60 天左右，结合中耕，各除草一次，对控制杂草，增加土壤通透性和保墒更有效。开花前，如田间有杂草，每公顷可用 72%都尔乳油 1 125～ 1 800 毫升，或 20%拿捕净（稀禾啶）乳油 1 125～ 1 950 毫升，对水 450～600 千克，行间喷施，可以有效防除一年生和多年生禾本科杂草。施药应选择早晚气温低时进行，中午气温高时停止。水分是影响药效的一个重要因素，土壤水分适宜，杂草生长旺盛，药剂作用迅速，药效好。施药时防止药液飘移到麦、稻、玉米等敏感作物上以免造成药害。确保施药后 2～3 小时内无雨，否则会降低药效。鹰嘴豆封垄后，田间大草可人工去除。

三、中耕除草

在食用豆封垄前，在有条件的地区，要结合中耕培土，进行一次除草，这样可有效控制中后期杂草的数量。

四、生育后期除草

食用豆封垄后，在生育后期，一般不再进行除草。如仍有一些大的杂草，可人工拔除。

第五节　杂草综合防除

“预防为主，综合防除”是食用豆杂草防除工作的总方针。合理的防除措施必须建立在不同食用豆的全面了解之上。即要了解当地有哪些主要草害，它们的成株和幼苗有哪些特征和特性，它们的草籽和无性繁殖器官是从哪里来的，传播的主要途径是什么。根据其传播主要途径和当地具备的防除条件，制订出预防和消灭相结合的综合防除计划。

使用化学除草剂防除食用豆田杂草具有除草及时、效果好、工效高、成

本低等优点，但单纯使用化学除草剂不可能根本解决豆田杂草的为害。因为一种除草剂不能解决所有的杂草问题。某些敏感种被消灭了，但某些耐药性强的杂草则得到发展，如多次用药不仅成本高，而且增加了对环境的污染。此外，由于除草剂的选择性是相对的，有条件的，在消灭某些敏感种的同时可能使某些潜在性的杂草发展为关键性的害草。

由此可见，作为特殊的方法，化学防除是必要的，但它不能长久地、最经济地、无副反应地建立一个维持低水平的杂草种群管理系统，所以为了有效地控制农田杂草的为害，在杂草生态与生物学特性研究的基础上，因地制宜地研究建立适于生产实际，包括化学防除措施、农业防除措施、物理防除措施、生物防除措施协调应用的系列配套技术的杂草综合防除体系，是十分必要的。

（一）杂草综合防除概念及特点

杂草的农业防除实践证明，防除杂草有两个方面，一方面是借耕作技术使农田环境起变化，创造一个不利于杂草种子生存、发芽、生长、开花、结实的环境条件以抑制杂草的增殖进而防除杂草，这是指生态的防除方法；另一方面是设法把已经发生的和正在发生的杂草除掉，此为杂草的驱除法。无论哪一种方法都要充分研究杂草的生理生态，最理想的是利用作物与杂草的竞争关系进行防除，而这方面主要是通过各种农业措施综合的作用。

食用豆田杂草的防除应考虑到各方面的影响因素，如耕作制度、栽培模式、农艺措施等。农业耕作措施除草、物理机械及人工除草、化学除草剂除草、生物除草等对食用豆田杂草的防除均有相成的贡献。因此食用豆豆田杂草的防除应该是各种措施的综合防除体系。杂草综合治理，就是从生物和环境关系的整体观点出发，本着预防为主的指导思想和安全、有效、经济、简易的原则，因地因时制宜，合理运用农业、生物、化学、物理的方法，以及其他有效的生态手段，把杂草危害控制在经济允许的水平，以达到保护生态环境和增产的目的。

杂草综合防除具有以下几个特点。

（1）杂草综合防除不要求彻底消灭杂草，只将杂草对作物的危害控制在经济允许的水平，有利于防止水土流失，保持生态平衡。

（2）杂草综合防除强调，分析杂草的密度所造成的危害经济水平与防除费用的关系，一般来说，达不到经济阈值不进行防除。

（3）杂草综合防除强调各种防除方法的相互配合，尽量采用农业耕作和物理防除措施，而化学除草是其中的重要措施之一。

（4）杂草综合防除是以生态系统为理论依据，把作物、杂草、病虫害与光、热、风、干旱、降雨、土壤条件等有机地联系起来，其着重点是改变环境，恶化杂草发生条件，通过人为干扰控制杂草的发生，同时创造一个有利于作物生长发育，有利于保护资源和其他良好环境因素的生态环境。

（5）由于作物田中存在多种具有不同生物学特性的杂草，因而不可能采用单一方法去防除。这就应当根据杂草的特点和发生规律，采用先进而经济有效的防除措施，充分发挥各种除草措施的优点，相辅相成，扬长避短，达到经济、安全、有效地控治杂草危害的目的。农田杂草综合防除的关键在于把杂草消灭在萌芽期和幼苗期，即在作物生育前期，抓住主要矛盾，采取相应措施，以最少的投入，获得最佳的经济效益。

（二）杂草综合防除原则

在考虑如何进行食用豆田杂草综合防除的问题时，必须注意如下几个原则：

（1）将杂草消灭在作物的生长前期。在作物杂草系列中存在着杂草竞争的临界持续期以及最低允许密度的要求，如芸豆在栽后 30 天内杂草的危害对产量造成的损失是十分明显的，所以将杂草消灭在作物的生长前期，可以使杂草失去竞争优势或延后竞争（即作物受杂草竞争而明显减产的时期之后），从而可以把杂草的危害减少到最低限度。

（2）创造一个不利于杂草发生的农田生态环境。耕作既可以灭草，但又由于耕作翻土和其他活动，使杂草种子进行自然更新（土壤中的杂草种子输入和输出）和进一步传播蔓延。所以，综合农业防除杂草的经验是：一方面审定耕作栽培技术措施是否与有效防除草害相协调；另一方面要审定除草措施是否与高产栽培相适应，通过研究，建立一个协调的有利于防除杂草为害的农田生态系统。

（3）积极开展化学除草。化学除草仍是综合防除措施中的重要环节，化

学防除可以为作物前期生长排除杂草威胁，促进中期生长优势，进而控制后期草害。

应当指出，各种措施在某一个时期的作用和地位是不同的。在综合防除中化学防除的采用要根据草害的种群密度水平、为害程度、现有防除能力水平（包括人力、物力和技术的总和）、挽回损失的价值等来决定。此外，草害的综合防除要把有利于灭草、合理布局和当年收益结合起来，各项措施必须有机地联系成一个整体。

（4）确定明确的目标。从现有基础出发，分为近期目标和远期目标，由简单到复杂，建立最优的综合防除体系。近期目标：改进农田耕作栽培制度和技术措施，科学使用除草剂，包括合理选择除草剂品种，进行混配，改进剂型和使用技术，协调有关防除措施和田间管理措施之间的关系，防止杂草传播侵染。远期目标：掌握杂草种群生态和系统生态，明确主要恶性杂草防除的经济阈值，发展新的防除技术，因地制宜地建立化学防除体系和农业防除体系，制订出最适当的综合防除方案，建立最优的防除杂草的农业生态系统。

（三）杂草综合防除研究内容

杂草综合防除研究的内容包括应用基础研究、化学防除系列化、农业防除系列化和除草措施的经济效益分析四个方面。

（1）应用基础研究。包括杂草发生种类群落（组合）分布，主要恶性杂草的消长为害规律观察和主要发生因子的研究，主要恶性杂草和作物竞争关系及为害损失阈值的研究，提出不同情况下的防除指标和防除对策，不同轮作制下主要恶性杂草的种群变迁、定位观察和原因分析；要着重研究观察具有代表性、典型性、方向性的轮作制下主要恶性杂草种群变迁，在不同轮作年度中的上升、稳定、下降、消亡的趋势，找出变迁的原因和控制这些变迁的因子，结合模拟试验，确定变迁模式。

（2）化学防除系列化。对目前还不能解决的主要恶性杂草继续筛选除草剂配方并研究其应用技术条件。对于有配方能进行有效防除的主要恶性杂草，根据不同地区草害组合生态条件、栽培方式进行配套应用技术的研究，对包括两种以上主要恶性杂草的杂草组合，要筛选组合防除配方并研究其应用技术条件。通过以上研究，根据不同类型田草害组合，提出安全、有效、经济、方便的化学防除体系（下图）。

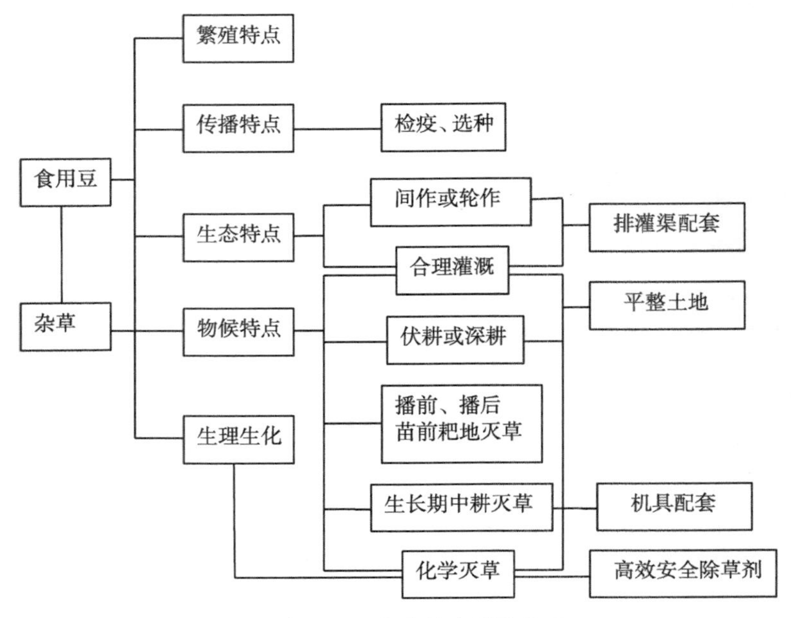

图　食用豆田杂草综合防除策略

（3）农业防除系列化。主要目标是研究农业高产栽培措施与杂草防除的内在联系和协调应用，发挥耕作灭草的优势，创造一个不利于杂草发生、生存、发展和高产栽培相适应的农田生态环境，审定除草措施与高产栽培措施的协调性，评价主要农业防除措施在综合防除中的作用和地位。

（4）除草措施的经济效益分析。经济阈值的分析：首先是分析各种除草方案执行结果，投资与收入的函数关系，通过分析找出防除对策，决定采取的手段，以及使用强度和次数，如在何种情况下或不予防除，或采用人工防除、局部防除以及全面防除。经济效益分析：着重分析由于有效地防除杂草之后作物产量的增加，劳力的节省和劳动强度的下降，成本的降低和劳力转移的前景。收益和费用是复杂的函数关系，根据农田生态系统的全局和经济观点安排防除，目的是使收益和费用之间差额最大。总之，对杂草的防除要从全面的观点出发，真正达到提高产量、提高经济效益和防除杂草的目的。

参考文献

［1］ 郑卓杰，王述民，宗绪晓. 中国食用豆类学［M］. 北京：中国农业出版社，1997

［2］ 宗绪晓. 良种良法食用豆栽培［M］. 北京：中国农业出版社，2010

［3］ 郭永田，张蕙杰. 中国食用豆产业发展研究［M］. 北京：中国农业科学技术出版社，2015

［4］ 段碧华，刘京宝，乌艳红，等. 中国主要杂粮作物栽培［M］. 北京：中国农业科学技术出版社，2013

［5］ 林汝法，柴岩，廖琴，等. 中国小杂粮［M］. 北京：中国农业科学技术出版社，2002

［6］ 李玉勤. 中国杂粮产业发展研究［M］. 北京：中国农业科学技术出版社，2011

［7］ 郭永田. 中国食用豆国际贸易形势、国际竞争力优势研究［J］. 农业技术经济，2014（8）：69-74

［8］ 郭永田. 中国食用豆消费趋势、特征与需求分析［J］. 中国食物与营养，2014，20（6）：50-53

［9］ 郭永田. 中国食用豆产业的经济分析［D］. 武汉：华中农业大学，2014

［10］ 刘慧. 中国食用豆贸易现状与前景展望［J］. 中国食物与营养，2012，18（8）：45-49

［11］ 蔺崇明，李亚兰. 食用豆类作物的经济价值及开发利用途径［J］. 陕西农业科学，1999（5）：29-30

［12］ 张根旺，孙芸. 食用豆类资源的开发利用［J］. 中国商办工业，2001（1）：48-49

［13］ 宗绪晓，关建平. 食用豆类的植物学特征、营养特点及产业化［J］. 中国食物与营养，2003（11）：31-34

［14］ 宗绪晓，关建平. 食用豆类资源创新品种选育进展及发展策略［J］. 中国农业信息，2008（9）：31-35

［15］ 段灿星，朱振东，孙素丽，等. 中国食用豆抗性育种研究进展［J］. 中国农业科学，2013，46（22）：4 633-4 645

［16］ 刘昌燕，焦春海，仲建锋，等. 食用豆虫害研究进展［J］. 湖北农业科学，2014，

53（12）：5 908-5 912

[17] 宫慧慧，孟庆华. 山东省食用豆类产业现状及发展对策［J］. 山东农业科学，2014，46（9）：134-137

[18] 田静，范保杰. 河北省食用豆类生产研究现状及发展建议［J］. 杂粮作物，2004，24（4）：240-243

[19] 陈新，袁星星，陈华涛，等. 绿豆研究最新进展及未来发展方向［J］. 金陵科技学院学报，2010，26（2）：59-68

[20] 刘慧. 中国绿豆生产现状和发展前景［J］. 农业展望，2012（6）：36-39

[21] 任红晓. 中国传统名优绿豆品种遗传多样性研究［D］. 北京：中国农业科学院，2013

[22] 王桂梅，邢宝龙，张旭丽，等. 绿豆高产栽培技术［J］. 农业科技通讯，2015（11）：162-164

[23] 周雪梅. 绿豆病害综合防治［J］. 河南农业，2006（7）：25

[24] 段志龙，赵大雷，刘小进，等. 绿豆常见病害的症状及主要防治措施［J］. 农业科技通讯，2009（6）：151-152，160

[25] 宋键. 绿豆的病虫害种类及防治措施研究［J］. 种子科技，2013（4）：58-59

[26] 吴培英. 绿豆夜蛾虫害防治新技术［J］. 现代农业，2010（8）：29

[27] 刘艳侠. 淮北地区夏播绿豆高产栽培技术［J］. 现代农业科技，2015（18）：38-39

[28] 吴屹立. 绿豆高产栽培及病、虫、草害综合防治技术［J］. 农民致富之友，2014（9）：61

[29] 徐宁，王明海，包淑英，等. 小豆种质资源、育种及遗传研究进展［J］. 植物学报，2013，48（6）：676 – 683

[30] 肖君泽，李益锋，邓建平. 小豆的经济价值及开发利用途径［J］. 作物研究，2005，19（1）：62-63

[31] 陈新，陈华涛，顾和平，等. 小豆遗传育种研究进展与未来发展方向［J］. 金陵科技学院学报，2009，25（3）：52-58

[32] 李茉莉，孙桂华，高贵忱，等. 小豆高产及配套栽培技术［J］. 杂粮作物，2004，24（2）：101-102

[33] 李艳霞. 沧州市红小豆栽培技术［J］. 农业开发与装备，2015（5）：116

[34] 李铃. 国内豌豆种质资源形态性状多样性分析［D］. 北京：中国农业科学院，2009

[35] 吴星波. 豌豆核心种质资源遗传多样性研究［D］. 重庆：西南大学，2014

[36] 曾亮. 豌豆种质资源遗传多样性分析及白粉病抗性评价 [D]. 兰州：甘肃农业大学，2012

[37] 刘延玲. 春播区粒用豌豆高产栽培技术 [J]. 农业科技与装备，2009 (2)：77-79

[38] 王藕芳，包生土，贾华凑. 春季豌豆田杂草发生调查 [J]. 上海农业科技，2001 (6)：79

[39] 杜跃强. 豌豆病害的发生与综合防治措施 [J]. 蔬菜科技，2016 (5)：28-29

[40] 王迪轩，龙霞. 豌豆的主要病害识别与防治技术要点 [J]. 农药市场信息，2013 (3)：43-44

[41] 张存信. 豌豆象的防治措施 [J]. 种子世界，1989，28 (1)：28

[42] 程晓东. 丽水地区豇豆主要病虫害发生的监测预报和综合防治技术研究 [D]. 武汉：华中农业大学，2008

[43] 何礼. 中国栽培豇豆的遗传多样性研究及其育种策略的探讨 [D]. 成都：四川大学，2002

[44] 王强，戴惠学. 防虫网覆盖条件下豇豆病虫害发生规律与防治对策 [J]. 长江蔬菜，2011 (4)：71-74

[45] 张和义. 豇豆病害的防治 [J]. 西北园艺，2003 (5)：35-36

[46] 王玉堂. 豇豆常见病害的识别与防治 [J]. 农技服务，2006 (5)：25-26

[47] 刘列平，曹爱红. 豇豆高产栽培技术 [J]. 西北园艺，2011 (11)：21-22

[48] 黄向荣，刘暮莲，陈富启，等. 豇豆田杂草种类调查及防控技术 [J]. 广西植保，2015，28 (4)：22-26

[49] 丽华. 豇豆主要病害的识别及防治 [N]. 山西科技报，2003-8-26 (6)

[50] 张世权，李宗海. 优质豇豆高产栽培技术 [J]. 农技服务，2009，26 (5)：43-44

[51] 张金波，苗昊翠，王威，等. 鹰嘴豆的应用价值及其研究与利用 [J]. 作物杂志，2011 (1)：10-12

[52] 包兴国，杨蕊菊，舒秋萍. 鹰嘴豆的综合开发与利用 [J]. 草业科学，2006，23 (10)：34-37

[53] 吾尔古丽艾买提. 新疆鹰嘴豆产量和品质关键栽培技术调控研究 [D]. 杨凌：西北农林科技大学，2008

[54] 叶尔努尔. 胡斯曼. 无公害农产品鹰嘴豆高产栽培技术 [J]. 农业科技与信息，2015 (10)：66，80

[55] 洪军. 鹰嘴豆高效栽培技术 [J]. 安徽农学通报，2012，18 (22)：126-127

[56] 曾繁明，杨忠芳. 鹰嘴豆褐斑病防治措施 [J]. 农村科技，2011 (3)：45-46

[57] 边生金. 鹰嘴豆及栽培技术 [J]. 作物栽培，山东农机化，2001 (3)：9

[58] 于江南，陈燕，曾繁明，等. 鹰嘴豆主要病虫害发生概况及综合防治技术［J］. 新疆农业科学，2006，43（3）：241-243
[59] 宗绪晓. 鹰嘴豆优质高产栽培技术［J］. 新疆农业科技，2016（2）：11-13
[60] 陈鑫伟，陈昆. 商丘地区大豆高产高效栽培技术探讨［J］. 安徽农学通报，2017，23（16）：57-58
[61] 刘绍莲. 蚕豆根腐病发病规律及防治技术［J］. 云南农业科技，2012（6）：55
[62] 白丽艳. 大豆根腐病病原种类鉴定及分子检测技术研究［D］. 乌鲁木齐：新建农业大学，2009
[63] 马瑞. 花芸豆根腐病的发生与防治［J］. 新疆农业科技，2001（5）：21
[64] 余宏章. 豌豆芽枯病的发生与预防［J］. 农药市场信息，2003（22）：3
[65] 潘继兰. 早春芸豆根腐病的综合防治［J］. 农药市场信息，2005（2）：32
[66] 李文学. 蚕豆叶斑病产量损失率测定初报［J］. 甘肃农业，2004（8）：112-113
[67] 王淑英，柴琦. 甘肃省春蚕豆叶部病害病原鉴定及主要病害［J］. 植物保护学报，2000，27（2）：121-125
[68] 何永梅，谭卫建，周铭. 豇豆红斑病、尾孢叶斑病的显微镜检识别与综合防治［J］. 农药市场信息，2017（11）：59-60
[69] 魏淑红. 小豆叶斑病研究简报［J］. 黑龙江农业科学，1991（1）：51-52
[70] 魏淑红. 小豆种质资源抗尾孢菌叶斑病鉴定［J］. 作物品种资源，1998（3）：40
[71] 马德成，魏建华，曾繁明. 新疆鹰嘴豆褐斑病的发生［J］. 植物检疫，2008（4）：245-246.
[72] 陈大江. 鹰嘴豆褐斑病的发生及综合防治［J］. 现代农业科技，2008（10）：86
[73] 严庆玲. 菜豆黑斑病的发生与防治［J］. 吉林蔬菜，2009（3）：72
[74] 吴兴兴，何媛媛，毛自朝. 蚕豆黑斑病病原鉴定及其生物学特性研究［C］. 中国植物病理学会学术年会论文集，昆明：中国植物病理学会，2009
[75] 李鹏，陈丹. 大豆黑斑病诊断及防治［J］. 现代农村科技，2017（7）：36
[76] 易图永. 蔬菜枯萎病［J］. 湖南农业，2014（8）：20-21
[77] 王秀芬. 蚕豆立枯病和锈病的防治［J］. 植物医生，1998，11（1）：18
[78] 朱莉昵. 大豆立枯病的识别与防治初探［J］. 园艺与种苗，2011（4）：14-16
[79] 李永清，陈克刚. 豌豆立枯病发生情况调查［J］. 甘肃农业科技，1988（12）：16
[80] 汪小华，周湘萍，刘刚. 蚕豆轮纹病的 FTIR 鉴别［J］. 光谱学与光谱分析，2012，32（10）：119-120
[81] 李宝聚，高苇，石延霞，等. 多主棒孢和棒孢叶斑病的研究进展［J］. 植物保护学报，2012，39（2）：171-176

[82] 李薇. 黑龙江省绿豆主产区病害调查及主要病害药剂防治［D］. 大庆：黑龙江八一农垦大学，2015
[83] 沈良. 江苏省蚕豆主要病害鉴定及赤斑病药剂防治研究［D］. 南京：南京农业大学，2014
[84] 余霞，杨丹玲，王俊峰，等. 大豆疫霉病研究进展［J］. 植物检疫，2009（5）：47-50
[85] 彭金火，谭红，赵改萍. 大豆疫霉和大豆疫病［J］. 植物检疫，1998（3）：177-182
[86] 李明春，魏东盛，邢来君. 关于卵菌纲分类地位演变的教学体会［J］. 菌物研究，2006，4（3）：70-74
[87] 杨芝，朱宗源，黄晓敏. 华东地区发现长豉豆疫病菌［J］. 江苏农学院字报，1989，10（1）：58
[88] 纪睿，廖太林，李百胜. 危险性有害生物——菜豆疫霉病菌［J］. 西南林学院学报，2010（30）：88-90
[89] 吉雯雯，张泽燕，张耀文，等. 小豆疫霉病的研究进展［J］. 山西农业科学，2017，45（9）：1 553-1 556
[90] 朱振东，王晓鸣. 小豆疫霉茎腐病病原菌鉴定及抗病资源筛选［J］. 植物保护学报，2003，30（3）：289-294
[91] 王彦，田静，范保杰，等. 小豆主要病害研究进展［J］. 华北农学报，2011，26（增刊）：197-201
[92] 江扬先，严龙. 诱发豇豆死藤的常见原因及防控方法［J］. 上海蔬菜，2016（2）：44-46
[93] 王小波. 菜豌豆霜霉病和白粉病的防治技术［J］. 农药市场信息，2011（27）：44
[94] 曲萍. 菜豆菌核病的发生与防治［J］. 农村百事通，2007（15）：38
[95] 黄绍岗. 豆类蔬菜菌核病识别及防治［J］. 广西植保，1994（3）：39-40
[96] 李省印. 韭菜（黄）黑根病的诊断与防治［J］. 西北园艺，2001（3）：42
[97] 司凤举，司越. 豇豆煤霉病的发生与防治［J］. 长江蔬菜，2006（7）：35
[98] 周建国，姚志平. 豇豆煤霉病的发生与防治［J］. 上海蔬菜，2005（1）：57-58
[99] 刘爱媛. 豇豆煤霉病的药剂防治［J］. 蔬菜，1993（1）：21
[100] 魏大云，王崇霞，姜国庆. 豇豆煤霉病发生规律及防治方法［J］. 中国农业信息，2015（3）：72
[101] 何冬兰，王就光. 豇豆叶霉病菌分生孢子萌发条件初探［J］. 中国蔬菜，1991（3）：9-11

[102] 王笑田，翟凤艳，李华，等. 山东省尾孢菌属真菌新记录种 [J]. 西北农业学报，2013，22 (8)：83-86

[103] 谢学文，赵倩，郭英兰. 尾孢菌属和假尾孢属新记录种 [J]. 菌物学报，2017，36 (8)：1 164-1 167

[104] 王国春. 大豆疫病综合防控措施 [J]. 大豆科技，2015 (3)：21-22

[105] 张忠文. 豆类疫病与细菌性褐斑病的区别与防治. 吉林蔬菜，2012 (4)：39

[106] 陈泓宇，徐新新，段灿星，等. 菜豆普通细菌性疫病病原菌鉴定 [J]. 中国农业科学，2012，45 (13)：2 618-2 627

[107] 黄琼，张朝雷，吴通富，等. 蚕豆细菌性茎疫病发生规律及防治 [J]. 植物保护，2000，26 (2)：1-3

[108] 李永镐，张明厚，张原. 大豆细菌性疫病菌生理小种及其鉴定方法研究 [J]. 大豆科学，1996，15 (2)：136-140

[109] 郭亚辉. 黄单胞菌属的分类研究进展 [J]. 微生物学杂志，1997，17 (4)：50-51

[110] 童显安，周建辉，李永学. 豇豆疫病与细菌性疫病的识别与防治 [J]. 上海蔬菜，2012 (3)：74-75

[111] 赵同芝. 棚室油豆角细菌性疫病综合防治技术 [J]. 农业工程技术（温室园艺），2008 (8)：40

[112] 金恭玺，刘林，任毓忠，等. 新疆瓜尔豆细菌性疫病病原鉴定 [J]. 西北农林科技大学学报（自然科学版），2015，43 (3)：141-152

[113] 张巧玲. 野油菜黄单胞菌 XopR 基因在植物先天免疫中的功能研究 [D]. 海口：海南大学，2015

[114] 卢绯绯，郭永霞. 芸豆普通细菌性疫病的发生与防治 [J]. 现代化农业，2015 (3)：34-35.

[115] 姬广海. 植物病原黄单胞菌分类进展 [J]. 河南职技师院学报，1998，26 (3)：26-32

[116] 张俊岭. 豇豆细菌性叶斑病的发生与防治 [J]. 河北农业科技，2000 (6)：19

[117] 覃华兰，田金辉，刘露，等. 豇豆锈病与细菌性叶斑病的识别与预防 [J]. 长江蔬菜，2016 (23)：54-55

[118] 张俊岭. 巨鹿县首次发现豇豆细菌性叶斑病 [J]. 河北农业，2000 (6)：26

[119] 刘春寿. 采取综合措施防治蚕豆茎枯病 [J]. 云南农业，1996 (12)：17

[120] 赵丽璋. 鹤庆县蚕豆茎枯病发生因素及防治技术 [J]. 植保技术与推广，2002，22 (12)：16-18

［121］ 刘振兴，周桂梅，陈健，等．不同药剂对小豆花叶病毒病防治效果研究［J］．作物杂志，2017（4）：165-168

［122］ 陈永萱，郭景荣．蚕豆上的菜豆卷叶病毒鉴定［J］．南京农业大学学报，1994，17（4）：49-53

［123］ 王光中，闫旭．汉中地区豇豆病毒病的发生与防治［J］．现代农业科技，2015（8）：148

［124］ 王信．青海蚕豆、豌豆病毒病调查和菜豆黄花叶病毒（BYMV）全系列分析［D］．杨凌：西北农林科技大学，2007

［125］ 季良．我国豆类病毒病研究的进展［J］．大豆科学，1987，6（2）：157-166

［126］ 刘玉霞，孟丽，漆永红，等．4种药剂对豇豆根结线虫病的防治效果［J］．植物保护，2014，40（4）：177-180

［127］ 张海军，乔丽英．大豆根结线虫病的发生及防治［J］．云南农业，1996（12）：24

［128］ 王昭辰，王善凤，刘宗亮，等．豆类根结线虫病发生规律及防治对策［J］．农村科技，1998（6）：13

［129］ 刘国坤，肖顺，张绍升，等．藤本豆根结线虫病的病原鉴定及其侵染特性的研究［J］．热带作物学报，2012，33（2）：346-352

［130］ 魏学慧．豌豆6种常见病害的发生与综合防治措施［J］．吉林蔬菜，2009（6）：34-35

［131］ 嵇能焕，刘红俊．泽州县夏大豆孢囊线虫病加重发生原因及防治对策［J］．中国农村小康科技，2005（10）：48-53

［132］ 崔淼．安徽省萧县蛴螬发生特点与机制初探［D］．南京：南京农业大学，2015

［133］ 裴桂英，马赛飞，刘健，等．不同耕作模式对豆田蛴螬发生及大豆产量的影响［J］．大豆科技，2010（4）：19-20

［134］ 王正东．大豆主要地下害虫的识别与防治［J］．农技服务，2013，30（9）：926-927

［135］ 张美翠，尹姣，李克斌，等．地下害虫蛴螬的发生与防治研究进展［J］．中国植保导刊，2014（10）：20-28

［136］ 张晓波，王晓丽，赵爱莉，等．豆田蒙古灰象甲田间分布型的初步研究［J］．中国油料，1990（2）：49-52

［137］ 程美真，张玉琢，陈祝安，等．绿僵菌防治豆田蛴螬小区试验［J］．中国生物防治，1995（4）：183

［138］ 王永俊．蒙古灰象甲综合防治技术［J］．果树实用技术与信息，2002（9）：16-

17

[139] 张洪喜. 蒙古土象的防治研究 [J]. 沈阳农业大学学报，1993，24（2）：125-130

[140] 刘杰，翟建东. 邳州市大豆田蛴螬发生规律及防治方法 [J]. 现代农业科技，2008（22）：130-133

[141] 山东省菏泽地区农田蛴螬防治研究协作组. 夏季防治豆田蛴螬研究初报 [J]. 中国油料，1983（1）：53-54

[142] 冯殿英，任兰花，邵珠鹏，等. 北京油葫芦的生物学特性与防治研究 [J]. 山东农业科学，1981（4）：39-41

[143] 吴梅香，黄雪峰，吴珍泉，等. 菜用大豆田害虫天敌资源调查初报 [J]. 华东昆虫学报，17（2）：115-119

[144] 吴业春. 大豆对食叶性害虫抗性的鉴定及对斜纹夜蛾抗生性的遗传研究 [D]. 南京：南京农业大学，2003

[145] 王玉正. 大豆田银纹夜蛾系统控制研究 [J]. 生态学报，1999，19（3）：388-392

[146] 曲耀训，高孝华，牟少敏，等. 大豆主要食叶害虫生态位的研究 [J]. 植物保护，1997（1）：11-14

[147] 王玉新，徐英凯，李兆民. 大造桥虫的生活习性及防治措施 [J]. 吉林农业，2014（23）：64

[148] 司升云，周利琳，望勇，等. 大造桥虫的识别与防治 [J]. 长江蔬菜，2007（8）：30

[149] 史树森，崔娟，齐灵子，等. 大造桥虫幼虫生长发育及其取食规律的初步研究 [J]. 大豆科学，2012，31（6）：972-975

[150] 郭英，王勇虎，王少山，等. 东方绢金龟成虫期形态特征观察 [J]. 新疆林业，2016（2）：43-44

[151] 庞春杰. 豆卜馍夜蛾热休克蛋白 Hsp70 与 Hsc70 基因的克隆及原核表达 [D]. 哈尔滨：东北农业大学，2012

[152] 姜秋生. 豆天蛾的发生规律与防治方法 [J]. 农业科技通讯，1988（7）：28

[153] 胡桂桃. 黑绒金龟子的综合防治技术 [J]. 河北果树，2007（S1）：25-26.

[154] 师二帅，罗琼，李娜，等. 黑绒金龟子发生规律与防治措施 [J]. 现代农村科技，2014（14）：33

[155] 赵熙宏. 黑绒金龟子及其防治方法的研究 [J]. 科技信息，2011（24）：333

[156] 乔志文，范锦胜，张李香. 黑绒金龟子研究进展 [J]. 农学学报，2014，4

(12): 48-51

[157] 黄旭正. 红缘灯蛾的识别及防治 [J]. 广西植保, 1994 (3): 15-16

[158] 汪鸣谦. 红缘灯蛾的危害及防治 [J]. 甘肃农业科技, 1981 (4): 18-19

[159] 赵永根. 剑兰红缘灯蛾发生规律及综合防治 [J]. 中国花卉园艺, 2007 (16): 22-23

[160] 刘廷辉, 卢曦, 贾海民, 等. 金银花田东方绢金龟药剂防治研究 [J]. 中国植保导刊, 2017 (7): 66-69

[161] 张宏松. 棉大造桥虫发生规律及防治 [J]. 河南林业, 2002 (3): 27

[162] 邵立侠. 农田蟋蟀的发生与防治 [J]. 河北农业, 2009 (11): 22-23

[163] 颜金龙, 郭兴文. 平原季风气候旱作农业区豆天蛾发生规律及与气象因子的关系 [J]. 昆虫知识, 1998, 35 (6): 325-326

[164] 马维斌, 帕提古丽, 陈德来, 等. 瘦银锭夜蛾 Macdunnoughiaagnata 在兰州地区的分布及其生物学特征 [J]. 甘肃科学学报, 2011, 23 (2): 38-41

[165] 史树森, 崔娟, 徐伟, 等. 温度对大造桥虫生长发育和繁殖的影响 [J]. 中国油料作物学报, 2015, 37 (5): 707-712

[166] 黄凯波, 文礼章, 张新国. 夏秋豇豆斜纹夜蛾发生规律调查及其防治对策 [J]. 安徽农学通报, 2008, 14 (9): 163-164

[167] 张振兰, 李永红, 李建厂. 银纹夜蛾及其防治技术 [J]. 农技服务, 2016, 33 (4): 20-22

[168] 宋子清. 银纹夜蛾为害秋大豆的规律及防治 [J]. 农业科技通讯, 1981 (8): 32-33

[169] 刘健, 赵奎军. 中国东北地区大豆主要食叶害虫空间动态分析 [J]. 中国油料作物学报, 2012, 34 (1): 69-73

[170] 杨晓贺. 2013 年三江平原地区大豆蚜及其天敌种群发生动态 [J]. 中国农学通报, 2014, 30 (16): 278-281

[171] 贾慧春. 菜豆点蜂缘蝽的发生与防治 [J]. 现代园艺, 2008 (7): 30

[172] 张新生. 茶黄螨的危害症状与防治 [J]. 现代农业科技, 2017 (17): 129-131

[173] 张秀玲. 大豆蚜及大豆红蜘蛛危害症状及防治方法 [J]. 农民致富之友, 2018 (1): 108

[174] 王迪轩. 稻蝽类害虫的识别与综合防治技术 [J]. 农药市场信息, 2013 (22): 41-42

[175] 霍捷, 徐学农, 王恩东. 东亚小花蝽对西花蓟马和/或二斑叶螨危害豆株的定位反应 [J]. 应用昆虫学报, 2011, 48 (3): 569-572

[176] 马淑娥，王家红，徐春荣. 二斑叶螨发生规律及防治技术［J］. 中国果树，1998（2）：34-36

[177] 徐丹丹，王玲，刘小园，等. 二斑叶螨在菜豆和花生上的生长发育比较［J］. 长江蔬菜，2017（16）：68-71

[178] 康恕，左驰. 抚顺地区荷兰豆蓟马发生规律及防治技术初探［J］. 辽宁农业科学，2004（增刊）：27

[179] 朱小锋，赖廷锋，欧李坚，等. 合浦县豇豆蓟马的发生特点与综合防控技术［J］. 长江蔬菜（1）：50-51

[180] 邱海燕，付步礼，唐良德，等. 豇豆蓟马发生规律及防治药剂筛选的研究［J］. 中国农学通报，33（19）：138-142

[181] 吴佳教，张维球，梁广文. 节瓜蓟马生物学特性研究［J］. 植物保护学报，1996，23（1）：13-16

[182] 齐永悦，赵春霞，邵维仙，等. 廊坊地区大豆点蜂缘蝽的发生与防治技术［J］. 现代农村科技，2017（9）：34

[183] 胡涛，洪海林. 豌豆常见虫害的田间诊断及防治技术［J］. 植物医生，2011（1）：10-11

[184] 林之桂，彭荣锋. 温室白粉虱发生规律及综合防治技术［J］. 广西农学报，2008，23（2）：52-54

[185] 邓芸，王佛生，李元龙. 绿豆象的发生特点及其防治试验研究［J］. 杂粮作物，2008，28（6）：385-386

[186] 王宏民，郑海霞，郑亚咪，等. 绿豆象生长发育与温度相关性的研究［J］. 山西农业大学学报（自然科学版），2017，37（8）：553-556

[187] 王宏豪，马吉坡，袁延乐，等. 南阳地区绿豆象的发生规律及防治策略［J］. 农业科技通讯，2015（7）：229-230

[188] 曹新民. 四纹豆象的生物学特性及防治研究进展［J］. 生物学教学，2011，36（12）：4-7

[189] 许渭根，赵琳，王建伟，等. 四纹豆象发生规律和生活习性观察［J］. 浙江农业科学，1999（5）：222-224

[190] 仲伟文，杨晓明. 豌豆象的发生、危害、防治对策及豌豆抗豌豆象的遗传机理综述［J］. 作物杂志，2014（2）：21-25

[191] 杨育中. 豌豆象的发生规律及防治［J］. 农业科技与信息，2009（5）：7

[192] 韩生福. 豌豆象的发生与防治［J］. 北方园艺，2008（6）：209

[193] 刘景春，董莉. 菜豆钻心虫综合防治技术［J］. 现代农业，2007（11）：40

[194] 戴继红，王立永，王永露. 豆荚斑螟的识别与综合防治［J］. 农技服务，2011，28（6）：807

[195] 吴梅香，蒋振环. 豆卷叶螟及其主要寄生蜂——长颊茧蜂的若干生物学特性［J］. 武夷科学，2011，27（12）：63-68

[196] 陆鹏飞，乔海莉，王小平，等. 豆野螟成虫行为学特征及性信息素产生与释放节律［J］. 昆虫学报，2007，50（4）：335-342.

[197] 司升云，杜凤珍，罗惠玲. 豆野螟识别与防控技术口诀［J］. 长江蔬菜，2011（21）：40-41

[198] 唐劲松，李文青. 高山四季豆主要病虫害的发生及绿色防控技术措施［J］. 湖北植保（1）：34-36

[199] 徐爱仙，徐建武，朱汉桥，等. 豇豆豆野螟的监测及绿色防控技术的应用研究［J］. 江西农业学报，2018，30（1）：74-77

[200] 樊丽，殷宇峰，何浩，等. 豇豆蛀荚害虫的发生与防治［J］. 西北园艺：蔬菜专刊，2016（5）：44-46

[201] 徐学华. 浅析豆荚斑螟的鉴别及发生规律［J］. 农技服务，2008，25（12）：61-62

[202] 朱志良，武进龙，周训芝. 大豆豆秆黑潜蝇发生规律与防治［C］. 江苏省植物病理学会会议论文集. 常州：江苏省植物病理学会，2004

[203] 年海. 豆秆黑潜蝇的为害特点及防治方法［J］. 大豆科技，2008（6）：7-8

[204] 邹德华. 豆秆黑潜蝇生物学生态学特性研究初报［J］. 中国油料，1983（4）：59-63

[205] 王莉萍，杜予州，嵇怡，等. 豌豆彩潜蝇的发生危害及对寄主的选择性［J］. 植物保护学报，2005，32（4）：397-401

[206] 石宝才，宫亚军，魏书军，等. 豌豆彩潜蝇的识别与防治［J］. 中国蔬菜，2011（13）：24-25

[207] 曹利军，宫亚军，朱亮，等. 豌豆彩潜蝇幼期各虫态的形态学研究［J］. 昆虫学报，2014，57（5）：594-600

[208] 边生金，冯孝良，郑志宝. 鹰嘴豆栽培技术［J］. 现代化农业，2001（2）：12-14

[209] 蔡荣友. 45%精喹禾灵 WP 防除长豇豆田禾本科杂草田间效果试验［J］. 安徽农学通报，2011（10）：45-48

[210] 曹建国，张夕林. 40%盖草灵乳油防除蚕豆田杂草技术研究［J］. 杂草科学，2009（3）：23-26

[211] 曹敏. 40%栽前安乳油防除蚕豆田杂草效果研究 [J]. 现代农业科技，2010 (23)：161-164

[212] 陈静福，章新民，朱树清，等. 秋豌豆杂草种类及其防除技术 [J]. 杂草科学，1998 (4)：40-43

[213] 丁泳. 鹰嘴豆高产栽培技术要点 [J]. 种植园地，2010，22 (1)：40-42

[214] 方圆. 蚕豆田杂草防除方法 [J]. 江苏农业科技，2006，12 (1)：1-2

[215] 付迪. 安全高效绿豆田除草剂筛选 [D]. 大庆：黑龙江八一农垦大学，2015

[216] 葛维德，薛仁风，赵阳，等. 辽宁省绿豆田不同除草技术除草效果及对其产量的影响 [J]. 中国农技推广，2017，4 (12)：26-29

[217] 顾立元，薛良鹏，赵成美，等. 绿豆田杂草的发生特点与防除研究 [J]. 杂草科学，1992，12 (1)：20-23

[218] 胡卫丽，朱旭，杨厚勇，等. 南阳市绿豆田主要杂草的防除措施及除草剂应用技术 [J]. 农业科技通讯，2016，145 (9)：11-12

[219] 胡英敏. 蚕豆田杂草化除药剂筛选试验 [J]. 云南农业科技，2010 (2)：45-48

[220] 黄家会，胡志良，蔡红. 蚕豆田阔叶杂草防除技术探索 [J]. 农药，2001，40 (6)：44-46

[221] 黄侠敏，吴应福. 老铁防除蚕豆、豌豆田杂草的效果 [J]. 杂草科学，2006 (3)：12-15

[222] 孔庆全，闫任沛，赵存虎，等. 呼伦贝尔市芸豆田杂草种类调查 [J]. 内蒙古农业科技，2013 (6)：30-31

[223] 孔祥清，金永玲，郭永霞. 农田杂草及防除学 [M]. 北京：中国农业出版社，2013

[224] 孔祥清，张译文，金永玲，等. 不同土壤处理除草剂对绿豆田杂草防除效果及产量的影响 [J]. 农药，2015 (9)：32-36

[225] 李朝荣，马庭矗，李冬庆，等. 灭草松防除青豌豆、青蚕豆田阔叶杂草的试验与推广 [J]. 云南农业科技，2014 (1)：25-28

[226] 李茹，赵桂东，周玉梅，等. 豇豆田杂草的危害损失及其防除技术 [J]. 杂草科学，2004，21 (2)：25-27

[227] 李茹，赵桂东，周玉梅，等. 杂草不同危害程度对豇豆产量影响及其防除技术 [J]. 上海农业科技，2004 (3)：110-113

[228] 刘胜男，朱建义，赵浩宇，等. 84%双氯磺草胺水分散粒剂对大豆田阔叶杂草的防效及对后茬作物的安全性 [J]. 杂草学报，2017 (3)：50-54

[229] 刘新琼，张向明. 豆类蔬菜地杂草的防除措施 [J]. 长江蔬菜，2007 (8)：21-

23

[230] 马德发，刘暮莲，陈明，等. 330g/L二甲戊灵乳油+激健防除豇豆田杂草药效试验［J］. 广西植保，2016（4）：8-10

[231] 马兆萍，阿依达尔. 鹰嘴豆示范推广田的种植与管理［J］. 科研技术推广，2015（5）：192-194

[232] 彭继锋. 日本白芸豆常见杂草防治效果探讨［J］. 现代化农业，2012（12）：193-194

[233] 邱家德，何春华，何玉华. 蚕豆除草剂研究进展及展望［J］. 科学种养，2016（3）：12-15

[234] 任少华，邓荣，徐丽学，等. 蚕豆田杂草化除新技术［J］. 云南农业科技，2002（1）：28-30

[235] 任少华，邓荣，徐丽学，等. 蚕豆田杂草化除新技术［J］. 云南农业科技，2002，11（2）：217-218

[236] 苏保华，郭玉莲，王宇，等. 黑龙江省西北部地区芸豆田杂草调查［J］. 黑龙江农业科学，2018（1）：5-8

[237] 田耀华. 除草剂在绿豆田的安全性及药效的研究［D］. 晋中：山西农业大学，2003

[238] 田志慧，沈国辉，张兆辉. 秋豌豆田杂草的发生消长及其防除技术研究［J］. 上海农业学报，2015，31（6）：5-10

[239] 王督宁，彭慧峰，肖永清. 四种药剂防治蚕豆田禾本科杂草示范试验［J］. 农村科技，2009（5）：36-39

[240] 王法武，杨微，李洪鑫，等. 氟磺胺草醚·烯草酮乳油对绿豆及红小豆田杂草药效试验［J］. 东北农业科学，2017（4）：30-32

[241] 王疏，董海. 北方农田杂草及防除［M］. 沈阳：沈阳出版社，2008

[242] 王万霞. 东北高寒山区芸豆恶性杂草化学防除［J］. 杂粮作物，2008（5）：236-237

[243] 王秀琴，李玉民，燕桂英，等. 绿豆田杂草群落划分确定及化学防除［J］. 内蒙古农业科技，2002（6）：44-46

[244] 王彦，范保杰，曹志敏，等. 5种常用除草剂对绿豆杂草的田间防除效果［J］. 河北农业科学，2016，20（5）：63-68

[245] 王玉芬，张德健，路战远. 保护性耕作大豆田间杂草防除［M］. 呼和浩特：内蒙古大学出版社，2013

[246] 吴万昌，施永军，朱白平. 蚕豆田杂草发生特点及综合治理技术［J］. 杂草科

学，2005，10（1）：29-32

[247] 谢汝琼. 蚕豆田阔叶杂草防除技术探索［J］. 云南农业，2007（8）：41-43

[248] 许艳丽，李兆林，李春杰. 连作、迎茬和轮作大豆对田间杂草群落变化的影响［J］. 大豆科学，2003，22（4）：283-286

[249] 薛仁风，赵阳，庄艳，等. 几种除草剂对绿豆田杂草的防治效果及对绿豆表型性状的影响［J］. 河南农业科学，2015（4）：101-105

[250] 杨建军，王静. 27%松·吡·氟磺胺乳油防除花芸豆田杂草效果［J］. 农村科技，2016（5）：45-47

[251] 杨忠芳. 鹰嘴豆优质高产栽培技术［J］. 新疆农业科技，2008（1）：12

[252] 袁颖存. 扑草净对蚕豆田杂草防除试验［J］. 云南农业科技，2009（3）：58-60

[253] 张朝贤. 农田杂草防除手册［M］. 北京：中国农业出版社，2000

[254] 张谷丰，张夕林，吴国祥，等. 广灭灵防除蚕豆田杂草应用技术研究［J］. 上海农业科技，2002（4）：12-15

[255] 张平，彭琴，姜丽红，等. 豇豆田间杂草不同调控方式对产量的影响［J］. 长江蔬菜，2006（3）：50-52

[256] 张小龙，谢正春，张念生，等. 豌豆苗期田间杂草识别与变量喷洒控制系统［J］. 农业机械学报，2012，43（11）：220-223

[257] 张玉杰. 15%祥乐防除白芸豆田间苗后杂草药效试验［J］. 现代农业科技，2009（1）：79

[258] 朱海霞，马永强，程亮，等. 极细链格孢菌 HZ-1 对阔叶杂草的致病性及对作物的安全性评价［J］. 浙江农业学报，2016，4（6）：1 037-1 040

[259] 朱文达，倪汉文. 绿豆田杂草化学防除技术研究［J］. 杂草科学，1991（2）：34-36